非線性單位根檢驗研究

劉田、談進 著

在經濟、金融各領域實證研究中，
單位根檢驗都是顯得非常重要並得到廣泛應用，
但常規檢驗過程實際問題常常得到錯誤的檢驗結論。
本書詳細研究了樣本長度、測量誤差、
確定性趨勢或隨機波動存在非線性時對單位根檢驗結果可靠性的影響，
並提出了對應的解決辦法，
特別是對非線性單位根檢驗問題進行了系統研究。

財經錢線

目　錄

1 緒論 / 1
    1.1 非線性單位根檢驗研究的意義和價值 / 1
        1.1.1 單位根檢驗的計量學意義 / 1
        1.1.2 單位根檢驗的經濟學意義 / 2
        1.1.3 常規單位根檢驗法的局限性 / 3
        1.1.4 非線性單位根檢驗研究的意義 / 4
    1.2 主要研究內容 / 5
    1.3 研究工具與方法 / 7
    1.4 主要創新點 / 8

2 單位根檢驗文獻綜述 / 10
    2.1 無趨勢時間序列單位根檢驗 / 10
        2.1.1 經典單位根檢驗法 / 11
        2.1.2 更高效的單位根檢驗法 / 13
        2.1.3 其他單位根檢驗法 / 15
        2.1.4 各種無趨勢單位根檢驗法的比較及檢驗功效討論 / 16
    2.2 線性趨勢序列單位根檢驗的退勢 / 18
        2.2.1 OLS 退勢 / 18
        2.2.2 差分後迴歸退勢 / 18
        2.2.3 準差分退勢 / 18
        2.2.4 KGLS 退勢 / 19
        2.2.5 遞歸 OLS 退勢 / 19
        2.2.6 幾種退勢方法的比較 / 19
    2.3 分段線性結構突變趨勢序列的單位根檢驗 / 20

2.3.1 突變點位置已知的檢驗方法 / 20

2.3.2 結構突變點位置未知的內生化檢驗方法 / 20

2.3.3 子序列檢驗方法 / 21

2.4 其他非線性趨勢序列的單位根檢驗 / 21

2.5 擾動項非線性的單位根檢驗 / 22

3 單位根檢驗中常見錯誤分析 / 26

3.1 引言 / 26

3.2 小樣本錯誤 / 27

3.3 以偏概全錯誤 / 28

3.4 忽略檢驗功效的錯誤 / 30

3.5 設定錯誤 / 31

3.6 小結 / 32

4 單位根檢驗中迴歸函數的選擇 / 33

4.1 引言 / 33

4.2 殘差項無序列相關時各種迴歸估計式的檢驗功效 / 34

4.2.1 無截距項數據生成過程不同檢驗迴歸式的檢驗功效 / 34

4.2.2 帶截距項數據生成過程不同迴歸式的檢驗功效 / 36

4.2.3 帶截距項與時間項數據生成過程不同迴歸式的檢驗功效 / 37

4.3 無漂移過程截距項是否為 0 的檢驗 / 38

4.3.1 無漂移過程常數項為零 t 檢驗的概率分佈曲線 / 38

4.3.2 不同數據生成過程常數項檢驗不為 0 的概率 / 39

4.3.3 無漂移過程常數項是否為零檢驗的實證意義 / 40

4.4 殘差項相關時各種迴歸估計式的檢驗功效 / 40

4.4.1 殘差序列相關數據生成過程無截距項時不同相關考慮的檢驗功效 / 40

4.4.2 帶截距項數據生成過程不同相關考慮時的檢驗功效 / 42

4.4.3 帶截距項與時間項數據生成過程不同相關考慮時的檢驗功效 / 43

4.5 小結 / 44

5 單位根檢驗中樣本長度的影響及選擇 / 46

5.1 引言 / 46
5.2 檢驗功效及樣本長度估算公式的理論推導 / 48
5.2.1 單位根檢驗統計量在原假設和備擇假設下的分佈 / 48
5.2.2 檢驗功效 / 50
5.2.3 無趨勢、線性與非線性趨勢下的最低樣本長度 / 50
5.2.4 一定樣本數和檢驗功效要求下可識別的最大 ρ 值 / 51
5.3 樣本長度蒙特卡羅仿真與迴歸擬合結果 / 52
5.3.1 無趨勢時檢驗功效 / 52
5.3.2 線性趨勢時檢驗功效 / 54
5.3.3 樣本長度曲線擬合 / 55
5.3.4 ρ 的非線性曲線擬合 / 56
5.4 小結 / 58

6 加性獨立測量誤差對單位根檢驗的影響 / 59

6.1 引言 / 59
6.2 模型假設與基本公式 / 60
6.3 帶測量誤差時單位根檢驗的極限分佈 / 63
6.4 蒙特卡羅仿真研究 / 65
6.4.1 測量誤差序列不相關時方差變化對單位根檢驗的影響 / 65
6.4.2 不同噪聲分佈對臨界值的影響 / 67
6.4.3 測量誤差序列相關時對統計量分佈的影響 / 68
6.5 小結 / 70

7 基於差分序列長時方差的單位根檢驗法 / 72

7.1 引言 / 72
7.2 差分序列長短時方差比單位根檢驗法 / 73
7.2.1 數據模型及檢驗假設 / 73
7.2.2 檢驗統計量及其極限分佈 / 73
7.2.3 長時方差的估算 / 74
7.2.4 VR 單位根檢驗法的臨界值 / 75
7.2.5 獨立加性干擾對 VR 單位根檢驗法的影響 / 76

7.3　VR 檢驗法的優缺點 / 77
　　　　7.3.1　VR 檢驗法的優點 / 77
　　　　7.3.2　VR 檢驗法的缺點 / 77
　　7.4　檢驗水平及檢驗功效仿真 / 78
　　　　7.4.1　殘差項不相關的情形 / 78
　　　　7.4.2　殘差項序列相關的情形 / 78
　　7.5　小結 / 80

8　負單位根平穩性檢驗研究 / 81
　　8.1　引言 / 81
　　8.2　負單位根檢驗及其極限分佈 / 82
　　8.3　臨界值與檢驗功效仿真 / 83
　　8.4　結論 / 84

9　常規 ADF 與 PP 檢驗對非線性趨勢平穩序列的偽檢驗 / 85
　　9.1　引言 / 85
　　9.2　平方根趨勢平穩序列的單位根偽檢驗 / 86
　　　　9.2.1　ADF 與 PP 檢驗法的單位根偽檢驗 / 86
　　　　9.2.2　信噪比改變的單位根檢驗結果 / 87
　　9.3　二次趨勢平穩序列的單位根偽檢驗 / 88
　　　　9.3.1　ADF 與 PP 檢驗法的單位根偽檢驗 / 88
　　　　9.3.2　信噪比改變的單位根檢驗結果 / 88
　　9.4　對數趨勢平穩序列的單位根偽檢驗 / 89
　　　　9.4.1　ADF 與 PP 檢驗法的單位根偽檢驗 / 89
　　　　9.4.2　信噪比改變的單位根檢驗結果 / 90
　　9.5　結構突變平穩時間序列的單位根偽檢驗 / 91
　　　　9.5.1　ADF 與 PP 檢驗法的單位根偽檢驗 / 91
　　　　9.5.2　信噪比改變的單位根檢驗結果 / 91
　　9.6　線性及準線性平穩序列的單位根檢驗分析 / 92
　　　　9.6.1　信噪比改變時線性趨勢平穩的單位根檢驗結果 / 92
　　　　9.6.2　準線性趨勢平穩的單位根檢驗結果 / 93
　　9.7　小結 / 95

10 單位根檢驗中無趨勢、線性與非線性趨勢的檢驗 / 96

10.1 引言 / 96

10.2 單位根檢驗中無趨勢、線性與非線性趨勢的檢驗 / 97
- 10.2.1 模型設定及檢驗假設 / 97
- 10.2.2 干擾項差分序列無序列相關時的檢驗方法 / 98
- 10.2.3 干擾項差分序列的相關性特徵 / 99
- 10.2.4 相關性的去除方法 / 100

10.3 無趨勢檢驗的蒙特卡羅仿真 / 100
- 10.3.1 無趨勢檢驗法的檢驗水平 / 100
- 10.3.2 無趨勢檢驗法的檢驗功效 / 103
- 10.3.3 無趨勢檢驗法的仿真結果 / 105

10.4 線性與非線性趨勢檢驗的蒙特卡羅仿真 / 105
- 10.4.1 檢驗水平仿真 / 105
- 10.4.2 線性趨勢與非線性趨勢檢驗法的檢驗功效 / 108
- 10.4.3 線性與非線性趨勢檢驗法的仿真結果 / 110

10.5 小結 / 110

11 基於正交多項式逼近的任意趨勢序列的單位根檢驗法 / 112

11.1 引言 / 112

11.2 正交多項式的構造及其在 OLS 迴歸中的性質 / 113
- 11.2.1 正交多項式的定義 / 113
- 11.2.2 勒讓德多項式的構造及性質 / 113
- 11.2.3 時間序列的正交歸一化多項式的構造 / 114
- 11.2.4 任意函數的正交歸一化多項式逼近 / 115

11.3 確定性趨勢為多項式時的單位根檢驗方法 / 116
- 11.3.1 數據模型 / 116
- 11.3.2 單位根檢驗方法及其極限分佈 / 117
- 11.3.3 檢驗臨界值 / 120

11.4 確定性趨勢為多項式時單位根檢驗的蒙特卡羅仿真 / 121
- 11.4.1 數據生成過程 / 121
- 11.4.2 殘差項無序列相關時的檢驗水平與功效 / 122

11.5 階數的確定方法 / 124

11.5.1　單位根過程通常的 t 檢驗失效 / 124

11.5.2　最高階 ρ 的確定方法 / 124

11.6　任意非線性趨勢的檢驗仿真 / 125

11.7　殘差存在序列相關的檢驗水平與功效仿真 / 127

11.8　小結 / 129

12　基於奇異值分解去勢的非特定趨勢序列單位根檢驗法 / 130

12.1　引言 / 130

12.2　SVD-RMA 單位根檢驗算法 / 131

12.2.1　一維時間序列的二維矩陣化 / 131

12.2.2　奇異值分解 / 132

12.2.3　遞歸均值調整單位根檢驗原理 / 133

12.2.4　SVD-RMA 單位根檢驗方法 / 133

12.3　SVD-RMA 單位根檢驗的臨界值 / 134

12.3.1　不同趨勢時單位根檢驗統計量分佈幾乎重疊 / 134

12.3.2　SVD-RMA 的單位根檢驗臨界值 / 134

12.4　蒙特卡羅仿真 / 135

12.4.1　數據生成過程 / 135

12.4.2　殘差項無相關時 SVD-RMA 單位根檢驗的檢驗水平及功效 / 136

12.4.3　干擾項方差變化對檢驗功效的影響 / 139

12.4.4　殘差項相關時 SVD-RMA 單位根檢驗的檢驗水平及功效 / 142

12.5　小結 / 144

13　基於局部多項式擬合去勢的非特定趨勢序列單位根檢驗法 / 145

13.1　引言 / 145

13.2　局部加權多項式擬合去勢算法原理 / 146

13.2.1　Nadaraya-Watson 估計及其性質 / 146

13.2.2　局部加權多項式迴歸估計方法 / 147

13.2.3　局部多項式迴歸估計的性質 / 148

13.2.4　基於局部多項式擬合去勢的單位根檢驗法 / 149

- 13.3 局部多項式去勢單位根檢驗法的極限分佈 / 149
- 13.4 局部多項式去勢單位根檢驗法的檢驗臨界值 / 152
  - 13.4.1 不同趨勢時單位根檢驗統計量的概率分佈曲線 / 152
  - 13.4.2 檢驗臨界值、功效與窗寬的關係 / 153
  - 13.4.3 檢驗臨界值 / 155
- 13.5 蒙特卡羅仿真 / 156
  - 13.5.1 數據生成過程 / 156
  - 13.5.2 殘差項不相關時的局部多項式去勢 VR 單位根檢驗法的檢驗功效 / 156
  - 13.5.3 干擾項存在序列相關的檢驗水平與功效 / 157
- 13.6 三種非線性趨勢單位根檢驗法的比較 / 159
- 13.7 小結 / 160

14 STAR 非線性平穩性檢驗中誤設定的偽檢驗研究 / 161

- 14.1 引言 / 161
- 14.2 數據生成過程為線性 AR 時不同檢驗法的仿真結果 / 165
- 14.3 數據生成過程為 ESTAR 時不同檢驗法的仿真結果 / 166
  - 14.3.1 θ 變化時不同檢驗統計量的檢驗功效 / 167
  - 14.3.2 γ 變化時不同檢驗統計量的檢驗功效 / 168
  - 14.3.3 φ 變化時不同檢驗統計量的檢驗功效 / 169
  - 14.3.4 c 變化時不同檢驗統計量的檢驗功效 / 169
- 14.4 數據生成過程為二階 LSTAR 的仿真檢驗結果 / 170
  - 14.4.1 θ 變化時不同檢驗統計量的檢驗功效 / 170
  - 14.4.2 γ 變化時不同檢驗統計量的檢驗功效 / 171
  - 14.4.3 φ 變化時不同檢驗統計量的檢驗功效 / 172
  - 14.4.4 c 的非線性曲線擬合 / 173
- 14.5 數據生成過程為一階 LSTAR 的仿真檢驗結果 / 174
  - 14.5.1 θ 變化時不同檢驗統計量的檢驗功效 / 174
  - 14.5.2 γ 變化時不同檢驗統計量的檢驗功效 / 175
  - 14.5.3 φ 變化時不同檢驗統計量的檢驗功效 / 176
  - 14.5.4 c 的非線性曲線擬合 / 176
- 14.6 結論 / 177

15 基於序列與逆序列最小 Wald 統計量的通用 STAR 模型平穩性檢驗法 / 179

   15.1 引言 / 179

   15.2 序列與逆序列最小 Wald 統計量及其漸近分佈 / 182

   15.3 臨界值仿真 / 188

   15.4 檢驗功效仿真 / 190

      15.4.1 STAR 數據生成過程的仿真 / 190

      15.4.2 TAR 數據生成過程的仿真 / 194

      15.4.3 AR 線性數據生成過程的仿真 / 195

   15.5 結論 / 196

16 非線性單位根檢驗的實證應用 / 198

   16.1 匯率購買力平價（PPP）理論的實證檢驗 / 198

      16.1.1 PPP 理論及其檢驗方法 / 198

      16.1.2 數據來源說明 / 199

      16.1.3 趨勢線性與非線性的檢驗 / 200

      16.1.4 各種單位根檢驗法的檢驗結果 / 200

      16.1.5 PPP 檢驗結論 / 201

   16.2 中國證券市場隨機漫步假設的實證檢驗 / 202

      16.2.1 隨機漫步理論及檢驗方法 / 202

      16.2.2 數據來源說明 / 202

      16.2.3 趨勢線性與非線性的檢驗 / 202

      16.2.4 各種單位根檢驗法的檢驗結果 / 203

      16.2.5 滬深綜合指數隨機漫步檢驗結論 / 205

   16.3 美國政府財政收支可持續性的實證檢驗 / 205

      16.3.1 政府財政收支可持續性的檢驗方法 / 205

      16.3.2 數據來源說明 / 206

      16.3.3 趨勢線性與非線性的檢驗 / 206

      16.3.4 各種單位根檢驗法的檢驗結果 / 207

      16.3.5 美國政府財政收支可持續性的檢驗結論 / 208

   16.4 實證檢驗結果 / 208

1 緒論

1.1 非線性單位根檢驗研究的意義和價值

不管是在計量經濟學的理論分析還是應用經濟學各分支的實證研究中，單位根檢驗都具有重要意義，在各個領域都有非常廣泛的應用，在各種經濟學分支的專業文獻中，有關單位根檢驗的資料是非常豐富的。

1.1.1 單位根檢驗的計量學意義

在涉及時間序列的分析中，不管是多變量的迴歸分析，還是用自迴歸滑動平衡模型（ARMA 模型）來描述和刻畫單個時間序列，平穩性要求都是一個基本前提。平穩性是普通最小二乘估計（OLS）的理論前提，而任何 ARMA 模型都是平穩的，因此它不可能直接對非平穩序列建模。

所謂平穩，就是指隨機變量的概率分佈不隨時間變化，因此它的統計矩（包括均值、方差、協方差等）也不隨時間變化，對時間而言是常數。這有時也稱為是嚴平穩的。人們在實證分析中，常常放鬆這個條件，只要變量的均值、方差和協方差不隨時間變化，就可以認為變量是平穩的，有時候稱其為寬平穩。對正態分佈而言，嚴平穩與寬平穩是一致的。

對實際經濟數據而言，時間序列常常有一個隨時間不斷增長的確定性趨勢，此時序列雖然是非平穩的，但如果去掉確定性趨勢項後，剩餘項卻可能是平穩的。去掉確定性趨勢項後的剩餘項如果是平穩的，稱為趨勢平穩；否則，稱為差分平穩。後者才是我們真正關心的單位根過程。

干擾項的平穩性對迴歸分析要求很高，否則，基本的 t、F、χ^2 檢驗都不能使用；強行使用的話，可能引起謬誤迴歸，得出兩個時間變量間的錯誤關係。事實上，任何兩個非平穩的變量都可能計算出很高的相關性，從而建立兩個風馬牛不相及變量間的迴歸關係。任何平穩序列都可以用 ARMA 模型來建模；同時，ARMA 模型也要求描述和刻畫的對象必須是平穩的。

對非平穩時間序列的建模，我們通常將其轉換為平穩序列進行處理。協整

和差分就是兩種去除非平穩性的基本方法。如果兩個變量非平穩，但它們保持同樣的變化趨勢的話，它們的線性組合卻可能是平穩的，這時就說它們具有協整關係。兩個變量具有協整關係，就可以將它們當作平穩的，可以進行迴歸分析。所謂差分，就是將時間序列跟其一階滯後項相減，有點像連續函數的微分，可以降低函數的階數，從而將單位根過程變為平穩過程。差分方法在時間序列的分析和處理中應用非常廣泛。

在平穩性的檢驗中，除了判斷自相關函數（ACF）的零收斂性以外，單位根檢驗是一個基本的定量檢驗方法。前者是一種定性方法，後者則在時間序列分析中具有基礎地位。在理論分析中，DF 單位根檢驗法以其簡潔性和基礎性用得最廣；但在實際應用中，因為殘差可能存在的相關性，也因為可能存在的時間趨勢，需要對 DF 檢驗方法進行拓展，這就得到 ADF 與 PP 單位根檢驗法。DF、ADF、PP 一起構成最經典的三大單位根檢驗方法，在大量文獻的理論和實證分析中應用得最為廣泛。

通過增加線性趨勢對 DF 單位根檢驗法進行拓展，算是基本解決了存在確定性趨勢情況下的單位根檢驗問題。但如果趨勢是非線性的，需要進一步對確定性趨勢進行拓展。非線性趨勢拓展後如何進行單位根檢驗，是本書的主要研究目標。

1.1.2 單位根檢驗的經濟學意義

很多經濟學理論和假設可以直接得出研究對象是平穩或單位根過程的結論，因而需要或者說可以用單位根檢驗方法進行驗證。比如在資本市場有效性的研究中，有效市場假設必然得出證券價格是隨機漫步過程的結論，而隨機漫步過程必然是單位根過程，因而可以直接通過檢驗資產歷史價格數據來驗證其是否滿足有效市場假設。再如購買力平價理論中，真實匯率必然是非單位根過程，否則不能滿足購買力平價假設。故而可以直接根據實際數據，用單位根檢驗方法，對理論假設是否符合實際情況進行檢驗和驗證。

在經濟學理論的實證分析中，很多變量是帶時間趨勢的，如一些經濟總量數據；也有很多變量是沒有趨勢的，如利率、物價指數等數據。對這些變量而言，區分趨勢平穩與差分平穩（非平穩）是非常重要的。趨勢平穩的經濟變量長期變化結果是由確定性的時間趨勢函數決定的，經濟轉型、政權更替、制度變化等隨機衝擊只造成對趨勢的暫時偏離，一段時間後，它們會回復到原來的變化趨勢，也就是說隨機衝擊不會改變變量的發展路徑。而對單位根過程而言，任何哪怕較小的衝擊都會影響其長期動態過程，帶來長期永久的影響，從而從根本上改變變量的變化軌跡。對於單位根過程（差分平穩）而言，每個隨機衝擊都具有長記憶性。對於趨勢平穩過程，隨機衝擊只具有有限記憶能力，由其引起的對趨勢的偏離只是暫時的。這從下面的分析中可以很容易看

出來。

假設去趨勢後序列為 $y_t = \rho y_{t-1} + \varepsilon_t$，$\rho = 1$ 為單位根過程，$|\rho| < 1$ 為平穩過程。我們有 $y_T = \sum_{s=2}^{T} \rho^{T-s} \varepsilon_s + \rho^{T-1} y_1$，對單位根過程而言，因為 $\rho = 1$，不管時間間隔（T）多大，y_1 的衝擊始終對 y_T 保持影響，而不會發生改變；而如果為非單位根過程，因為 $|\rho| < 1$，隨著時間間隔（T）的增大，不管 y_1 的衝擊多大，其對 y_T 的影響很快趨於 0 而消失。

這就證明了單位根過程與平穩過程對隨機衝擊的反應是完全不同的，也說明區分經濟變量是平穩的還是單位根過程具有重要意義。

傳統商業週期理論認為，隨機衝擊只會對宏觀經濟變量的變化產生暫時的影響，經濟變量的長期運動是由確定性的時間趨勢函數主導的，不會因隨機衝擊而改變，在時間序列上表現為趨勢平穩過程。而新興的實際商業週期（Real Business Cycles）理論則認為，技術進步帶來的影響是持久性的，實際因素造成的（總供給方面的）隨機變化才是宏觀經濟波動的根源，將產出波動解釋為貨幣擾動可能並不合理，在時間序列上將表現為單位根過程。因此，區分宏觀經濟數據是趨勢平穩的還是單位根過程非常重要，這對於宏觀經濟政策的制定具有重要的指導意義。這就要求對單位根檢驗結論的可靠性做進一步研究。

1.1.3 常規單位根檢驗法的局限性

不管在計量經濟學或其他經濟學領域，區分趨勢平穩與差分平穩都是非常重要的。在理論和實證分析中，傳統上通常用 ADF 或者 PP 檢驗來判斷是否存在單位根，並且通常都假設待檢序列是包含確定性線性趨勢的。但分析中對是否真的包含趨勢，或者趨勢是否真的是線性的或非線性的沒什麼考慮，也沒做檢驗分析，沒有考慮到如果設定錯誤的話可能出現的重大問題。大多數統計軟件提供的標準 ADF 或 PP 單位根檢驗方法也都固定地假設是包含線性趨勢的。

事實上，線性假設下的 ADF 與 PP 單位根檢驗法對數據生成過程非常敏感，應用於其他非線性趨勢情形的檢驗，可能存在很大的疑問，甚至帶來完全錯誤的結果，傾向於將平穩過程誤判為單位根過程。非常經典的例子包括，尼爾森（Nelson）與普羅索（Plosser）在 1982 年用 ADF 方法檢驗 14 個美國宏觀經濟數據，發現存在 13 個單位根過程。但佩龍（Perron）在 1989 年引入結構變點後，發現真正的單位根過程只有 3 個。同樣的檢驗數據，檢驗結果卻完全不同。用 ADF 或者 PP 檢驗來認定一個過程存在單位根，需要非常謹慎。

蒙特卡羅實驗表明，在樣本數不是很小時，ADF 檢驗與 PP 檢驗對線性趨勢或無趨勢平穩過程可以做出很好的檢驗判斷。但對非線性趨勢而言，如平方根趨勢、二次趨勢、對數趨勢、分段線性的結構突變趨勢等，ADF 檢驗與 PP 檢驗趨向於將平穩過程判斷為存在單位根，導致得出錯誤的檢驗結論。並且這

種誤判是根本性的誤判，並不能通過增加樣本數來改善。

但是，真實的經濟數據很難令人信服地假設為線性趨勢過程，至少不能認為所有趨勢都是線性的。事實上，無趨勢單位根過程相當於無漂移的隨機漫步過程，線性趨勢單位根過程相當於固定漂移速度的隨機漫步過程，如果漂移速度發生變化，將是非線性趨勢的單位根過程。固定漂移速度只是變漂移速度的特殊情況。

大量的實證文獻只是機械地使用線性趨勢假設下的 ADF 或 PP 檢驗的結果，其結論的可靠性就可能存在很大的疑問。這樣就必然要求我們研究非線性趨勢下的單位根檢驗問題。

1.1.4 非線性單位根檢驗研究的意義

檢驗時間序列平穩性的單位根檢驗具有非常重要的理論意義和實證價值。它是計量經濟學理論分析和實證應用中避免偽迴歸、檢驗協整關係以及建立 ARMA 模型的基礎和前提；同時，很多經濟學理論和假設（如資本市場有效假設、匯率購買力平價理論、政府跨代預算約束、貿易赤字可持續性等）可以直接得出研究對象為平穩或單位根過程的結論，因而可以直接用單位根檢驗方法對眾多經濟理論和假設進行檢驗和驗證。可以說，在大多數經濟、金融數據嚴謹的實證分析中都必然要涉及單位根檢驗問題，如何盡可能改善和保證單位根檢驗結果的可靠性就顯得非常重要。

理論和實證分析中廣泛使用的 ADF 或 PP 等單位根檢驗法以及大多數統計軟件包提供的標準檢驗方法都只適用於不帶確定性趨勢或者趨勢為線性的情形，並且還要求隨機波動項也是線性（即 ARMA 結構）的，而對存在非線性問題的單位根檢驗就顯得力不從心，會扭曲檢驗水平（Size）或者降低檢驗功效（Power），從而得到錯誤的檢驗結果。但現實世界千差萬別，線性問題很難概括所有真實的經濟過程，並且受政策變化、外部衝擊等因素的干擾，以及經濟收縮與擴張週期天然的非對稱性，非線性情形更為普遍。固然線性可看作所有非線性的初步近似，但通常的單位根檢驗方法對數據生成過程都比較敏感，常規單位根檢驗方法很難對包含非線性問題的經濟時間序列數據做出正確的檢驗，導致錯誤的檢驗結論，如常常將非線性趨勢平穩過程、干擾項非線性平穩過程等誤判為存在單位根的線性非平穩過程。

這樣就存在一個問題，對包含任意非線性確定性趨勢或隨機波動項存在未知非線性結構的單位根檢驗問題，如何進行可靠的檢驗？文獻中對非線性單位根檢驗有部分研究和討論，但遠不系統，通常都只針對某種特殊的非線性問題（如結構變化模型、門限自迴歸模型、平滑轉移自迴歸模型等），對其他非線性情形還是無能為力，並且這還導致不同非線性情形的識別問題，同時其檢驗穩健性通常都很差。儘管非線性現象在實際問題中是廣泛存在的，但在實證分

析應用中遠沒得到應有的重視。

1.2 主要研究內容

單位根實證檢驗中必然涉及樣本數據收集、檢驗迴歸式設定、檢驗方法選擇、統計量計算及得出統計推斷結論等各種步驟。本書對檢驗中各環節容易出現問題的地方進行了研究，力圖盡可能地提高單位根檢驗的可靠性。本書重點研究了非線性趨勢序列（無趨勢或線性趨勢看作非線性趨勢的特殊情形）單位根檢驗中樣本收集時的小樣本問題與測量誤差問題的影響，以及非線性趨勢下單位根檢驗中存在的問題及解決辦法，也研究了擾動項存在非線性時對檢驗結果的影響及解決辦法。

全書主要研究內容如圖1.1所示。

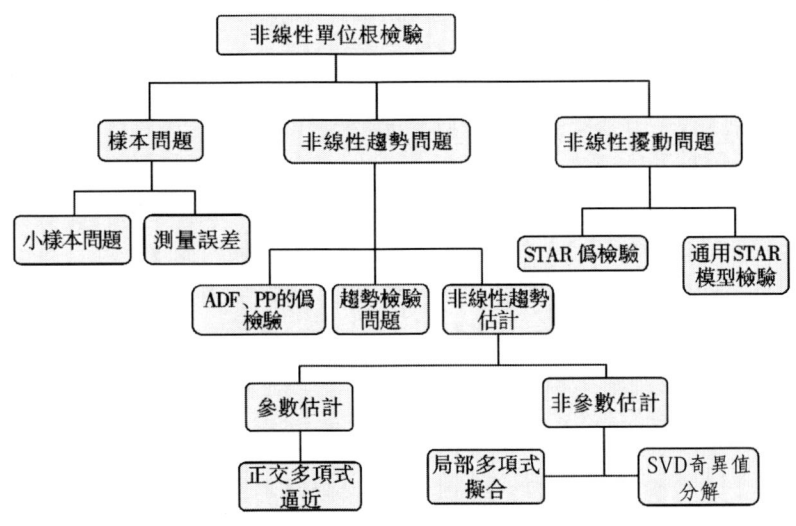

圖1.1　全書主要研究內容

針對數據收集環節，本書首先研究了樣本大小的選擇問題，由於很多實證研究中樣本收集存在困難，小樣本問題大量存在；其次研究了測量誤差對單位根檢驗結果的影響，因為實證分析中收集到的樣本基本上無法避免測量誤差，研究測量誤差是否會改變單位根檢驗的水平與功效就顯得很有必要。

本書的研究重點是單位根檢驗中存在非線性趨勢時的檢驗問題。本書首先研究了傳統單位根檢驗方法在非線性趨勢下的檢驗失敗，這就必然涉及研究線性與非線性趨勢的檢驗問題，因為這是傳統檢驗方法正確應用的前提條件。非線性可能有無限多的形式和可能，為了避免非線性趨勢的具體設定與檢驗問

題，本書提出了三種對任意趨勢序列的單位根檢驗方法，企圖用統一的方法和步驟來解決各種非線性趨勢下的單位根檢驗問題，並得到可靠的檢驗結果。

本書各章節的主要內容包括：

第二章對單位根檢驗的文獻進行了簡略的綜述。本章首先介紹了無趨勢序列單位根檢驗的經典方法與各種旨在提高檢驗功效的新方法，以及帶線性趨勢序列的各種去除趨勢部分的方法，然後介紹了實證分析中經常遇到的含結構突變趨勢的單位根檢驗方法，最後對擾動項存在非線性的單位根檢驗方法進行了總結。

第三章歸納了大量文獻中單位根檢驗方面可能存在的常見問題，並對其進行了詳細分析。常見的問題包括計算錯誤，小樣本陷阱，以偏概全的邏輯錯誤，忽略檢驗功效的錯誤，當然也包括很多設定錯誤等。

第四章通過蒙特卡羅仿真的方法，研究單位根檢驗中迴歸函數的選擇問題。結果表明，當樣本數很小且 ρ 較大時，各種方法的檢驗功效都比較低，主要是小樣本問題。如果檢驗迴歸式包容數據生成過程，在大樣本情況下也可以獲得很好的檢驗結果。在大樣本情況下，殘差相關性的影響可以忽略。

第五章從理論上推導了單位根檢驗功效的估算公式，研究了檢驗功效的影響因素，推導了無趨勢、線性與非線性趨勢下單位根檢驗中樣本長度最低要求的估算公式。

第六章討論了加性獨立測量誤差對單位根檢驗的影響，推導了在帶誤差情形下單位根檢驗統計量的極限分佈。分析表明測量誤差將導致檢驗水平的扭曲和檢驗功效的增加，但當測量誤差的方差相對較小時，這種影響可以忽略。

第七章對 VR 單位根檢驗法進行了詳細研究，推導了統計量在單位根情形與平穩情形時的極限分佈，仿真研究了截斷長度的選擇，並提供了臨界值、殘差項相關與不相關時的檢驗水平與功效，同時指出了其存在的缺陷。

第八章提出並研究了負單位根檢驗法，推導了其極限分佈，並仿真了其小樣本臨界值及檢驗功效，對傳統 DF 類單位根檢驗法邏輯上的不完備進行了補充。

第九章通過蒙特卡羅仿真的方法，研究了實證中廣泛使用的 ADF 與 PP 單位根檢驗法對各種趨勢的單位根檢驗的有效性問題。結果表明，對無趨勢或線性趨勢過程，它們可以給出合適的檢驗結果。但對非線性趨勢而言，它們趨向於將平穩過程誤判為有單位根。但在一定條件下，各種非線性趨勢可以看成準線性的，從而利用常規 ADF 與 PP 檢驗得出正確的結論。

第十章詳細研究了單位根檢驗中趨勢的檢驗問題，提出了有趨勢與無趨勢的 t 檢驗法，以及如果有趨勢的話，趨勢的線性或非線性的迴歸系數檢驗法與等均值檢驗法，討論了單位根檢驗中序列相關性的特性，並提出了去除相關性的幾種方法。

第十一章研究用正交多項式逼近非線性趨勢，然後對殘差進行單位根檢驗的方法。本章研究了用正交多項式進行趨勢逼近的性質，推導了這種單位根檢驗統計量的極限分佈，並提出了正交多項式最高階數的確定方法，仿真研究了殘差相關與不相關時的檢驗功效。結果表明，檢驗方法是有效的。

第十二章提出 SVD-RMA 含趨勢單位根檢驗法，基於奇異值分解將時間序列的趨勢項與干擾項分離，然後用遞歸均值調整法對分離出來的干擾項進行單位根檢驗。仿真實驗表明，SVD-RMA 法對線性與非線性趨勢甚至包含結構突變過程的檢驗功效都不錯。

第十三章研究用局部多項式迴歸的方法來去除確定性趨勢，不用考慮趨勢的具體形式及設定問題，然後對殘差進行單位根檢驗的方法。本章介紹了局部多項式迴歸的性質，研究了基於 VR 檢驗統計量的極限分佈，仿真研究了窗寬的選擇問題，以及殘差相關與不相關時的檢驗水平與檢驗功效。結果表明，檢驗方法是有效的。

第十四章通過理論分析和蒙特卡羅仿真，研究了非線性擾動項平穩性檢驗時選用的統計量與數據生成過程不一致時，非線性 ESTAR、LSTAR 與線性 DF 檢驗法的偽檢驗問題。

第十五章提出一種通用非線性單位根檢驗方法，使用待檢序列及其逆序序列的 Wald 統計量的最小值作為檢驗統計量，將卡朋特麗斯（Kapetanios）等人提出的受限條件下 ESTAR 模型非線性單位根檢驗法推廣到非 0 位置參數的情形，也可應用於一階、二階 LSTAR，或其他可能的平滑轉移自迴歸模型，還可應用於門限自迴歸（TAR）模型或傳統的線性 AR 模型的平穩性檢驗。該檢驗方法對數據生成過程有廣泛的適應性，並且在大多數時候都能獲得較其他方法更佳的檢驗功效。

第十六章綜合利用本書提出的各種非線性趨勢單位根檢驗方法，對購買力平價理論、證券市場隨機漫步理論、跨代政府預算約束理論進行了實證檢驗。各種檢驗方法得到的檢驗結果是一致的。實證檢驗結果不支持購買力平價理論，但支持隨機漫步理論與跨代政府預算約束理論。檢驗同時表明，很多時間序列確實存在非線性趨勢，此時是不能使用傳統單位根檢驗方法的，否則很可能得到錯誤的結論。

1.3 研究工具與方法

本研究的計算及驗證工作主要基於 R 軟件平臺編程實現。

研究中主要用到數量經濟學的各種方法，包括最小二乘法、最大似然估計、線性與非線性參數估計、非參數估計、局部加權多項式迴歸擬合以及以單位根檢驗和 ARMA 建模為主要內容的時間序列分析方法。

研究中會用到信號處理與濾波理論方面的技術和手段，包括波形估計、奇

異值分解等方法。

研究中還會用到蒙特卡羅模擬及數字仿真方法。

研究的手段包括理論推演、仿真實驗與實證檢驗。

1.4 主要創新點

全書的主要創新點可以歸納為以下幾個方面：

本書從理論上推導了 DF 單位根檢驗功效的估算公式，研究了檢驗功效的影響因素，推導了無趨勢、線性與非線性趨勢下單位根檢驗中樣本長度最低要求的估算公式；並利用仿真數據，用曲線擬合的方法，推出了實證分析中估算最低樣本長度的公式，從而對單位根檢驗實證分析中的樣本大小選擇提供了指導依據。

本書推導了加性平穩測量誤差下單位根檢驗中有截距和無截距情形下 $T(\hat{\rho}-1)$ 與 τ 兩種統計量的極限分佈，並進行了仿真驗證。理論分析與仿真結果均表明：只有在測量誤差的方差相對較小時，其對單位根檢驗的影響才可以忽略；通常測量誤差將導致統計量分佈向左偏移，從而使檢驗水平扭曲和檢驗功效增加。左偏程度受測量誤差方差及其一階協方差的相對大小控制，而與測量誤差的均值大小和概率分佈無關。測量誤差方差增大，左偏更嚴重；正的一階協方差可以減少和抵消統計量分佈的向左偏離，而負的一階協方差將加劇左偏的程度。

本書研究了單位根檢驗中確定性趨勢的檢驗問題，提出了檢驗有趨勢與無趨勢的 t 檢驗法，以及如果有趨勢的話，檢驗趨勢的線性或非線性的迴歸系數檢驗法與等均值檢驗法。本書討論了序列相關性對檢驗結果的影響，以及去除殘差相關性影響的廣義差分法與抽樣子序列法。

本書研究了三種包含任意確定性趨勢序列的單位根檢驗方法，目的是不需要對是否包含趨勢、是線性趨勢或者非線性趨勢進行事前設定、判斷與檢驗，而用統一的方法和步驟進行單位根檢驗。三種方法本質上是對任意確定性趨勢的估計方法。

第一種確定性趨勢估計方法是正交多項式逼近法。該方法介紹了實證分析中歸一化正交多項式的生成方法，研究了使用正交多項式進行時間趨勢多項式與非多項式逼近的性質，推導了這種方法去趨勢後單位根檢驗統計量的極限分佈，提出了正交多項式中最高階數的確定方法。該方法通過仿真研究，提供了不同最高階數的檢驗臨界值，以及殘差相關與不相關情況下各種線性與非線性趨勢下的檢驗水平與功效。結果表明，檢驗水平沒有扭曲，並得到了不錯的檢驗功效。

第二種確定性趨勢估計方法是基於奇異值分解的方法。基於奇異值分解將待檢時間序列的趨勢項與干擾項分離，然後用遞歸均值調整對干擾項進行單位

根檢驗。該方法提供了不同顯著水平下的檢驗臨界值，以及殘差相關與不相關情況下各種線性與非線性趨勢下的檢驗水平與功效。結果表明，該方法對線性與各種非線性趨勢甚至結構突變過程的檢驗功效都不錯，並且就算有比較嚴重的殘差負相關，檢驗水平也沒有明顯扭曲。

第三種趨勢估計方法是局部多項式加權迴歸估計法。該方法就是使用局部多項式迴歸擬合來去除確定性趨勢，然後對殘差進行單位根檢驗的方法，不用考慮趨勢的具體形式及設定問題。該方法介紹了局部多項式迴歸的性質，研究了基於 VR 檢驗統計量的極限分佈，仿真研究了窗寬的選擇問題，以及殘差相關與不相關時的檢驗水平與檢驗功效。結果表明，檢驗方法是有效的。

本書提出一種通用非線性單位根檢驗方法，使用待檢序列及其逆序序列的 Wald 統計量的最小值作為檢驗統計量，將 Kapetanios 等人提出的受限條件下 ESTAR 模型非線性單位根檢驗法推廣到非 0 位置參數的情形，也可應用於一階、二階 LSTAR，或其他可能的平滑轉移自迴歸模型，還可應用於門限自迴歸（TAR）模型或傳統的線性 AR 模型的平穩性檢驗。該檢驗方法對數據生成過程有廣泛的適應性，並且在大多數時候都能獲得較其他方法更佳的檢驗功效。

2 單位根檢驗文獻綜述

本章對單位根檢驗的文獻進行了簡略的綜述。按照單位根檢驗的演化過程和分析問題的邏輯，本章分別介紹了無趨勢序列單位根檢驗的經典方法，各種旨在提高檢驗功效的新方法與隨著應用領域的擴大而拓展出來的季節、面板等單位根檢驗方法，以及帶線性趨勢序列的單位根檢驗中各種去除趨勢部分的方法，並介紹了實證分析中經常遇到的以含結構突變趨勢為代表的非線性趨勢單位根檢驗方法以及擾動項存在非線性的平穩性檢驗方法。

在單位根的檢驗中，時間序列分為有確定趨勢的和無確定趨勢的兩種情況。有確定趨勢的時間序列常常先去除確定趨勢項，轉換為無趨勢殘差序列再進行檢驗。因而無趨勢序列的單位根檢驗是最為基礎的。

2.1 無趨勢時間序列單位根檢驗

對無趨勢時間序列的單位根檢驗而言，其基本的數據模型為：

$$y_t = \rho y_{t-1} + u_t \tag{2.1}$$

其中 y_t，$t=1,2,\cdots,T$，為觀測值，T 為樣本數，ρ 為未知參數。u_t 為平穩 0 均值過程，可能為正態的，也可能非正態，可能獨立同分佈，也可能存在自相關或異方差。如果 $\rho=1$，即為單位根過程，有時也稱隨機漫步過程；如果 $|\rho|<1$，即為非單位根的平穩過程。

單位根檢驗就是通過判斷迴歸系數 ρ 是否為 1 來檢驗時間序列是否為單位根過程。最基本的思路就是用 OLS（普通最小二乘）迴歸估計法或者其他參數、非參數估計方法估計迴歸系數 ρ 值及其方差，然後構造 t 統計量或其他統計量進行統計推斷。

但在單位根的原假設下，時間序列並不平穩，破壞了傳統 OLS 統計量統計性質存在的前提條件，統計量分佈通常並不是傳統的正態、t、F 或者平方分佈。菲利普斯（Phillips, 1988）的分析表明，當觀測值個數 T 趨近無窮時，單位根假設下傳統 t 統計量或類似統計量的極限分佈通常是維納過程或其泛

函。雖然沒辦法得到其解析解，但通過蒙特卡羅仿真或數字積分，可以得到各百分位點的臨界值，並估計檢驗功效。

各統計量的極限分佈在理論上非常重要，求取單位根檢驗過程中統計量的極限分佈的基本思路如下：

設數據生成過程為：$y_t = \rho y_{t-1} + \varepsilon_t$，其中 $\rho = 1 + \dfrac{c}{T}$，$c \in (-\infty, 0]$，則：

$$y_{rT} = \sum_{s=2}^{rT} \rho^{rT-s} \varepsilon_s + \rho^{rT-1} y_1 \tag{2.2}$$

其中 rT 應該取不超過它的最大整數，省略了取整符號 [ ]。有：

$$\frac{1}{\sqrt{T}} \sum_{s=2}^{rT} \rho^{rT-s} \varepsilon_s \Rightarrow \sigma W_c(r) \tag{2.3}$$

其中 $W_c(r) = c \int_0^r e^{c(r-\lambda)} W(\lambda) d\lambda + W(r)$。

當 $c=0$ 時，$\rho = 1$，$W_c(r)$ 退化為標準布朗運動，有 $\dfrac{1}{\sqrt{T}} \sum_{s=1}^{rT} \varepsilon_s \Rightarrow \sigma W(r)$，此時對應於單位根過程。

式（2.3）是求統計量極限分佈中最基本的分佈，將單位根檢驗量分解為已知分佈的變量的函數，然後根據連續映射定理，很容易求出各種統計量的極限分佈，並計算出臨界值；同時，還可以求出不同迴歸系數（由 c 決定）下的極限分佈並計算對應的檢驗功效。

2.1.1 經典單位根檢驗法

最經典的單位根檢驗方法當然還是 DF 檢驗，其他很多單位根檢驗方法只是其拓展或變形而已。比如為解決殘差項存在自相關的問題，分別從參數、非參數估計兩個角度拓展出來的 ADF 與 PP 檢驗。DF、ADF 與 PP 檢驗共同構成三大最經典的單位根檢驗法。DF 是理論分析中經常採用的檢驗方法，而 ADF 與 PP 檢驗則是在大量文獻實證分析中使用得最多的單位根檢驗方法。三大檢驗的原假設都是 y_t 含有單位根，備擇假設是平穩過程，並且檢驗統計量有相同的極限分佈。

（1）DF 檢驗

當誤差項 ε_t 為正態獨立同分佈時，1976 年，富勒（Fuller）最早提出使用傳統 OLS 參數估計方法估計出迴歸系數 ρ 及其方差 $\hat{\sigma}$，然後構造 t 統計量來檢驗是否為單位根過程的方法。

檢驗統計量為： $DF = \dfrac{\hat{\rho} - 1}{\hat{\sigma}}$。

注意迴歸項中如果已做過差分，統計量就不再減 1。

單位根假設下，$T(\rho - 1)$ 也有唯一的分佈，並且沒有標準方差等其他多餘參數（Nuisance Parameter），可用它來構造統計量。而在傳統的 OLS 分析中，此統計量有待估計的多餘參數，因而並不能作為檢驗統計量。

(2) ADF 檢驗

DF 檢驗對誤差項要求太嚴格，當誤差項存在 p 階自迴歸模式的自相關時，迴歸系數 ρ 的估計將是無效的。為了改善迴歸系數 ρ 的估計，可以在迴歸式中增加 y_t 的滯後差分項 Δy_{t-i}（$= y_{t-i} - y_{t-i-1}$），然後用 OLS 參數估計方法估計迴歸系數 ρ 及其方差 $\hat{\sigma}$，從而用 DF 同樣的方法構造檢驗統計量，來檢驗 ρ 是否為 1，若是則為單位根過程。其迴歸估計式為：

$$\Delta y_t = \rho y_{t-1} + \sum_{i=1}^{p} \theta_i \Delta y_{t-i} + u_t \tag{2.4}$$

統計檢驗量為：$ADF = \dfrac{\rho}{\hat{\sigma}}$。

因為迴歸式中被解釋變量已經差分過，故檢驗統計量分子不再減 1。

(3) PP 檢驗

當擾動項存在序列相關時，標準 DF 檢驗統計量的分佈將存在多餘參數，Phillips 與 Perron 在 1988 年提出使用非參數方法估計出多餘參數，然後修正 DF 統計量來檢驗是否為單位根過程。PP 檢驗的統計量為：

$$PP = \tau_\rho \sqrt{\dfrac{\gamma_0}{f_0}} - \dfrac{T(f_0 - \gamma_0)\sigma_\rho}{2\sigma_{\hat{u}}\sqrt{f_0}} \tag{2.5}$$

其中 τ_ρ 表示 DF 統計量，γ_0 表示 DF 迴歸檢驗式中誤差項方差的一致估計。f_0 表示殘差在零頻率處的譜密度估計量，也即其長時方差。σ_ρ 表示 DF 檢驗式中 ρ 的標準差。$\sigma_{\hat{u}}$ 表示 DF 檢驗式中殘差 $\hat{u}_t$ 的標準差。統計量修正的目的就是要去除多餘參數。

(4) 經典檢驗的極限分佈

在 DF、ADF、PP 三大經典檢驗中，原假設都是 y_t 含有單位根，統計量服從同樣的分佈，並同屬左端檢驗。

當誤差項存在序列相關時，DF 統計量的分佈中會存在多餘參數。為解決這個問題，ADF 通過增加被檢驗序列的差分滯後項，PP 檢驗通過增加修正因子，最終都去除了多餘參數，獲得跟 DF 一樣的統計量極限分佈。三大經典檢驗的極限分佈如下：

$$\dfrac{(1/2)(W(1)^2 - 1) - W(1)\int_0^1 W(r)dr}{\left(\int_0^1 W(r)^2 dr - \left[\int_0^1 W(r)dr\right]^2\right)^{1/2}} \tag{2.6}$$

上述極限分佈為檢驗迴歸式中包含常數項的情形，不包含常數項時極限分

佈將不包括分子、分母減號後的部分。

三大分佈具有同樣的極限分佈，照理應該有相同的臨界值。但應該指出，極限分佈相同未必意味著小樣本情況下的分佈也相同，它們趨近於極限分佈的速度可能並不一樣。所以在小樣本情況下，我們可以考慮對各自的情況進行仿真，得到相應的檢驗臨界值。

2.1.2 更高效的單位根檢驗法

在樣本數較小時，DF 單位根檢驗的檢驗功效是很低的，常常將平穩過程誤判為存在單位根。ADF 與 PP 的檢驗功效儘管有所改善，但也並不讓人特別滿意。為瞭解決這個問題，從不同的角度，人們提出了各種提高單位根檢驗功效的檢驗方法。

（1）WS（對稱加權）檢驗

1994 年，潘圖拉（Pantula）等人提出 WS 對稱加權檢驗法。該方法用後向延遲和前向延遲兩個迴歸式，通過求兩個殘差加權平方和的最小值來估計 ρ 及其方差 σ：

$$Q(\rho) = \sum_{t=2}^{T} w_t (y_t - \rho y_{t-1})^2 + \sum_{t=1}^{T-1} (1 - w_{t+1})(y_t - \rho y_{t+1})^2 \qquad (2.7)$$

其中權重 $w_t = (t-1)/T$。

通過使 $Q(\rho)$ 最小來估計迴歸系數 ρ 及其方差 σ，然後用 DF 檢驗同樣的方法來構造統計檢驗量。

（2）RMA（遞歸均值調整）檢驗

2001 年，東萬申（Dong Wan Shin）等人提出 RMA 遞歸均值調整單位根檢驗法。其基本設想是用遞歸平均取代樣本平均來估計迴歸系數及其方差，可應用於 DF、ADF 或 PP 等檢驗中。

通常迴歸分析中樣本平均數的計算公式為：

$$\bar{y} = T^{-1} \sum_{t=1}^{T} y_t, \quad t = 1, 2, \cdots, T$$

而遞歸平均數的定義為：

$$\bar{y}_t = t^{-1} \sum_{i=1}^{t} y_i, \quad t = 1, 2, \cdots, T$$

也即平均數不使用所有樣本計算出來的統一值，而只用它之前和它本身的觀測值來計算，而不涉及其後的樣本值。

對通常的 DF 統計而言，有 $\rho_o - 1 = \dfrac{\sum (y_{t-1} - \bar{y}) e_t}{\sum (y_{t-1} - \bar{y})^2}$。

對 RMA 而言，有 $\hat{\rho}_r - 1 = \dfrac{\sum (y_{t-1} - \bar{y}_{t-1})e_t}{\sum (y_{t-1} - \bar{y}_{t-1})^2}$。

RMA 用遞歸平均代替普通樣本平均進行計算，其好處在於：在 DF 計算中，因 $(y_{t-1} - \bar{y})$ 與 e_t 是相關的，故估計出來的迴歸系數是有偏的，特別是樣本數較小或迴歸系數接近於 1 時，偏誤是很大的，導致此時的檢驗功效不高。普通 ρ 估計式的偏差估算公式為：

$$E(\hat{\rho}_o - \rho) = -\frac{1 + 3\rho}{T} + o(T^{-1}) \qquad (2.8)$$

而對 RMA 而言，$\rho = 1$ 的單位根情形時，$E[\sum (y_{t-1} - \bar{y}_{t-1})e_t] = 0$，表明 e_t 與 $(y_{t-1} - \bar{y}_{t-1})$ 是不相關的，故而可顯著改善對迴歸系數 ρ 估計的有偏性，進而改善單位根檢驗的功效。

(3) MAX（最大值）檢驗

1995，雷波恩（Leybourne）提出 MAX 單位根檢驗法。設時間序列滯後模型為：

$$y_t = \alpha z_t + \rho y_{t-1} + u_t$$

其中 z_t 表示確定趨勢部分。設序列 DF 統計量為 DF_f。其反射模型為：

$$v_t = \delta z_t + \rho v_{t-1} + \eta_t$$

其中 $v_t = y_{T+1-t}$，即 v_t 序列為 $\{y_T, y_{T-1}, \cdots, y_1\}$。反射模型的 DF 統計量為 DF_r。可以構造單位根檢驗的統計量：MAX = $\max(DF_r, DF_f)$。其極限分佈為：

$$MAX \Rightarrow \max(F_0, R_0)$$

其中 $F_0 = \dfrac{(1/2)(W(1)^2 - 1) - W(1)\int_0^1 W(r)dr}{(\int_0^1 W(r)^2 dr - [\int_0^1 W(r)dr]^2)^{1/2}}$

$R_0 = \dfrac{-(1/2)(W(1)^2 + 1) + W(1)\int_0^1 W(r)dr}{(\int_0^1 W(r)^2 dr - [\int_0^1 W(r)dr]^2)^{1/2}}$。

MAX 檢驗法的思路是這樣的：由 $y_t = \rho y_{t-1} + u_t$ 可以得到反射模型 $y_{t-1} = y_t/\rho - u_t/\rho$，如果序列為單位根過程，則應該有 $\rho = 1/\rho = 1$，由此得到兩個檢驗迴歸式。

根據極限分佈或者蒙特卡羅仿真，我們容易求出其檢驗臨界值。結果表明，較 DF 檢驗而言，MAX 檢驗確實改善了檢驗功效。讓人好奇的是，如果將 MAX 檢驗與其他高功效檢驗法（如 RMA 或 WS 檢驗）結合，是否還可以繼續提高檢驗功效呢？事實證明並非如此，其原因在於，檢驗功效的提高總有一個

限度，普通的 MAX 檢驗漸近檢驗功效已經很接近高斯漸近勢包絡線了，沒有進一步提高的空間。

（4）馮紐曼比與 LM 檢驗

馮紐曼比（Von Neumamm Ratio）就是時間序列的差分序列及序列本身的樣本方差之比。即：

$$VN = \frac{\sum_{t=2}^{T}(y_t - y_{t-1})^2}{\sum_{t=1}^{T}(y_t)^2} \quad (2.9)$$

我們可用 VN 比率來檢驗單位根假設。VN 比率也有自己的極限分佈，可以求出其檢驗臨界值。

（5）局部點最優檢驗

1996 年，埃利奧特（Elliot）等人將點最優估計（Point Optimal Test，POT）應用於單位根檢驗。如果迴歸系數接近於 1，此時因對 ρ 的估計偏差急遽增大，檢驗功效很低。如果知道此時 ρ 的值（用 a 表示），人們可以對此構造局部點最優估計，獲得最優的檢驗勢。用待檢驗序列對截距項和趨勢項進行準差分變量迴歸，假定準差分系數分別用 a 和 1 表示，則可以用相應兩個殘差平方和 SSR_a 與 SSR_1 來構造最優點估計統計量（POT）：

$$POT = \frac{SSR_a - a \cdot SSR_1}{f_0} \quad (2.10)$$

其中 f_0 是頻率為零時的殘差譜密度。

2.1.3 其他單位根檢驗法

（1）KPSS 檢驗

1992 年，科維亞特科夫斯基（Kwiatkowski）等人提出 KPSS 單位根檢驗法，該檢驗法先去除待檢序列中的截距項與趨勢項，得到殘差序列 $\{\hat{u}_t\}$，然後用殘差序列構造統計量 LM：

$$LM = \sum_{t=1}^{T} S(t)^2 / (Tf_0) \quad (2.11)$$

其中 $S(t) = \sum_{i=1}^{t} \hat{u}_i$ 是殘差和函數，f_0 是頻率為零時的殘差譜密度。

跟通常的單位根檢驗不同，KPSS 的原假設是平穩序列，備擇假設是單位根序列，屬於非參數方法。

（2）季節單位根檢驗

在實際經濟數據中有時存在季節或月度波動現象，可能需要做季節單位根檢驗，而不是普通的單位根檢驗。我們可以直接把 DF 檢驗的方法推廣到季節時間序列，用季節自迴歸檢驗式：

$$y_t = \rho_s y_{t-s} + u_t$$

如果 $\rho_s = 1$，則認為存在季節單位根。s = 1 的話即為普通單位根檢驗，為 4 的話為季度數據，為 12 的話為月份數據。

如果多加入季節週期 s 以前各滯後變量，則有檢驗迴歸式：

$$\Delta_s y_t = a_1 y_{t-1} + \ldots + a_{s-1} y_{t-(s-1)} + a_s y_{t-s} + \sum_{j=1}^{p} \varphi_j \Delta_s y_{t-j} + u_t$$

設原假設為 $a_1 = \cdots = a_{s-1} = a_s = 0$，檢驗統計量為 F 檢驗，如果為真，則存在單位根。當然也不能用普通 F 檢驗的臨界值。

(3) 面板數據單位根檢驗

1990 年，庫阿（Quah）首次把 DF 檢驗方法直接應用於面板數據的單位根檢驗。假如數據生成過程為：

$$y_{i\,t} = \rho y_{it-1} + u_{it}, \quad i = 1, \cdots, N; \quad t = 1, 2, \cdots, T$$

估計出迴歸系數 ρ 及其方差，然後構造 t 統計量，這與 DF 檢驗方法相同。但它的極限分佈不再是維納過程的泛函，當 N、T 以同樣速度趨於無窮時，面板數據 DF 統計量的漸近分佈為標準正態分佈。

跟 ADF 的思路類似，萊溫（Levin）、林（Lin）等人在 1992 年引入漂移項、時間趨勢項與自相關項，得到檢驗迴歸式：

$$y_{i\,t} = c + \alpha t + \rho y_{it-1} + \sum_{j=1}^{p} \varphi_j \Delta y_{i\,t-j} + u_{it}, \quad i = 1, \cdots, N; \quad t = 1, 2, \cdots, T$$

當 N、T 同時趨於無窮大，t 統計量的極限分佈也是標準正態的。

以上是假設不同個體迴歸系數 ρ_i 相同。更加一般的模型是假設其不同，此時有：

$$y_{i\,t} = c + \alpha t + \rho_i y_{it-1} + \sum_{j=1}^{p} \varphi_j \Delta y_{i\,t-j} + u_{it}, \quad i = 1, \cdots, N; \quad t = 1, 2, \cdots, T$$

分別估計出 N 個 ρ_i 及其方差，計算出對應的統計量 t_i，再計算 N 個統計量的平均值 $\bar{t} = \dfrac{1}{N} \sum_{i=1}^{N} t_i$，然後可以構造面板數據單位根檢驗統計量 $Z_t = \dfrac{[\bar{t} - E(\bar{t})]}{\sqrt{Var(\bar{t})/N}}$。$Z_t$ 的漸進極限分佈也是標準正態的。

2.1.4 各種無趨勢單位根檢驗法的比較及檢驗功效討論

對無趨勢序列而言，當樣本數很大時，各種檢驗方法都趨近於其極限分佈，從而可以給出正確的檢驗結果。但當被檢驗隨機序列含有近似單位根，即特徵根小於 1 但接近 1 時，或者是在小樣本條件下，單位根檢驗的檢驗功效是很低的，很容易將平穩過程誤判為單位根過程。

Phillips（1998）指出，當樣本數為 100 時，如果迴歸系數大於 0.9，對各種檢驗方法而言，檢驗功效都不太可能高於 0.3。也就是說，將有超過 70% 的

平穩過程被誤判為存在單位根。如果殘差存在序列相關，或者需要對數據進行去勢處理，檢驗功效會更加低。這表明，在小樣本情況下，當判斷檢驗結果存在單位根時，我們應該對結論的可靠性保持警惕，這很有可能是誤判。換句話說，如果檢驗結果為平穩的，基本上問題不大，但如果判斷存在單位根，則要小心使用結論。

表 2.1 為幾種常用單位根檢驗法在 5% 檢驗水平下，漸近極限情況下的檢驗功效。

表 2.1　　5% 檢驗水平下常用檢驗法的漸近極限檢驗功效

c	ENV	DF	RMA	WS	MAX
−5	0.20	0.13	0.19	0.20	0.20
−10	0.52	0.33	0.50	0.51	0.50
−15	0.83	0.62	0.81	0.83	0.82
−20	0.97	0.86	0.96	0.96	0.96
−25	1.00	0.97	1.00	1.00	1.00

註：數據來源於（Leybourne, Kim, Newbold, 2005）

其中 ENV 為漸近高斯勢包絡（Asymptotic Gaussian Power Envelope），可以理解為獨立同分佈高斯誤差項下檢驗功效的極限值，也就是所有可能檢驗方法的檢驗功效最大值。可以看出，RMA、WS 與 MAX 的漸近檢驗功效是接近的，並且接近或位於勢包絡上。而 DF（包括有同樣極限分佈的 ADF、PP 檢驗）的檢驗功效要差些。在 c 絕對值較小（−5）時，迴歸系數接近於 1，在 5% 名義水平下，所有檢驗的功效都很不理想，沒有超過 20% 的；隨著 c 絕對值的增加，迴歸系數離 1 變遠，所有檢驗的功效都迅速增加，當 c=−25 時，連 DF 的檢驗功效都接近於 1，此時將平穩過程誤判為單位根過程的概率很小。

其中迴歸系數 $\rho = 1 + \dfrac{c}{T}$，假如 $T = 100$，$c = -10$，則迴歸系數為 0.9，此時勢包絡上的檢驗功效為 0.52，考慮到檢驗功效隨樣本數增加而增加，故實際樣本數為 100 情況下的檢驗功效不可能達到 0.52，Phillips（1998）的結論是不太可能超過 0.3。

換個角度，如果我們認為檢驗功效低於 0.5 的檢驗不可用的話（此時超過一半以上的平穩序列將被誤判），若要想區分迴歸系數接近 0.9 的平穩過程與單位根過程，樣本數小於 100 的話將是不可能的。

蒙特卡羅仿真表明，在任何樣本情況下，WS、RMA 與 MAX 檢驗的檢驗功效大致相仿，都很不錯，要明顯好於 DF、ADF 與 PP 檢驗。當然 PP 檢驗的功效通常又好於 ADF 檢驗的功效。

2.2 線性趨勢序列單位根檢驗的退勢

實際經濟數據的時間序列常常有一個隨時間不斷增長的確定性趨勢，此時序列雖然是非平穩的，但如果去掉趨勢項後，剩餘項卻可能是平穩的，此時稱為趨勢平穩。剩餘項不平穩的話稱為差分平穩，此時才是我們真正關心的單位根過程。要判斷是趨勢平穩還是單位根過程，很自然的方法是先去掉確定性趨勢項，然後對剩餘項進行無趨勢項的單位根檢驗。去掉時間序列的確定性趨勢部分，稱為時間序列的退勢。

2.2.1 OLS 退勢

用 OLS 對帶趨勢時間序列的確定性趨勢項進行迴歸估計，以此來去除趨勢是最容易想到的，也是用得最廣泛的去勢方法。它通常包括 ADF、PP 或者面板數據檢驗中假設的常數項與時間項，也可以通過先迴歸去除確定性趨勢項後，再對剩餘殘差項進行無趨勢檢驗來進行。事實上，因為 ADF 在計算檢驗量時使用的 OLS 方法進行參數估計，而 OLS 參數估計的理論已經證明，分步對多個參數進行估計與一次對所有參數估計結果是一樣的。

但應該指出，OLS 估計的理論基礎是在平穩假設前提下得到的，強行應用於非平穩情況的參數估計，其估計精度當然可能存在問題，導致殘差中確定性趨勢的去除不乾淨，這會影響到單位根檢驗的檢驗結果。理論與仿真試驗均表明，同樣的隨機時間序列，加上時間趨勢項後來進行退勢單位根檢驗，檢驗功效是會降低的，在小樣本情況下更是如此。

2.2.2 差分後迴歸退勢

在單位根假設下，OLS 退勢因為序列是非平穩的，殘差中可能殘存部分時間趨勢項，導致檢驗功效降低。為解決這個問題，一些檢驗中採取了其他方法進行退勢。比如在馮紐曼比單位根檢驗中，就採用先對原序列進行差分，然後再進行 OLS 估計去除確定趨勢項。因為單位根序列經過一階差分後，已經變為平穩序列。這樣就符合 OLS 估計的前提條件，可以提高參數估計精度，從而提高檢驗功效。施密特和菲利普斯（Schmidt, Phillips, 1992）的仿真試驗證明，至少在單位根附近，檢驗功效確實得到了提高。

2.2.3 準差分退勢

準差分退勢（Quasi-difference Detrend）也稱 GLS（廣義最小二乘）退勢，是 Eilliot 在 1996 年首先提出來的。在單位根檢驗中，如果備擇假設離單位根

較近，即迴歸系數接近於 1 時，為提高檢驗功效，可使用準差分去勢。設迴歸系數 $\rho = e^{\frac{c}{n}} \approx 1 + \frac{c}{n}$，其中 $c < 0$。

準差分算子定義為：$\Delta_c y_t = (1 - L - \frac{c}{n}L) y_t = \Delta y_t - \frac{c}{n} y_{t-1}$。

即準差分比普通差分多減了部分一階滯後項。準差分變換後，再對得到的序列進行最小二乘迴歸來進行退勢處理。其實相當於用序列 $[y_1, y_2 - \alpha y_1, \cdots, y_T - \alpha y_{T-1}]$ 對 $[z_1, z_2 - \alpha z_1, \cdots, z_T - \alpha z_{T-1}]$ 進行廣義差分迴歸。

其中無趨勢時取 $z_t = 1$，有趨勢時取 $z_t = [1, t]'$，$\alpha = 1 + \frac{c}{n}$。

2.2.4　KGLS 退勢

在前面的 GLS 退勢中，序列第一項取固定值，沒有做差分。我們也可以考慮假設它是 0 均值，方差為 $\sigma^2/(1 - \rho^2)$ 的隨機變量，此時第一項的系數為 $(1 - \alpha^2)^{0.5}$。這樣可以稍微改善退勢效果。

在 GLS 與 KGLS 退勢中，都涉及常數 c 的選擇問題，當然盡可能選擇使檢驗功效高的值。Eilliot 在 1996 的論文中，建議對 $z_t = 1$ 時，取 $c = -7$；對 $z_t = [1, t]'$ 時，取 $c = -13.5$；在 1999 的論文中，又建議統一取 c 為 -10。

當然我們也可以考慮將 c 看作待估參數，在迴歸中直接進行估計。

2.2.5　遞歸 OLS 退勢

2002 年，泰勒（Taylor）等人提出遞歸 OLS 退勢。設 $\tilde{y}_t$ 是用 y_j 對 z_j，$j \leqslant t$ 迴歸得到的剩餘項，即對每個剩餘項，都做一次迴歸來計算；第 t 項剩餘，用前 t 個觀測值進行迴歸獲得，而不使用 t 之後的觀測值；然後對剩餘項進行單位根檢驗。

2.2.6　幾種退勢方法的比較

幾種退勢方法都屬於線性退勢的範疇，不能很好地應用於非線性趨勢情形。最為常見的當然還是 OLS 迴歸退勢，直接套用迴歸理論的方法和結論，當迴歸系數偏離單位根 1 較遠時，OLS 的退勢效果也不錯，並且計算簡單。離單位根很近時，廣義差分退勢效果要好些，但面臨常數 c 的選擇問題。遞歸 OLS 退勢在迴歸系數大或者小時都有較好的退勢效果，但計算量比較大，需要做多次迴歸計算剩餘項。

2.3 分段線性結構突變趨勢序列的單位根檢驗

對實際的經濟數據而言,由於可能存在政策、制度或其他方面的重大衝擊,如20世紀30年代的大衰退、70年代的石油危機、中國的計劃生育政策、當前的金融海嘯等,都導致變化趨勢的結構發生改變。當趨勢中存在結構突變時,不退勢或不考慮結構變化的退勢,將導致殘差項中包含大量趨勢項,從而嚴重影響檢驗結果,使得檢驗功效非常低,經常把退勢平穩過程誤判為單位根過程,得到錯誤的檢驗結論。

Perron 在 1989 年提出了三種分段線性結構突變模型:截距(均值)突變、斜率(趨勢)突變以及截距與斜率雙突變。均值突變也稱為崩潰(Crash)模型,斜率突變也稱為變增長率模型(Changing Growth),雙突變也稱為混合(Mixed)模型。

2.3.1 突變點位置已知的檢驗方法

Perron 最初提出的檢驗方法,假設分段線性趨勢的結構突變點位置已知,那麼可以採用在 ADF 檢驗中加入描述結構突變的虛擬變量,從而改善迴歸系數的估計。有多少個突變點,就加入多少個虛擬變量。

當然我們也可以考慮先用啞元變量法去除帶結構變化的趨勢項,再對剩餘項用無趨勢單位根檢驗法進行檢驗就可以了。

Perron 的理論研究與仿真實驗均表明,檢驗臨界值不但與突變點個數有關,甚至跟突變點的位置有關,不同的相對位置有不同的臨界值,也具有不同的檢驗功效。這給帶結構變化的單位根檢驗帶來麻煩。當突變點位於樣本數中間時,此時的檢驗功效通常最低。

2.3.2 結構突變點位置未知的內生化檢驗方法

Perron 最初的理論假設中突變點是外生知道的,這給變點模型的應用帶來限制,需要人為地假設突變發生的時間。茲沃特(Zivot)與安德魯斯(Andrews)在 1992 年提出了內生化結構變點模型,取消了變點位置已知的限制。

其檢驗思路非常簡單,假設時間序列中的每個點都是可能的變點,對每個點都計算一個檢驗統計量,這樣可以得到一個單位根檢驗統計量序列。從中選擇最小的統計量與臨界值進行比較,來判斷是否存在單位根。為什麼要選擇統計量序列中最小的呢?其原因在於,如果變點位置選得合理,殘差中趨勢項的去除最乾淨,計算出來的統計量就是最小的。

2.3.3 子序列檢驗方法

1992 年，班納吉（Banerjee）、拉姆斯戴恩（Lumsdaine）與施托克（Stock）等人提出子序列檢驗法，採取在待檢驗樣本中抽取不同子樣本的方式提出了新的檢驗方法，包括遞歸檢驗法、移動檢驗法等。

遞歸檢驗的思路是這樣的：從序列的第一個值開始，先取序列前部分（如 1/4 長度序列）序列值作子樣本進行檢驗，得到一個統計量，然後每次增加一個觀測樣本進行統計檢驗，直至完成對所有樣本的統計。如果每個子序列的檢驗均判斷存在單位根，則說明原序列為單位根過程；否則的話為平穩過程。注意此時因為每個子序列長度不同，而臨界值是與樣本長度有關的，故如果選擇子序列中統計量最小值，需要注意到這點。

移動檢驗法選取固定的子樣本容量（比如 1/3 樣本長度）進行檢驗，每次在原樣本中逐一平移進行檢驗，也可以得到一個統計量序列，用其中統計量的最小值與臨界值比較。統計量的最小值若大於臨界值，認為原序列是單位根過程（原假設）；若小於臨界值，認為原序列是帶有結構突變的趨勢平穩過程（備擇假設）。

子序列檢驗法當然只有在樣本數較大時才適用。

2.4 其他非線性趨勢序列的單位根檢驗

單位根檢驗的文獻非常豐富，但大部分局限於無趨勢情形或線性趨勢情形單位根檢驗的討論。對包含非線性確定性趨勢序列的單位根檢驗問題，文獻中討論得並不多。但現實世界千差萬別，線性趨勢很難概括全部的經濟數據過程。

對時間多項式這種非線性確定性趨勢序列的檢驗，文獻中有所討論。假設確定性趨勢項為時間的多項式，作為線性趨勢的自然拓展，用 ADF 類似的方法，可以用 OLS 方法計算出檢驗統計量。歐尼亞雷斯（Ouliaris）、帕克（Park）和 Phillips（1989）推導了多項式趨勢下單位根檢驗統計量的極限分佈。

對其他非線性趨勢而言，如果設定了非線性趨勢的具體形式，我們可以先假設誤差項是平穩的，考慮用非線性參數估計或其他參數估計方法，估計出非線性趨勢部分，然後得到去趨勢後的殘差項，再進行單位根檢驗。

這種思路有很大的局限性，它相當於將確定性趨勢項函數形式外生化、固定化，所能概括的情形總是有限的。這種解決非線性趨勢問題的方法有兩個大的問題不易解決：一是檢驗統計量的極限分佈與非線性趨勢的具體形式有關，

導致其檢驗臨界值也必然因非線性趨勢的不同而不同。二是如何設定非線性趨勢的具體形式，以保證它就是我們期望描述的數據過程趨勢，依然是個懸而未決的難題，這需要解決非線性趨勢的檢驗問題。因為如果設定錯誤，是很可能得出錯誤的檢驗結果的。

本書從另外一個角度解決非線性趨勢下的單位根檢驗問題，就是期望能夠對確定性趨勢項的函數形式內生化，希望找到一種方法，能夠一致地處理所有非線性趨勢（當然也包括線性趨勢）的去勢問題。不需要對非線性趨勢的具體形式進行設定，也就迴避了設定的檢驗問題，並且檢驗臨界值與非線性趨勢的形式無關。

2.5　擾動項非線性的單位根檢驗

除確定性趨勢可能存在非線性外，另外一種可能是隨機項的非線性問題。對因果時間序列 y_t，其預測的一般表達式為：

$$y_t = h(y_{t-1}, y_{t-2}, \cdots; u_t, u_{t-1}, u_{t-2}, \cdots) \qquad (2.12)$$

如果函數 $h(.)$ 為線性的，上式可寫為：

$$y_t = c + \sum_{i=1}^{p} \varphi_i y_{t-i} + \sum_{j=1}^{q} \theta_j u_{t-j} + u_t \qquad (2.13)$$

此即為 ARMA（p，q）模型。如果函數 $h(.)$ 為非線性函數，則得到非線性模型。可見任意非 ARMA 模型皆為非線性模型，其形式是多種多樣的。對此研究較多的是童（Tong，1983）提出的門限自迴歸（TAR）以及陳和童（Chan，Tong，1986）提出的平滑轉移自迴歸（STAR）模型。TAR 模型是 STAR 模型的特殊情形，它們都是基於 AR 過程的隨機域（Regime）變模型，認為經濟變量的動態行為並不是固定不變的，其行為依賴於所在的域，在不同的域內經濟變量的行為（即模型的形式或參數）是不同的。

布萊克和馮比（Balke，Fomby，1997）首先在門限自迴歸模型對非平穩和非線性的聯合分析中，通過蒙特卡羅方法發現，如果不考慮非線性問題，直接使用線性 DF 檢驗方法會使得檢驗功效大幅下降。Kapetanios（2003）等提出了一定條件下 ESTAR 模型非線性平穩性的 KSS 檢驗法。之後非線性平穩性檢驗法得到了廣泛研究和應用。

假設 y_t（$t = 1, 2, \cdots, T$）為 0 均值非線性隨機過程，考慮一階平滑轉移自迴歸 STAR（1）模型：

$$y_t = \beta y_{t-1} + \gamma y_{t-1} F(\theta, c, z_t) + \varepsilon_t \qquad (2.14)$$

其中 $\varepsilon_t \sim iid(0, \sigma^2)$，$\beta$、$\gamma$ 為參數，$F(\theta, c, z_t)$ 為轉移函數，用來描述 y_t 中的非線性特徵。轉移函數為在兩個極端狀態間連續變化的平滑函數，其中 z_t 為

狀態轉換變量，是導致 y_t 從一種狀態轉換為另一種狀態的變量，通常取為 $z_t = y_{t-d}$，即 y_t 延後 d（$d \geq 1$）期的值，有時也取 $z_t = \Delta y_{t-d}$（差分滯後值）或者 $z_t = t$（時間）為轉換變量；c 為轉換位置參數，表示轉換發生的位置；參數 θ 描述狀態轉換的速度。

轉換函數有各種形式，我們用得最多的是指數平滑轉移函數 $F(\theta, c, z_t) = 1 - e^{-\theta(z_t-c)^2}$，得到 ESTAR 模型。其中轉換參數 $\theta \geq 0$，決定了均值回復的速度；顯然轉移函數的取值範圍為 $[0, 1]$。當 $\theta = 0$ 時，$F(\theta, c, z_t) = 0$，y_t 為某個線性模型；當 θ 較大時，$F(\theta, c, z_t)$ 趨近於 1，y_t 變為另外一個線性模型。可見，門限自迴歸（TAR）為 STAR 的特殊情形。

轉移函數有時也取為 Logistic 平滑轉移函數，比如沿轉換點左右非對稱的一階 Logistic 函數 $F(\theta, c, z_t) = \dfrac{2}{1 + e^{-\theta(z_t-c)}} - 1$，其取值變化範圍為 $[-1, 1]$；或者對稱的二階 Logistic 函數 $F(\theta, c, z_t) = \dfrac{2}{1 + e^{-\theta(z_t-c)^2}} - 1$，其取值變化範圍為 $[0, 1]$。

對 ESTAR 模型，假設轉換變量 $z_t = y_{t-d}$，得到：

$$y_t = \beta y_{t-1} + \gamma y_{t-1}[1 - e^{-\theta(y_{t-d}-c)^2}] + \varepsilon_t \tag{2.15}$$

差分後（$\varphi = \beta - 1$）可得到：

$$\Delta y_t = \varphi y_{t-1} + \gamma y_{t-1}[1 - e^{-\theta(y_{t-d}-c)^2}] + \varepsilon_t \tag{2.16}$$

Kapetanios 等討論過其平穩性條件為 $|\beta + \gamma| < 1$ 或 $-2 < \varphi + \gamma < 0$，這是一個充分而非必要條件。

應用中有時假設 $\varphi = 0$，此時在轉換點（$y_{t-d} = c$）附近，有 $\Delta y_t = \varepsilon_t$，暗示 y_t 在中間區域為一單位根過程。如果此條件下有 $\theta = 0$，則 $\Delta y_t = \varepsilon_t$，表明 y_t 為一線性單位根過程；如果 $\theta > 0$，並認為條件 $-2 < \gamma < 0$ 是滿足的，則 y_t 為全局平穩的非線性過程。這樣可得到檢驗原假設為 $\varphi = 0$，$\theta = 0$，序列為線性單位根過程；備擇假設為 $\varphi = 0$，$\theta > 0$，並認為條件 $-2 < \gamma < 0$ 滿足，序列為非線性全局平穩過程。

對延遲參數，在實際應用中可以在 $d = \{1, 2, \cdots, d_{\max}\}$ 中選擇最佳擬合結果所對應的值，分析中通常取 1 進行討論。

在對式（2.16）平穩性檢驗的理論研究中，Kapetanios 等人提出的 KSS 方法強加 $\varphi = 0$，$d = 1$，$c = 0$ 的限制條件，得到 ESTAR 模型（2.16）平穩性檢驗的簡化形式：

$$\Delta y_t = \gamma y_{t-1}[1 - e^{-\theta y_{t-1}^2}] + \varepsilon_t \tag{2.17}$$

檢驗零假設為 H_0：$\theta = 0$，備擇假設為 H_1：$\theta > 0$。零假設下 γ 參數是不可識別的，並且迴歸方程是參數非線性的，對轉移函數做一階泰勒展開，得到方程（2.17）的輔助迴歸方程：

$$\Delta y_t = \delta y_{t-1}^3 + error \quad (2.18)$$

其中 $\delta = \theta\gamma$，檢驗假設變為 H_0：$\delta = 0$；H_1：$\delta < 0$。可構建 t 統計量，用左邊檢驗來實現該檢驗：

$$t_1 = \frac{\hat{\delta}}{s.e.(\hat{\delta})} \quad (2.19)$$

在零假設下，t 統計量的極限分佈為 $t_1 \Rightarrow \dfrac{\frac{1}{4}W(1)^4 - \frac{3}{2}\int_0^1 W(r)^2 dr}{\sqrt{\int_0^1 W(r)^6 dr}}$；在備擇假設下，$t_1 = O_p(\sqrt{T})$，t 統計量發散到無窮。

對一階 LSTAR 模型，同樣假設轉換變量 $z_t = y_{t-d}$，得到

$$\Delta y_t = \varphi y_{t-1} + \gamma y_{t-1}\left[\frac{2}{1+e^{-\theta(y_{t-d}-c)}} - 1\right] + \varepsilon_t \quad (2.20)$$

同樣強加 $\varphi = 0$，$d = 1$，$c = 0$ 的限制條件，劉雪燕、張曉峒（2009）研究了一階 LSTAR 簡化模型的平穩性檢驗問題：

$$\Delta y_t = \gamma y_{t-1}\left[\frac{2}{1+e^{-\theta y_{t-1}}} - 1\right] + \varepsilon_t \quad (2.21)$$

跟 KSS 方法思路類似，對（2.21）式做一階泰勒展開，得到平穩性檢驗的輔助迴歸式：

$$\Delta y_t = \lambda y_{t-1}^2 + error \quad (2.22)$$

檢驗假設變為 H_0：$\lambda = 0$；H_1：$\lambda < 0$。可構建 t 統計量，用左邊檢驗來實現該檢驗：

$$t_2 = \frac{\hat{\lambda}}{s.e.(\hat{\lambda})} \quad (2.23)$$

統計量的漸近分佈為 $t_2 \Rightarrow \dfrac{\frac{1}{3}W(r)^3 - 1}{\sqrt{\int_0^1 W(r)^4 dr}}$，為非標準的 t 分佈。

對二階 LSTAR 模型，同樣假設轉換變量 $z_t = y_{t-d}$，得到

$$\Delta y_t = \varphi y_{t-1} + \gamma y_{t-1}\left[\frac{2}{1+e^{-\theta(y_{t-d}-c)^2}} - 1\right] + \varepsilon_t \quad (2.24)$$

如果同樣強加 $\varphi = 0$，$d = 1$，$c = 0$ 的限制條件，我們可得到二階 LSTAR 平穩性檢驗的簡化模型：

$$\Delta y_t = \gamma y_{t-1}\left[\frac{2}{1+e^{-\theta y_{t-1}^2}} - 1\right] + \varepsilon_t \quad (2.25)$$

同樣用一階泰勒展開近似非線性轉換函數，得到檢驗的輔助迴歸式：

$$\Delta y_t = \eta y_{t-1}^3 + error \qquad (2.26)$$

檢驗假設變為 $H_0: \eta = 0$；$H_1: \eta < 0$。我們發現，檢驗輔助迴歸式（2.26）與 ESTAR 模型得到的輔助迴歸式（2.18）相同，故可用（2.19）式的檢驗統計量來檢驗（2.25）式的平穩性問題。顯然，統計量的極限分佈與臨界值也應該相同。

3 單位根檢驗中常見錯誤分析

單位根檢驗在實證分析中應用非常廣泛，但遺憾的是很多文獻對單位根的使用是錯誤或不完全的，得到的結論不可靠甚至完全錯誤。數據收集、檢驗方法選擇、統計量計算及得出統計推斷結論等各個環節都可能出現問題。

本章歸納總結了大量文獻中單位根檢驗方面的常見錯誤，並對其進行了詳細分析。常見錯誤包括因數據獲取困難導致的小樣本錯誤，因特殊假設隨意推廣導致的以偏概全的邏輯錯誤，因忽略檢驗功效導致的檢驗失敗，以及設定錯誤等。

3.1 引言

單位根檢驗在理論分析和實證檢驗中，都具有重要作用，因為它是區分平穩與非平穩的基本定量方法。單位根檢驗概念是很簡單的，並且幾乎所有計量軟件都提供現成的檢驗程序，人們輸入數據就可以得到檢驗結果，因而在實證分析中得到廣泛應用。但單位根檢驗也是很複雜的，樣本大小、干擾項特徵、數據生成過程的不同假設，眾多因素的不同考慮都可能完全改變檢驗結果。國內外眾多學者對其進行了廣泛研究，並提出了各種檢驗方法。大量的研究文獻和檢驗方法有時讓計量學專家都感到迷惑和無所適從，更別說普通的應用者了。實證文獻中存在大量的單位根檢驗研究和應用文章，但遺憾的是很多文獻對單位根檢驗的使用是錯誤或不完全的，得到的結論不可靠甚至完全錯誤。

對單位根檢驗或者任何其他檢驗過程而言，通常都包括以下程序：首先要收集數據，然後提出原假設與備擇假設，選擇檢驗方法，再設定檢驗迴歸式，計算出檢驗統計量，將統計量與選定檢驗水平對應的臨界值進行比較，得到檢驗結果，其實還應該考慮檢驗功效問題。上述任何一個環節處理不當，都可能導致錯誤而得出錯誤的結論。對數據收集而言，由於很多時候收集數據並不容易，以致收集樣本數量不足，出現小樣本問題；數據本身可能受到污染、干擾或因為其他原因，導致數據偏離真實情況，出現測量誤差問題。在選擇迴歸式

進行參數估計時，迴歸式與數據生成過程可能並不一致，導致設定問題。在理論分析和仿真研究中，我們通常只能從一個具體的假設出發推導或計算，這樣得到的結論如果進行推廣的話，可能導致以偏概全的錯誤。忽略檢驗功效也常常導致檢驗失敗。

3.2 小樣本錯誤

計量經濟學的大部分檢驗，其檢驗統計量的分佈都是極限分佈，也就是樣本數趨於無窮大時的分佈，在樣本數很小時的分佈與極限分佈通常並不相同，甚至根本不存在。當然因為不同統計量分佈的收斂速度不同，究竟多大樣本時的分佈可看成極限分佈也並不一樣。對單位根檢驗而言，樣本數很小時，檢驗統計量的分佈可能受干擾項分佈、均值、方差、相關性以及變量初始值、均值、方差等各種因素的影響，檢驗出來的功效常常很低，也就是說很容易把平穩過程誤判為單位根過程。按照菲利普斯和智杰（Phillips, Zhijie, 1988）的研究，當樣本數小於 100 時，如果迴歸系數超過 0.9，則檢驗功效很難超過 30%，這意味著此時將有超過 70% 的平穩過程被誤判為單位根過程。遺憾的是，大量文獻在實證分析中，並沒有考慮樣本數的問題，甚至在樣本數很小時也在機械地進行單位根檢驗，從而得到的檢驗結果完全沒有說服力。

比如，姚耀軍、和丕禪（2004）在《農村資金外流的實證分析：基於結構突變理論》一文中，採用崩潰模型的結構突變模型進行去勢，然後用 ADF 的方法對殘差進行單位根檢驗，根據 1977—2001 年共 25 個數據點進行實證分析，得出農村資金通過農村信用社及郵政渠道外流的數據生成過程為一帶結構突變的單位根過程的結論。但其檢驗結果是值得高度懷疑的。事實上，去勢後 ADF 單位根檢驗中，25 個樣本將 $\rho = 0.5$ 的平穩過程與單位根過程分開的概率不超過 52%，將 $\rho = 0.8$ 的平穩過程與單位根過程分開的概率不超過 13%，將 $\rho = 0.9$ 的平穩過程與單位根過程分開的概率不超過 7%。可見，因為樣本數太小，大量的平穩過程將非常容易被誤判為存在單位根，作者得到有單位根的結論是沒有說服力的。

再比如，李志輝（2005）在《結構突變理論對外商直接投資的實證分析》一文中，利用結構突變理論分析了中國的外商直接投資情況，並推斷出外商直接投資服從一個結構突變的單位根過程。其先利用結構突變假設進行去勢，然後用 ADF 進行單位根檢驗。實證分析基於 1983—2004 年共 22 個數據點的外商直接投資數據。同樣因為樣本數太小的原因，作者根本得不出有意義的結果，作者文中的結論也沒有什麼說服力。

陳龍（2004）在《結構性突變的單位根過程——基於中國廣義貨幣的實

證》一文中，選擇1981—2001年中國廣義貨幣供應量的季度數據來進行實證分析。陳龍總共收集到84個樣本數據，利用去勢後的殘差進行ADF單位根檢驗，得出中國廣義貨幣供應量遵循結構突變的單位根過程的結論。事實上，去勢後ADF單位根檢驗中，84個樣本將$\rho = 0.8$的平穩過程與單位根分開的概率不超過71%，將$\rho = 0.9$與單位根分開的概率不超過21%。作者文中所得結論的可靠性也不是很高，並不一定符合實際情況。

總之，小樣本情況下的單位根檢驗，如果得出平穩的結論，應該是比較可靠的，但如果結論是存在單位根，則要對檢驗結果保持高度警惕，因為它極可能只是誤判而已。

3.3 以偏概全錯誤

計量經濟學中，很多問題是很複雜的，影響結果的因素多種多樣，很難從非常一般化的角度進行統一的分析和討論。對單位根檢驗而言，不同的數據生成過程、初始值的選擇、干擾項的分佈、序列相關結構、均值與方差大小等，都可能影響結果。但分析只能從一個特別的假設出發進行研究；或者在使用蒙特卡羅方法進行複雜問題的仿真研究時，也總是從某個非常具體的假設開始計算的。這樣就必須注意到特殊假設下得出的結論是否具有普遍性，應該盡可能用不同的假設進行分析，否則很容易出現以偏概全的錯誤，而得到錯誤的推廣結論。

比如，靳庭良（2005）在《DF單位根檢驗的勢及檢驗式的選擇》一文中，通過模擬仿真研究發現，在單位根原假設下，情形1（即參數迴歸估計式為 $y_t = \rho y_{t-1} + e_t$）的k統計量[即$T(\rho-1)$]、τ統計量（$\tau = \dfrac{\rho-1}{\hat{\sigma}}$）的分佈受$y_0/\sigma$的影響，這個問題對k統計量尤為嚴重。因此作者得出結論，k統計量單位根檢驗需要根據應用的需要對不同的樣本初始值或初始值區間，模擬出相應的臨界值，才能以此進行單位根檢驗。作者是在樣本數為100的情況下得到的仿真結果並進行推廣而得出上述結論的。但事實上，實證分析中我們是很難知道y_0/σ的，並且也不容易對其進行估計，我們又怎麼可能模擬出臨界值並進行單位根檢驗呢？作者沒有從理論上對其結論進行分析，其實其結論是不全面的，作者只是根據樣本數為100的仿真結果推廣到所有情況而得出上述結論，犯了以偏概全的錯誤。

事實上，如果$y_0 = 0$，有 $T(\rho-1) = \dfrac{T^{-1}\sum_{t=1}^{T} y_{t-1} e_t}{T^{-2}\sum_{t=1}^{T} y_{t-1}^2} \Rightarrow \dfrac{\frac{1}{2}[W^2(1)-1]}{\int_0^1 W^2(r)\,dr}$，現在

假設 $y_0 \neq 0$，令 $z_t = y_t - y_0$，顯然滿足 $z_0 = y_0 - y_0 = 0$，單位根原假設下有 $\rho = 1$，故 $z_t = \rho z_{t-1} + e_t + (\rho - 1)y_0 = \rho z_{t-1} + e_t$，即 z_t 為一初始值為 0 的情形 1 的標準單位根過程。此時有：

$$T(\hat{\rho} - 1) = \frac{T^{-1}\sum_{t=1}^{T} y_{t-1} e_t}{T^{-2}\sum_{t=1}^{T} y_{t-1}^2} = \frac{T^{-1}\sum_{t=1}^{T} (z_{t-1} + y_0) e_t}{T^{-2}\sum_{t=1}^{T} (z_{t-1} + y_0)^2}$$

$$= \frac{T^{-1}\sum_{t=1}^{T} z_{t-1} e_t + y_0 T^{-1}\sum_{t=1}^{T} e_t}{T^{-2}\sum_{t=1}^{T} z_{t-1}^2 + 2y_0 T^{-2}\sum_{t=1}^{T} z_{t-1} + T^{-1} y_0^2}$$

$$= \frac{\frac{1}{2}\sigma^2 [W^2(1) - 1] + y_0 T^{-1/2}\sigma W(1)}{\sigma^2 \int_0^1 W^2(r)dr + 2y_0 T^{-1/2}\sigma \int_0^1 W(r)dr + T^{-1} y_0^2}$$

$$= \frac{\frac{1}{2}[W^2(1) - 1] + \frac{y_0}{\sigma T^{1/2}} W(1)}{\int_0^1 W^2(r)dr + 2\frac{y_0}{\sigma T^{1/2}} \int_0^1 W(r)dr + \left(\frac{y_0}{\sigma T^{1/2}}\right)^2}$$

可以看出，如果樣本數趨於無窮大，$\frac{y_0}{\sigma\sqrt{T}}$ 必然趨於 0，初始值不為 0 的單位根 k 統計量收斂於初始值為 0 時的極限分佈，y_0/σ 並不影響 k 統計量的極限分佈，但確實影響其收斂到極限分佈的速度。也就是說 y_0/σ 會影響小樣本時的結果，樣本數增加後，影響是忽略不計的。收斂速度受 $\frac{y_0}{\sigma\sqrt{T}}$ 控制。

再比如，張建華、涂濤濤（2007）在《結構突變時間序列單位根的「偽檢驗」》一文中，利用蒙特卡羅方法，對含一個結構變化點的時間序列用 ADF 進行單位根檢驗的有效性進行了仿真研究，並得出結論說，當數據生成過程存在一個結構突變點時，不考慮這種變化而進行常規的 ADF 單位根檢驗只有在下列情況下才不會失效，即只有當突變前後兩期的樣本數相差極大，或者選取的樣本期總數很小，並且隨著結構變化程度的增大，不考慮結構變化而進行常規單位根檢驗得出偽檢驗的可能性也會增大。

作者是在這樣的假設條件下進行的仿真試驗：設時間趨勢項 S_t 為兩段線性的，當 $t \in [1, 500]$ 時，$S_t = 100 + 0.9t$；$t \in [501, 1000]$ 時，$S_t = 300 + 0.5t$，總共 1,000 個數據項，干擾項 μ_t 總是取為標準正態分佈 $N(0,1)$。

但作者沒有注意到，干擾項的分佈、序列獨立性甚至方差大小的變化都可

能影響仿真結果，從而得出完全不同的結論。劉田（2008）的研究表明，在干擾項方差較大時，ADF 是可能對存在一個結構突變點的序列是否包含單位根進行正確檢驗的。作者在固定干擾項為標準正態分佈時進行仿真實驗，沒有意識到干擾項方差變化時對檢驗結果的重大影響，得出的結論並不完整。人們如果沒注意到這一點而引用其結論，是很容易得出錯誤的結果的。

3.4　忽略檢驗功效的錯誤

任何假設檢驗必然有相互對立的兩個假設：即原假設與備擇假設，也必然會提出一個根據樣本計算出來的檢驗統計量。檢驗統計量在原假設與備擇假設成立的情況下分別會有一個概率分佈。一個好的檢驗方法，應該盡量使兩個概率分佈相隔很遠，分佈曲線重疊越少約好。如果沒有重疊，可以將原假設與備擇假設完全分開；部分重疊，則分開的可能性也比較大；但如果完全重疊，則根本不可能分開原假設與備擇假設，這樣的檢驗設計當然是失敗的。

任何一個檢驗方法，都會對原假設下統計量的分佈情況進行仔細的研究，推導其統計分佈，或者進行蒙特卡羅仿真，並提供不同檢驗水平下的臨界值。但對備擇假設情況下統計量的分佈情況，很多文獻並沒有仔細考慮和討論，也就是忽略了檢驗功效的研究，如果檢驗功效始終很低，就可能導致檢驗的失效。

比如，福格爾桑（Vogelsang，1999）在一篇論文中提出用遞歸的方法來檢測單位根時間序列可能存在的多個加性奇異點的檢驗方法，就犯了這種嚴重錯誤。我們知道，在單位根檢驗中，如果待檢序列存在加性奇異點干擾，可能導致檢驗水平的扭曲，從而可能導致檢驗失敗。解決辦法是在單位根檢驗前，找到並去除奇異點，然後用剩餘的時間序列進行檢驗。Vogelsang 提出的檢測加性奇異點的方法是這樣的：設 $y_t = y_{t-1} + u_t$ 為單位根過程，觀測序列為 $z_t = \mu_t + y_t + \theta\delta_t$，其中 μ_t 為確定趨勢部分，$P(\delta_t = 1) = P(\delta_t = -1) = p/2$，$P(\delta_t = 0) = 1 - p$，則 z_t 為按一定概率存在奇異點的單位根過程。對 $T_{ao} = 1, \cdots, T$ 作迴歸 $z_t = \hat{\mu} + \hat{\theta} D(T_{ao})_t + \hat{u}_t$，其中 T 為樣本數，$D(T_{ao})_t$ 為啞元變量，在 $t = T_{ao}$ 時為 1，其他時候為 0。令 $\lambda = \dfrac{T_{ao}}{T}$，檢驗統計量 $\tau = \sup\limits_{T_{ao}} |t_{\hat{\theta}}(T_{ao})|$ 的極限分佈為：

$$\tau \Rightarrow \sup_{\lambda} \left| \frac{w^*(\lambda)}{\int_0^1 w^*(r)^2 dr} \right|$$

其中 $w^*(\lambda)$ 為維納過程投影到確定項空間的剩餘，比如確定項為常數項時，有 $w^*(\lambda) = w(\lambda) - \int_0^1 w(s) ds$。

统计量分佈沒有多餘參數並且與殘差項的相關結構無關。Vogelsang 建議的檢驗過程是這樣的：計算 τ 值，如果大於臨界值，則對應的 $t = T_{ao}$ 處為奇異點；去掉該點後繼續重複檢驗過程尋找奇異點，直到 τ 小於臨界值為止。

但遺憾的是，上述檢驗方法並不正確。Vogelsang 只考慮了原假設（有奇異點）的極限分佈，沒有考慮備擇假設（無奇異點）的極限分佈。事實上，上述檢驗加性奇異值的方法是完全無效的。尼爾斯·哈爾德魯普和安德魯·桑索（Niels Haldrup, Andreu Sansó, 2006）曾經證明，備擇假設的極限分佈與原假設的極限分佈完全一樣，兩者完全重疊（如圖 3.1 所示），意味著該檢驗方法的檢驗功效等於檢驗水平，也就意味著 Vogelsang（1999）提出的檢測奇異值的算法無實際意義。

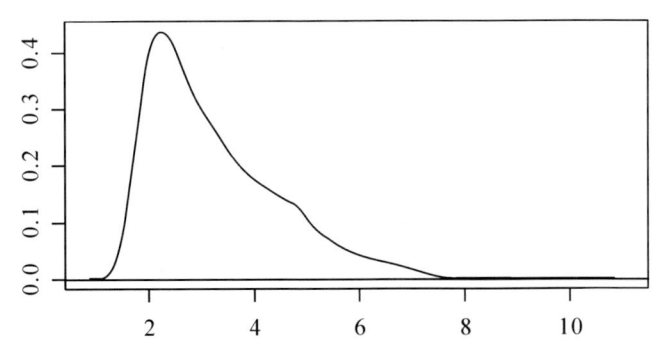

圖 3.1 Vogelsang 單位根過程奇異值檢測法原假設與備擇假設完全重疊

3.5 設定錯誤

在單位根檢驗中，通常需要對 ρ 及其方差進行估計，以此構造檢驗統計量。這常常用迴歸的方式進行，這就需要對迴歸函數式進行預先設定。最理想的情況，當然是設定檢驗迴歸式為數據生成過程，這樣可以得到最佳檢驗結果。但在通常的檢驗過程中我們並不知道數據生成過程，也就沒法設定「正確」的迴歸形式，這時我們必須在多種可能的迴歸式中進行選擇。如果設定的迴歸式包含多餘的參數，但能夠包容數據生成過程，多餘參數的估計會帶來檢驗功效的降低，特別是在樣本數較小時尤其如此。但這個問題不是致命的，隨著樣本數的增加，檢驗功效還是會獲得顯著改善的。但如果設定的迴歸式並不包容數據生成過程，則可能帶來致命的錯誤，並且這種錯誤沒法因為樣本數的增加而克服，導致檢驗完全失敗。

比如，大多數文獻在單位根理論和實證分析中都假設待檢時間序列為帶線性趨勢的，常見計量軟件中廣泛使用的 ADF、PP 單位根檢驗法也是這樣假定

的。這種假設應用於無趨勢情形單位根的檢驗，只是多設了一個線性趨勢，相當於增加了一到兩個待估參數，可能因為多餘參數導致檢驗功效的降低，但這種降低會因為樣本數的增加而改善，大樣本情況下完全沒有問題。但如果待檢序列包含的趨勢是非線性的，如平方、對數、分斷線性（也就是包含結構突變情形），則 ADF、PP 檢驗很可能完全失敗。比較經典的例子，如 Nelson 與 Plosser 在 1982 年用 ADF 方法檢驗 14 個美國宏觀經濟數據，發現存在 13 個單位根過程。但 Perron 在 1989 年引入結構變點後，發現真正的單位根過程只有 3 個。如果數據過程確實存在分段線性的結構變點，普通的線性假設設定顯然不能包容它，導致檢驗歸於失敗。

3.6　小結

單位根檢驗在實證分析中應用非常廣泛，但遺憾的是很多文獻對單位根的使用是錯誤或不完全的，得到的結論不可靠甚至完全錯誤。本章歸納總結了大量文獻中單位根分析和檢驗方面的常見錯誤，並對其進行了詳細分析。主要錯誤包括因數據獲取困難導致的小樣本錯誤，因特殊假設隨意推廣導致的以偏概全的邏輯錯誤，忽略檢驗功效的關注導致的檢驗失敗，以及迴歸式的設定錯誤等。

4 單位根檢驗中迴歸函數的選擇

檢驗迴歸式的合理設定是單位根檢驗成敗的關鍵因素之一。本章通過蒙特卡羅仿真的方法，研究了單位根檢驗中迴歸函數的選擇問題。結果表明，當樣本數很小且 ρ 較大時，各種迴歸函數選擇下的檢驗功效都比較低，主要是小樣本問題。如果檢驗迴歸式包容數據生成過程，在大樣本情況下可以獲得很好的檢驗結果。在大樣本情況下，殘差相關性的影響可以忽略。

4.1 引言

單位根檢驗中，通常假設單位根過程是無漂移的，滿足 $y_t = y_{t-1} + \mu_t$；如果單位根過程帶漂移，即形如 $y_t = a + y_{t-1} + \mu_t$，其中漂移項 $a \neq 0$，則有 $y_t = at + y_0 + \mu_1 + \cdots + \mu_t$，相當於不帶漂移單位根過程加一個時間趨勢項。

在單位根檢驗過程中，通常需要估計 y_{t-1} 對 y_t 的迴歸系數 ρ 及其方差 $\hat{\sigma}$，並據此構建檢驗統計量。根據欲檢驗的單位根過程是否帶漂移以及檢驗迴歸式的不同，在殘差剩餘項獨立同分佈的前提下，漢密爾頓（Hamilton）將單位根檢驗分為 4 種基本情形：

情形 1：迴歸估計式為 $y_t = \rho y_{t-1} + \mu_t$，無漂移單位根過程為 $y_t = y_{t-1} + \mu_t$，$\mu_t \sim i.i.d.\ N(0,\sigma^2)$。迴歸估計式與數據生成過程皆不含截距項，檢驗統計量及其分佈為：

$$\tau = \frac{\hat{\rho} - 1}{\hat{\sigma}} \Rightarrow \frac{\frac{1}{2}[W^2(1) - 1]}{\left[\int_0^1 W^2(r)dr\right]^{\frac{1}{2}}} \qquad (4.1)$$

情形 2：迴歸估計式為 $y_t = a + \rho y_{t-1} + \mu_t$，無漂移單位根過程為 $y_t = y_{t-1} + \mu_t$，$\mu_t \sim i.i.d.\ N(0,\sigma^2)$。數據生成過程不含截距項，迴歸檢驗式包含截距項，檢驗統計量及其極限分佈為：

$$\tau = \frac{\hat{\rho}-1}{\hat{\sigma}} \Rightarrow \frac{\frac{1}{2}[W^2(1)-1] - W(1)\int_0^1 W(r)dr}{\{\int_0^1 W^2(r)dr - [\int_0^1 W(r)dr]^2\}^{\frac{1}{2}}} \qquad (4.2)$$

情形 3：迴歸估計式為 $y_t = a + \rho y_{t-1} + \mu_t$，與情形 2 同。單位根過程帶漂移 $y_t = a + y_{t-1} + \mu_t$，$a \neq 0, \mu_t \sim i.i.d. N(0,\sigma^2)$。迴歸估計式與數據生成過程皆包含截距項，檢驗統計量為標準正態分佈：

$$\tau = \frac{\hat{\rho}-1}{\hat{\sigma}} \Rightarrow N(0,1) \qquad (4.3)$$

情形 4：迴歸估計式為 $y_t = a + \rho y_{t-1} + \delta t + \mu_t$，單位根過程為 $y_t = a + y_{t-1} + \mu_t$，$a$ 任意，$\mu_t \sim i.i.d. N(0,\sigma^2)$，包括帶漂移與不帶漂移的情形。檢驗統計量為 $\tau = \frac{\hat{\rho}-1}{\hat{\sigma}}$，其分佈為維納過程的泛函，但與系數 a 或 σ 無關。

就單位根檢驗中迴歸函數的選擇而言，假如想檢驗無漂移單位根過程 $y_t = y_{t-1} + \mu_t$，迴歸估計式可以考慮用情形 1、2、4；如果檢驗單位根過程帶漂移 $y_t = a + y_{t-1} + \mu_t$，$a \neq 0$，迴歸估計式可用情形 3、4；如果我們並不知道也不關心是否帶漂移，而只關心是否是單位根過程，迴歸估計式則只能用情形 4。

針對多種情形可檢驗同一單位根假設的情況，在選擇檢驗迴歸式的時候，如果檢驗尺度都沒有扭曲或者扭曲比較小的話，關鍵是考慮不同檢驗方法的檢驗功效，盡量選擇同樣條件下功效更高的迴歸式。

如果殘差剩餘項 μ_t 存在序列相關，情形 1~4 的迴歸估計式都需要拓展，需要在迴歸估計式中增加 y 的延遲差分項，而增加的項數需要與殘差剩餘項的序列相關結構匹配。

如果數據生成過程為情形 1，即 $y_t = \rho y_{t-1} + \mu_t$，用情形 2、4 進行檢驗比用情形 1 檢驗的功效要下降多少？如果檢驗功效下降並不多，則沒有必要考慮情形 1，使用統一的檢驗迴歸式將使問題更簡單；但如果檢驗功效下降很多，則必須在迴歸式用 1 與 2 或 4 之間進行選擇，也就是必須檢驗常數項是否為 0 了。但能否成功地進行檢驗又是另一個問題。

4.2 殘差項無序列相關時各種迴歸估計式的檢驗功效

我們先研究不存在序列相關時的情形，看看不同數據生成過程下不同迴歸檢驗式的檢驗水平扭曲情況和功效大小情況。

4.2.1 無截距項數據生成過程不同檢驗迴歸式的檢驗功效

設數據生成過程為 $y_t = \rho y_{t-1} + \mu_t$，$\mu_t$ 是獨立同分佈的標準正態分佈，取 y_0

= 0，ρ 取值從 1、0.9、0.8 逐步降低到 0（為節省篇幅，表 4.1 中只列出部分有代表性的數據），樣本數從 25、50 逐步增加到 1,000，每個 ρ 值重複 1,000 次進行檢驗，5% 檢驗水平下不同檢驗迴歸式時的檢驗功效如表 4.1 所示。

表 4.1　無截距項數據生成過程不同迴歸估計式的檢驗功效（5% 顯著水平）

	ρ	25	50	75	100	150	200	250	500	750	1,000
情形 1	1	0.05	0.05	0.05	0.05	0.04	0.05	0.06	0.05	0.05	0.06
	0.9	0.18	0.34	0.55	0.77	0.97	1.00	1.00	1.00	1.00	1.00
	0.8	0.38	0.80	0.97	1.00	1.00	1.00	1.00	1.00	1.00	1.00
	0.7	0.60	0.97	1.00	1.00	1.00	1.00	1.00	1.00	1.00	1.00
情形 2	1	0.05	0.04	0.04	0.04	0.05	0.05	0.05	0.04	0.05	0.06
	0.9	0.08	0.10	0.21	0.30	0.63	0.86	0.97	1.00	1.00	1.00
	0.8	0.14	0.32	0.64	0.87	1.00	1.00	1.00	1.00	1.00	1.00
	0.7	0.21	0.64	0.96	1.00	1.00	1.00	1.00	1.00	1.00	1.00
情形 3	1	0.25	0.31	0.35	0.36	0.38	0.39	0.43	0.42	0.42	0.45
	0.9	0.38	0.59	0.78	0.90	1.00	1.00	1.00	1.00	1.00	1.00
	0.8	0.51	0.89	0.98	1.00	1.00	1.00	1.00	1.00	1.00	1.00
情形 4	1	0.06	0.04	0.05	0.05	0.04	0.05	0.05	0.05	0.05	0.05
	0.9	0.06	0.07	0.14	0.20	0.39	0.66	0.83	1.00	1.00	1.00
	0.8	0.09	0.20	0.39	0.63	0.95	1.00	1.00	1.00	1.00	1.00
	0.7	0.14	0.42	0.77	0.96	1.00	1.00	1.00	1.00	1.00	1.00

就檢驗水平而言，ρ = 1 時為單位根過程，可以看出，使用情形 3 的檢驗迴歸式和臨界值來檢驗情形 1 的單位根過程，會帶來嚴重的尺度扭曲，因為它們的原假設一個帶漂移，一個不帶漂移，是不相容的，這樣的結果不出乎意料。應用情形 1、2、4 的檢驗迴歸式和對應的臨界值來檢驗，都可以得到預設的檢驗水平，因為情形 2、4 包容情形 1，但分別多 1、2 個待估參數。

就檢驗功效而言，用情形 2、4 來檢驗情形 1 生成的數據，在樣本數較小時會帶來檢驗功效的顯著降低。當樣本數小於 100 時，因為小樣本的原因，對 ρ ≥ 0.9 的情形，所有檢驗迴歸式的檢驗功效都比較低。

在 ［100，250］的樣本區間，用情形 1 檢驗情形 1，功效是很高的；用情形 2 檢驗情形 1，功效降低；用情形 4 檢驗情形 1，功效降低更多。也就是說待估參數的增加將降低檢驗功效。當樣本數超過 250 時，用情形 2 或 4 來檢驗情形 1，檢驗功效都接近 1，且檢驗水平沒有扭曲，表明得到了「正確」的結果，沒多少功效損失或水平扭曲導致的誤判。

也就是說，在樣本數小於 100 時，所有情形檢驗功效都比較低；在樣本數

超過 250 時，所有情形檢驗功效都很高。兩種情況下區分情形 1 與情形 2、4 的檢驗迴歸式意義不大。但在 [100,250] 的樣本區間，如果能用情形 1 迴歸，就不用情形 2，能用情形 2，就不用情形 4，關鍵是我們要對數據生成過程是情形 1、2 或 4 進行合理的假設和檢驗。

4.2.2 帶截距項數據生成過程不同迴歸式的檢驗功效

數據生成過程為 $y_t = a + \rho y_{t-1} + \mu_t$，其中 $a = 2$，設 μ_t 是獨立同分佈的標準正態分佈，ρ 從 1、0.9 逐步減小到 0（表 4.2 中只列出到 0.7 的情形），樣本數從 25、50 逐步增加到 1,000，每個 ρ 值重複 1,000 次，5% 檢驗水平下不同檢驗迴歸式的檢驗功效如表 4.2 所示。

表 4.2　帶截距項數據生成過程不同迴歸估計式的檢驗功效（5% 檢驗水平）

	ρ	25	50	75	100	150	200	250	500	750	1,000
情形 1	1	0.00	0.00	0.00	0.00	0.00	0.00	0.00	0.00	0.00	0.00
	0.9	0.00	0.00	0.00	0.00	0.00	0.00	0.00	0.00	0.00	0.00
	0.8	0.00	0.00	0.00	0.00	0.00	0.00	0.00	0.00	0.00	0.00
	0.7	0.00	0.00	0.00	0.00	0.00	0.00	0.00	0.00	0.97	1.00
情形 2	1	0.01	0.01	0.01	0.01	0.00	0.00	0.00	0.00	0.00	0.00
	0.9	0.46	0.89	0.98	1.00	1.00	1.00	1.00	1.00	1.00	1.00
	0.8	0.48	0.81	0.96	1.00	1.00	1.00	1.00	1.00	1.00	1.00
	0.7	0.48	0.87	0.99	1.00	1.00	1.00	1.00	1.00	1.00	1.00
情形 3	1	0.04	0.06	0.04	0.04	0.04	0.04	0.03	0.05	0.03	0.05
	0.9	0.80	1.00	1.00	1.00	1.00	1.00	1.00	1.00	1.00	1.00
	0.8	0.88	1.00	1.00	1.00	1.00	1.00	1.00	1.00	1.00	1.00
	0.7	0.90	1.00	1.00	1.00	1.00	1.00	1.00	1.00	1.00	1.00
情形 4	1	0.06	0.05	0.06	0.05	0.05	0.05	0.06	0.05	0.05	0.06
	0.9	0.06	0.20	0.48	0.73	0.96	0.99	1.00	1.00	1.00	1.00
	0.8	0.14	0.39	0.71	0.92	1.00	1.00	1.00	1.00	1.00	1.00
	0.7	0.19	0.60	0.90	0.99	1.00	1.00	1.00	1.00	1.00	1.00

就檢驗水平而言，當 $\rho = 1$ 時，因為數據生成過程存在不為 0 的截距項，相當於帶漂移單位根過程，此時使用情形 3、4 的檢驗迴歸式和臨界值來檢驗可以得到預設的檢驗水平 5% 左右。但如果用情形 1、2 的檢驗迴歸式和臨界值來檢驗，檢驗水平幾乎為 0，遠低於預設的檢驗水平 5%。

就檢驗功效而言，此時用情形 1 來檢驗的話，幾乎所有檢驗功效全為 0，這意味著檢驗將把幾乎所有的平穩過程都判斷為單位根過程，這當然是不可接受的。在小樣本情況下，情形 3 的檢驗功效遠好於情形 2 的檢驗功效。其實情

形 3 與情形 2 的檢驗迴歸式完全相同,只是情形 3 使用的檢驗統計量為標準正態分佈,更加遠離平穩時的統計量分佈,得到更高的功效是理所當然的。在 [75, 150] 的樣本區間,用情形 4 來檢驗的話,功效降低較多;當樣本數超過 150 時,用情形 4 來檢驗,檢驗功效都接近 1,沒多少功效損失。

也就是說,在樣本數超過 150 時,情形 4 的檢驗功效也很高,此時再區分數據生成過程是情形 2 或 4 沒多少意義。但如果樣本數小於 150,對數據生成過程是 2 或 3 而不是 4 進行區分是有意義的,可以顯著提高檢驗功效,如果我們能夠對數據生成過程進行準確的區分和檢驗的話。

4.2.3 帶截距項與時間項數據生成過程不同迴歸式的檢驗功效

數據生成過程為 $y_t = a + \rho y_{t-1} + \delta t + \mu_t$,其中 $a = 2$,$\delta = 0.05$,設 μ_t 是獨立同分佈的標準正態分佈,ρ 取值從 1、0.9、0.8 逐步遞減到 0(表 4.3 中只列出部分數據),樣本數從 25、50 逐步增加到 1,000,每個 ρ 值重複 1,000 次,5% 檢驗水平下不同檢驗迴歸式的檢驗功效如表 4.3 所示。

表 4.3 帶截距與時間趨勢項數據生成過程不同迴歸估計式的檢驗功效

	ρ	25	50	75	100	150	200	250	500	750	1,000
情形 1	1	0.00	0.00	0.00	0.00	0.00	0.00	0.00	0.00	0.00	0.00
	0.9	0.00	0.00	0.00	0.00	0.00	0.00	0.00	0.00	0.00	0.00
	0.8	0.00	0.00	0.00	0.00	0.00	0.00	0.00	0.00	0.00	0.00
	0.7	0.00	0.00	0.00	0.00	0.00	0.00	0.00	0.00	0.00	0.00
情形 2	1	0.00	0.00	0.00	0.00	0.00	0.00	0.00	0.00	0.00	0.00
	0.9	0.20	0.31	0.31	0.16	0.03	0.00	0.00	0.00	0.00	0.00
	0.8	0.24	0.19	0.06	0.01	0.00	0.00	0.00	0.00	0.00	0.00
	0.7	0.24	0.16	0.02	0.00	0.00	0.00	0.00	0.00	0.00	0.00
情形 3	1	0.00	0.00	0.00	0.00	0.00	0.00	0.00	0.00	0.00	0.00
	0.9	0.50	0.83	0.88	0.87	0.79	0.61	0.43	0.00	0.00	0.00
	0.8	0.65	0.79	0.71	0.61	0.23	0.03	0.01	0.00	0.00	0.00
	0.7	0.67	0.77	0.65	0.44	0.11	0.01	0.00	0.00	0.00	0.00
情形 4	1	0.04	0.01	0.00	0.00	0.00	0.00	0.00	0.00	0.00	0.00
	0.9	0.05	0.14	0.33	0.52	0.83	0.95	1.00	1.00	1.00	1.00
	0.8	0.12	0.39	0.68	0.88	0.99	1.00	1.00	1.00	1.00	1.00
	0.7	0.17	0.59	0.89	0.99	1.00	1.00	1.00	1.00	1.00	1.00

當 $\rho = 1$ 時,按照仿真中的數據生成過程,有 $y_t = 2 + y_{t-1} + 0.05t + \mu_t$,此時的單位根過程除了帶漂移外,還包含時間趨勢項,並不符合情形 1、2、3、4 的任何原假設,各種情形下的檢驗水平幾乎都為 0,即幾乎肯定都會判斷為

單位根過程。

就檢驗功效而言，當樣本數較大時，使用情形 1、2、3 的迴歸式和對應的檢驗臨界值，幾乎所有檢驗功效全為 0，這意味著檢驗將把幾乎所有的平穩過程都判斷為單位根過程，得出錯誤的結論。當樣本數超過 150 時，用情形 4 來檢驗，檢驗功效都接近 1，不容易把平穩過程誤判為單位根過程。

4.3 無漂移過程截距項是否為 0 的檢驗

前面的仿真試驗表明，當樣本數在區間［100,250］時，區分迴歸式中常數項是否為 0 是有意義的，當然我們不能用不帶常數項的迴歸式來檢驗數據生成過程帶常數項的情形。但如果數據生成過程確實不帶常數項，用情形 1 來迴歸檢驗可以顯著提高檢驗功效。

4.3.1 無漂移過程常數項為零 t 檢驗的概率分佈曲線

對迴歸估計式 $y_t = a + \rho y_{t-1} + \mu_t$，其中 $\mu_t \sim i.i.d. N(0, \sigma^2)$，現在假設原假設為 $H_0: a = 0, \rho = 1$，按照張曉峒、攸頻（2006）的推導，常數項 $a = 0$ 的 t 統計量的極限分佈為：

$$t_\alpha \to \frac{w(1)\int_0^1 w^2(r)dr - \frac{1}{2}(w^2(1) - 1)\int_0^1 w(r)dr}{\sqrt{(\int_0^1 w^2(r)dr)^2 - (\int_0^1 w(r)dr)^2 \int_0^1 w^2(r)dr}} \quad (4.4)$$

其概率分佈密度函數如圖 4.1 所示。

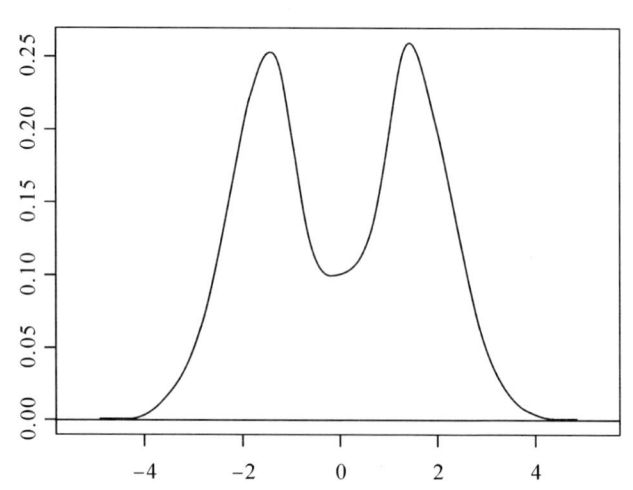

圖 4.1　單位根過程中常數項為 0 的 t 統計量的概率分佈密度函數

可以看出，概率分佈密度函數為雙峰曲線，但關於原點對稱。很明顯，常數項是否為0應該做雙邊檢驗，而不是單位根檢驗的左邊檢驗。

4.3.2 不同數據生成過程常數項檢驗不為0的概率

設數據生成過程為 $y_t = a + \rho y_{t-1} + \mu_t$，其中 μ_t 是獨立同分佈的標準正態分佈，a 取 0、0.2、0.4、0.6、0.8，ρ 取值從 1、0.9、0.8 逐步遞減到 0（表4.4 中只列出部分結果），樣本數從25、50逐步增加到1,000，每種情況重複1,000次，在5%檢驗水平下不同檢驗迴歸式時的檢驗功效如表4.4所示。

表4.4　不同數據生成過程時常數項檢驗不為0的概率（5%顯著水平）

a	ρ	25	50	75	100	150	200	250	500	750	1,000
0.00	1.00	0.04	0.04	0.05	0.04	0.05	0.06	0.05	0.05	0.06	0.05
0.00	0.90	0.02	0.02	0.01	0.01	0.01	0.01	0.01	0.01	0.01	0.00
0.00	0.80	0.01	0.01	0.01	0.01	0.01	0.00	0.01	0.01	0.01	0.00
0.00	0.70	0.02	0.01	0.01	0.00	0.01	0.01	0.01	0.01	0.00	0.01
0.20	1.00	0.06	0.07	0.07	0.08	0.11	0.15	0.20	0.38	0.62	0.81
0.20	0.90	0.03	0.05	0.06	0.09	0.16	0.25	0.36	0.84	0.99	1.00
0.20	0.80	0.03	0.04	0.07	0.11	0.21	0.36	0.52	0.90	0.99	1.00
0.20	0.70	0.03	0.05	0.09	0.12	0.25	0.41	0.52	0.93	0.99	1.00
0.40	1.00	0.08	0.12	0.21	0.27	0.48	0.63	0.76	0.99	1.00	1.00
0.40	0.90	0.09	0.10	0.17	0.23	0.48	0.72	0.85	1.00	1.00	1.00
0.40	0.80	0.07	0.14	0.28	0.44	0.76	0.93	0.99	1.00	1.00	1.00
0.40	0.70	0.07	0.20	0.38	0.55	0.88	0.98	1.00	1.00	1.00	1.00
0.60	1.00	0.13	0.30	0.50	0.65	0.90	0.98	0.99	1.00	1.00	1.00
0.60	0.90	0.12	0.20	0.29	0.43	0.72	0.88	0.97	1.00	1.00	1.00
0.60	0.80	0.11	0.25	0.49	0.73	0.96	1.00	1.00	1.00	1.00	1.00
0.60	0.70	0.14	0.38	0.68	0.89	0.99	1.00	1.00	1.00	1.00	1.00
0.80	1.00	0.24	0.58	0.81	0.93	1.00	1.00	1.00	1.00	1.00	1.00
0.80	0.90	0.19	0.31	0.47	0.60	0.85	0.96	0.99	1.00	1.00	1.00
0.80	0.80	0.17	0.37	0.65	0.85	0.99	1.00	1.00	1.00	1.00	1.00
0.80	0.70	0.20	0.51	0.83	0.97	1.00	1.00	1.00	1.00	1.00	1.00

可以看出，在 $\rho = 1$ 的前提下，$a = 0$ 時不同樣本長度下的檢驗功效基本為 0.05，與預選的檢驗水平吻合；$a = 0.2$ 時，在樣本長度小於 250 的情況下，大部分檢驗結果將判斷為0，也即判斷為無截距項；$a = 0.4$ 時，在樣本長度區間 [100, 250] 的情況下，檢驗結果判斷為非0無截距項的概率從 0.27 增加到 0.76；$a = 0.6$ 時，在樣本長度區間 [100, 250] 的情況下，檢驗結果判斷為非0 的概率從 0.65 增加到 0.99；a 大於 0.8 後，在樣本數大於 100 的前提下，才能可靠地判斷為不為 0。

對 $\rho<1$ 的平穩情形，在 a 和樣本數較小時，能夠將 a 非 0 準確檢測出的概率也較小。應該注意，此時檢驗 a 為 0 與不為 0 的統計量的概率分佈其實已經發生變化，還用上面的臨界值進行檢驗已經比較勉強。

4.3.3 無漂移過程常數項是否為零檢驗的實證意義

前面已經指出，單位根檢驗中，區分常數項是否為 0 只有在中等樣本規模，如樣本區間為 [100,250] 時才有明顯意義，能夠比較顯著地提高檢驗功效。但在這個樣本區間，只有常數項大於 0.8 的前提下，我們才能夠可靠地檢驗出其不是 0，這還是在干擾項獨立同分佈前提下得到的結論。常數項較小時，很容易將其判斷為 0，而如果就此採用情形 1 來迴歸檢驗的話，將導致明顯的錯誤。

也就是說，通過檢驗常數項為 0 而採用情形 1 通常不是一個好的策略，在實證中沒有太大的意義。要麼在樣本數較大時沒必要區分，要麼在樣本數適中有區分的意義時又得不到可靠的區分結果。所以，除非從數據生成機制的角度能夠判斷為情形 1，否則實證分析中最好不要選擇情形 1 來作檢驗迴歸式。

4.4　殘差項相關時各種迴歸估計式的檢驗功效

前面討論的 4 種迴歸情形均沒考慮到殘差項存在序列相關時的問題。如果殘差項存在序列相關，需要增加 y_t 的延遲差分項 $\triangle y_{t-1}(=y_t-y_{t-1})$，$\triangle y_{t-2}$，…，否則得到的檢驗功效可能比較低。

下面分別研究不同情形數據生成過程，但殘差項 μ_t 存在序列相關時，在檢驗的迴歸估計式中不考慮相關問題（不增加 y_t 的延遲差分項）、按照公式 $(N-1)^{1/3}$（其中 N 為樣本長度）自動選擇延遲差分項項數以及延遲差分項項數與 μ_t 的自相關結構相匹配等幾種情況時，單位根檢驗的檢驗水平與功效問題。

4.4.1　殘差序列相關數據生成過程無截距項時不同相關考慮的檢驗功效

設數據生成過程為情形 1，但殘差存在序列相關，設 $y_t=\rho y_{t-1}+\mu_t$，$\mu_t=0.3\mu_{t-1}+e_t$，其中 e_t 是獨立同分佈的標準正態分佈，ρ 取值從 1、0.9、0.8 逐步減少到 0（表 4.5 中只列出部分有代表性的數據），樣本數從 25、50 逐步增加到 1,000，每種情況重複 1,000 次，檢驗迴歸式分別按照不考慮相關、遞歸延遲項與 μ_t 相關結構匹配，或者按照公式 $(N-1)^{1/3}$ 自動選擇延遲項項數等幾種迴歸方式進行檢驗。作為對比，我們也加入 μ_t 無序列相關時的結果。5% 檢驗

水平下不同情形的檢驗功效如表 4.5 所示。

表 4.5　數據生成過程與迴歸式皆不含截距項不同相關考慮的檢驗功效

	ρ	25	50	75	100	150	200	250	500	750	1,000
無相關	1	0.05	0.05	0.05	0.05	0.04	0.05	0.06	0.05	0.05	0.06
	0.9	0.18	0.34	0.55	0.77	0.97	1.00	1.00	1.00	1.00	1.00
	0.8	0.38	0.80	0.97	1.00	1.00	1.00	1.00	1.00	1.00	1.00
	0.7	0.60	0.97	1.00	1.00	1.00	1.00	1.00	1.00	1.00	1.00
有不考慮	1	0.01	0.00	0.01	0.01	0.01	0.01	0.01	0.00	0.00	0.01
	0.9	0.03	0.07	0.16	0.28	0.58	0.86	0.97	1.00	1.00	1.00
	0.8	0.08	0.32	0.64	0.89	0.99	1.00	1.00	1.00	1.00	1.00
	0.7	0.18	0.67	0.94	1.00	1.00	1.00	1.00	1.00	1.00	1.00
自動選擇	1	0.05	0.04	0.05	0.06	0.05	0.04	0.05	0.05	0.05	0.06
	0.9	0.12	0.25	0.36	0.53	0.82	0.95	0.99	1.00	1.00	1.00
	0.8	0.21	0.48	0.70	0.88	0.99	1.00	1.00	1.00	1.00	1.00
	0.7	0.31	0.68	0.85	0.97	1.00	1.00	1.00	1.00	1.00	1.00
匹配	1	0.06	0.06	0.04	0.04	0.06	0.04	0.05	0.03	0.03	0.03
	0.9	0.14	0.28	0.52	0.69	0.92	0.99	1.00	1.00	1.00	1.00
	0.8	0.26	0.66	0.88	0.98	1.00	1.00	1.00	1.00	1.00	1.00
	0.7	0.42	0.88	0.98	1.00	1.00	1.00	1.00	1.00	1.00	1.00

就檢驗水平而言，當 μ_t 存在序列相關時，延遲項匹配或者自動選擇等考慮序列相關問題時得到的檢驗水平與預設的 5% 檢驗水平比較接近；不考慮殘差項中存在的相關問題時檢驗水平幾乎為 0，遠低於預設的檢驗水平 5%，也就是說幾乎會把所有單位根過程檢驗出來。

就檢驗功效而言，當殘差項存在序列相關時，迴歸檢驗式中考慮與不考慮相關問題的檢驗功效都比不存在序列相關時有所降低，即序列相關的存在使得檢驗更容易將平穩過程誤判為單位根過程。

當樣本數小於 100 時，如果 ρ 較大（比如為 0.9 時），各種檢驗方法的檢驗功效都比較低，此時主要是小樣本問題，當然此時殘差項序列相關的存在使得檢驗功效更加低。

在 [100, 250] 的樣本區間，當延遲差分項與殘差相關結構匹配時，檢驗功效較高，而延遲差分項自動選擇時檢驗功效要差些，不考慮殘差項相關問題時的檢驗功效更低。但這種功效差距隨樣本數增加而減少。

當樣本數超過 250 時，各種情形的檢驗功效都比較高，包括不考慮相關時獲得的檢驗功效也接近於 1。說明大樣本情況下殘差項是否存在序列相關對檢驗結果影響不大。

4.4.2 帶截距項數據生成過程不同相關考慮時的檢驗功效

設數據生成過程帶有截距項,並且殘差存在序列相關,即假設 $y_t = a + \rho y_{t-1} + \mu_t$,其中 $a = 2$,$\mu_t = 0.3\mu_{t-1} + e_t$,並且 e_t 是獨立同分佈的標準正態分佈,ρ 取值從 1、0.9、0.8 逐步減少到 0,樣本數從 25、50 逐步增加到 1,000,每種情況重複 1,000 次,檢驗迴歸式分別按照不考慮相關、遞歸延遲項與 μ_t 相關結構匹配,或者按照公式 $(N-1)^{1/3}$ 自動選擇延遲項項數等幾種迴歸方式進行檢驗。作為對比,我們也加入 μ_t 無序列相關時的結果。5% 檢驗水平下不同情形的檢驗功效如表 4.6 所示。

表 4.6 數據生成過程與迴歸式皆帶截距項不同相關考慮時的檢驗功效

	ρ	25	50	75	100	150	200	250	500	750	1,000
無相關	1	0.01	0.01	0.01	0.01	0.00	0.00	0.00	0.00	0.00	0.00
	0.9	0.46	0.89	0.98	1.00	1.00	1.00	1.00	1.00	1.00	1.00
	0.8	0.48	0.81	0.96	1.00	1.00	1.00	1.00	1.00	1.00	1.00
	0.7	0.48	0.87	0.99	1.00	1.00	1.00	1.00	1.00	1.00	1.00
有不考慮	1	0.03	0.03	0.02	0.02	0.02	0.02	0.02	0.03	0.01	0.02
	0.9	0.44	0.75	0.90	0.94	0.99	1.00	1.00	1.00	1.00	1.00
	0.8	0.32	0.54	0.72	0.85	0.98	1.00	1.00	1.00	1.00	1.00
	0.7	0.24	0.49	0.77	0.94	1.00	1.00	1.00	1.00	1.00	1.00
自動選擇	1	0.01	0.01	0.01	0.00	0.01	0.01		0.01		
	0.9	0.16	0.29	0.39	0.55	0.73	0.90	0.94	1.00	1.00	1.00
	0.8	0.15	0.30	0.39	0.62	0.82	0.96	0.99	1.00	1.00	1.00
	0.7	0.16	0.32	0.48	0.75	0.94	0.99	1.00	1.00	1.00	1.00
匹配	1	0.01	0.01	0.01	0.01	0.01	0.01				0.01
	0.9	0.18	0.43	0.62	0.80	0.95	0.99	1.00	1.00	1.00	1.00
	0.8	0.21	0.45	0.69	0.88	0.99	1.00	1.00	1.00	1.00	1.00
	0.7	0.21	0.53	0.84	0.97	1.00	1.00	1.00	1.00	1.00	1.00

就檢驗水平而言,當 $\rho = 1$ 時,因為數據生成過程存在不為 0 的截距項,相當於帶漂移單位根過程,與此時的原假設並不相同,故各種情形的檢驗水平幾乎都接近於 0,低於預設的檢驗水平 5%。

就檢驗功效而言,當殘差項存在序列相關時,迴歸檢驗式中考慮與不考慮相關問題的檢驗功效都比不存在序列相關時有所降低,即序列相關的存在使得檢驗更容易將平穩過程誤判為單位根過程。

在樣本數不是很大時,如果延遲差分項與殘差相關結構匹配,檢驗功效較

高,而延遲差分項自動選擇時檢驗功效要差些。但這種功效差距隨樣本數增加而減少。

當樣本數超過 250 時,各種情形的檢驗功效都比較高,包括不考慮相關時獲得的檢驗功效也接近於 1。這說明大樣本情況下殘差項是否存在序列相關對檢驗結果影響不大。

4.4.3 帶截距項與時間項數據生成過程不同相關考慮時的檢驗功效

設數據生成過程為情形 4,帶有截距項和時間趨勢項,並且殘差存在序列相關,5% 檢驗水平下不同情形的檢驗功效如表 4.7 所示。

表 4.7　數據生成過程包含截距與時間項不同相關考慮的檢驗功效

	ρ	25	50	75	100	150	200	250	500	750	1,000
無相關	1	0.04	0.01	0.00	0.00	0.00	0.00	0.00	0.00	0.00	0.00
	0.9	0.05	0.14	0.33	0.52	0.83	0.95	1.00	1.00	1.00	1.00
	0.8	0.12	0.39	0.68	0.88	0.99	1.00	1.00	1.00	1.00	1.00
	0.7	0.17	0.59	0.89	0.99	1.00	1.00	1.00	1.00	1.00	1.00
有不考慮	1	0.02	0.02	0.01	0.01	0.00	0.01	0.01	0.01	0.01	0.01
	0.9	0.03	0.08	0.16	0.23	0.41	0.61	0.76	1.00	1.00	1.00
	0.8	0.07	0.13	0.26	0.38	0.72	0.93	0.99	1.00	1.00	1.00
	0.7	0.06	0.15	0.39	0.63	0.95	1.00	1.00	1.00	1.00	1.00
自動選擇	1	0.04	0.01	0.00	0.01	0.00	0.00	0.00	0.00	0.00	0.00
	0.9	0.05	0.07	0.11	0.20	0.33	0.53	0.71	1.00	1.00	1.00
	0.8	0.08	0.13	0.21	0.35	0.59	0.83	0.92	1.00	1.00	1.00
	0.7	0.06	0.17	0.28	0.48	0.75	0.94	0.98	1.00	1.00	1.00
相關匹配	1	0.04	0.01	0.00	0.00	0.00	0.00	0.00	0.00	0.00	0.00
	0.9	0.06	0.10	0.18	0.26	0.52	0.79	0.92	1.00	1.00	1.00
	0.8	0.11	0.19	0.40	0.60	0.91	1.00	1.00	1.00	1.00	1.00
	0.7	0.10	0.31	0.58	0.84	0.99	1.00	1.00	1.00	1.00	1.00

其中假設 $y_t = a + \rho y_{t-1} + \delta t + \mu_t$,且 $a = 2$,$\delta = 0.05$,$\mu_t = 0.3\mu_{t-1} + e_t$,並且 e_t 是獨立同分佈的標準正態分佈,ρ 取值從 1、0.9、0.8 逐步減少到 0,樣本數從 25、50 逐步增加到 1,000,每種情況重複 1,000 次,檢驗迴歸式分別按照不考慮相關、遞歸延遲項與 μ_t 相關結構匹配,或者按照公式 $(N-1)^{1/3}$ 自動選擇延遲項項數等幾種迴歸方式進行檢驗。作為對比,我們同樣加入 μ_t 無序列相關時的結果。

就檢驗水平而言,當 $\rho = 1$ 時,因為數據生成過程存在時間趨勢項,與此

時的原假設並不相同，導致各種情形的檢驗水平幾乎都接近於 0，低於預設的檢驗水平 5%。

就檢驗功效而言，當殘差項存在序列相關時，迴歸檢驗式中考慮與不考慮相關問題的檢驗功效都比不存在序列相關時有所降低，即序列相關的存在使得檢驗更容易將平穩過程誤判為單位根過程。

當樣本數小於 100 時，如果 ρ 較大（比如為 0.9 時），各種檢驗方法的檢驗功效都比較低，此時主要是小樣本問題，當然此時殘差項序列相關的存在使得檢驗功效更加低。

在 [100,250] 的樣本區間，當延遲差分項與殘差相關結構匹配時，檢驗功效較高，而延遲差分項自動選擇時檢驗功效要差些，不考慮殘差項相關問題時的檢驗功效與自動選擇延遲差分項檢驗功效差不多。但這種功效差別隨樣本數增加而減少。

當樣本數超過 250 時，各種情形的檢驗功效都比較高，包括不考慮相關時也如此。特別是當樣本數超過 500 後，各種情形獲得的檢驗功效都接近於 1。這說明大樣本情況下殘差項是否存在序列相關對檢驗結果影響不大。

4.5 小結

本章的研究表明，當樣本數小於 100 時，如果 ρ 較大（比如超過 0.9 時），不管是否存在殘差相關，各種情形各種檢驗方法的檢驗功效都比較低，此時主要是小樣本問題，當然此時殘差項序列相關的存在使得檢驗功效更低。

如果檢驗迴歸式跟數據生成過程相匹配，將獲得最佳檢驗結果；如果檢驗迴歸式比數據生成過程參數少，將導致檢驗失敗，大樣本情況下檢驗功效都可能為 0；如果檢驗迴歸式比數據生成過程參數多，通常將導致檢驗功效的降低，但這種降低不是致命的，將隨著樣本數增加而改善，並且在大樣本情況下也可以獲得很好的檢驗結果。

在中等樣本區間 [100,250]，仔細區分數據生成過程是情形 1、2、3 或者 4 是有價值的，可以對檢驗功效帶來不小的改善。但從數據檢驗的角度，這種區分是很困難的，因為這種區分檢驗只有在大樣本情況下才比較可靠。比如區分常數項是否為 0，在樣本區間為 [100,250] 時，只有在常數項大於 0.8 的前提下，才能夠可靠地檢驗出其不是 0；常數項較小時，很容易將其判斷為 0，如果判斷錯誤的話，就不是檢驗功效高低的問題，而是檢驗可能完全失敗。樣本數較大時，雖然可以比較準確地檢驗出數據生成過程是哪種情形，但此時這種區分已經沒什麼意義了，可以直接使用情形 4 進行迴歸，就能夠得到很好的檢驗結果。

當殘差項存在序列相關時，檢驗功效通常會有所降低，如果考慮到相關而增加延遲差分項，通常可以提高檢驗功效，特別是延遲差分項數與殘差項相關結構匹配時，中等樣本大小改善比較顯著。但如果我們自動選擇延遲差分項數，很多時候跟忽略相關問題而不作考慮檢驗效果差不多。雖然相關問題的不同考慮可能會帶來檢驗功效的差異，但這種差別都隨樣本數增加而減少。大樣本情況下（樣本數超過 500），我們可以忽略殘差項相關問題的影響。

5 單位根檢驗中樣本長度的影響及選擇

本章主要研究無趨勢、線性與非線性趨勢下單位根檢驗中的樣本選擇問題，特別是小樣本問題對檢驗結果的影響。很多實證分析中的單位根檢驗因忽略檢驗功效而導致小樣本情況下得不到可靠的檢驗結果。本章從理論上推導了無趨勢、線性與非線性趨勢下單位根檢驗功效的計算公式，研究了檢驗功效的影響因素，推導了單位根檢驗中樣本長度最低要求的估算公式。

第一節為引言；第二節為檢驗功效及樣本長度的理論推導；第三節詳細介紹了蒙特卡羅仿真以及迴歸擬合結果；第四節為本章結論小結。

5.1 引言

在經濟學理論和應用的實證分析中，平穩與非平穩的區分是非常重要的。因為平穩的經濟變量長期演化結果是由內在趨勢決定的，經濟轉型、政權更替、制度變化、政策干預等隨機衝擊只會造成對趨勢的暫時偏離，一段時間後，它們會回復到原來的變化趨勢。而對非平穩過程而言，任何哪怕較小的衝擊都會帶來長期永久的影響，從而從根本上改變變量的變化軌跡。也就是說，對於非平穩過程而言，每個隨機衝擊都具有長記憶性。而對於平穩過程而言，隨機衝擊只具有有限記憶性，由其引起的對趨勢的偏離只是暫時的。單位根檢驗是區分平穩與非平穩過程的基本定量方法，因此在實證分析中得到廣泛應用。

單位根檢驗是很簡單的，也是很複雜的。實證文獻中存在大量的單位根檢驗應用文章，但很多地方的使用是存在疑問的，得到的結論不可靠甚至完全錯誤。對檢驗功效的忽略就是最常見而嚴重的錯誤之一，人們常常只注意了將單位根過程誤判為平穩過程的概率，卻忽略了將平穩過程誤判為單位根過程的概率。從樣本選擇的角度，小樣本問題與測量誤差的影響就常常在實證分析中被

忽略。

比如很多實證文獻在樣本數很小時也在進行單位根檢驗，殊不知根本得不出有意義的結果。Phillips（1998）曾經指出，在樣本長度不超過 100 的情況下，任何單位根檢驗方法將 $\rho=0.9$ 的平穩過程與單位根過程區分開的概率通常不會超過 30%。也就是說此時將有超過 70% 的平穩過程被誤判為單位根過程。這樣的檢驗當然是沒什麼意義的，因為大多數平穩過程都將被誤判。而如果帶確定性趨勢的話，單位根檢驗功效更低。

姚耀軍、和丕禪（2004）採用崩潰模型的結構突變模型進行去勢，然後用 ADF 的方法對殘差進行單位根檢驗，根據 1977—2001 年共 25 個數據點進行實證分析，得出農村資金通過農村信用社及郵政渠道外流的數據生成過程為一帶結構突變的單位根過程的結論。但其檢驗結果是值得懷疑的。事實上，去勢後 ADF 單位根檢驗中，25 個樣本將 $\rho=0.5$ 的平穩過程與單位根過程分開的概率不超過 52%，將 $\rho=0.8$ 與單位根分開的概率不超過 13%，將 $\rho=0.9$ 與單位根分開的概率不超過 7%。可見，因為樣本數太小，作者得到有單位根的結論是沒有說服力的。

李志輝（2005）也利用結構突變模型分析了中國的外商直接投資，並推斷出外商直接投資服從一個結構突變的單位根過程的結論。其先利用結構突變假設進行去勢，然後用 ADF 進行單位根檢驗。實證分析基於 1983—2004 年共 22 個數據點的外商直接投資。因為樣本數太小，當然得出的結論也是不可靠的。

陳龍（2004）選擇 1981—2001 年中國廣義貨幣供應量的季度數據來進行實證分析。他總共收集到 84 個樣本數據，利用去勢後的殘差進行 ADF 單位根檢驗，得出中國廣義貨幣供應量遵循結構突變的單位根過程的結論。事實上，去勢後 ADF 單位根檢驗中，84 個樣本將 $\rho=0.8$ 與單位根分開的概率不超過 71%，將 $\rho=0.9$ 與單位根分開的概率不超過 21%，所得結論的可靠性也不是很高。

本章從理論上推導了無趨勢、線性與非線性趨勢下單位根檢驗中檢驗功效的估算公式，推導了一定檢驗功效要求下樣本長度最低要求的確定公式，以及一定樣本長度及檢驗功效要求下可以區分的 ρ 值估算公式，並分析了它們的影響因素。本章還利用仿真數據，用線性或非線性參數曲線擬合的方法，推出了實證分析中估算最低樣本長度或最高 ρ 值的計算公式，從而對單位根檢驗實證分析中的樣本選擇或 ρ 值區分提供了理論和實證依據。

5.2 檢驗功效及樣本長度估算公式的理論推導

5.2.1 單位根檢驗統計量在原假設和備擇假設下的分佈

假設單位根檢驗的迴歸估計式為 $y_t = \rho y_{t-1} + \mu_t$，原假設為 $H_0: \rho = 1$，備擇假設為 $H_1: |\rho| < 1$，檢驗統計量為 $T(\hat{\rho} - 1)$，選擇的檢驗水平為 α。對無趨勢序列而言，y_t 為原始的待檢序列；對含有線性或非線性趨勢的待檢序列而言，y_t 為去掉確定性趨勢後的殘差序列。

當 $\rho = 1$ 時，原假設成立，待檢序列為單位根過程，此時檢驗統計量的極限分佈（Phillips, Zhijie, 1998）為 $T(\hat{\rho} - 1) \Rightarrow \dfrac{\int_0^1 W_x(r) dW(r)}{\int_0^1 W_x^2(r) dr}$，其中 $W(r)$ 為標準維納過程，$W_x(r)$ 為標準維納過程的複雜函數，在無趨勢時退化為標準維納過程。$T(\hat{\rho} - 1)$ 統計量的分佈不同於常見的 t 或正態分佈，為維納過程的複雜泛函。

當 $|\rho| < 1$ 時，為平穩過程。此時 $\sqrt{T}(\hat{\rho}_T - \rho)$ 的極限分佈為正態分佈，滿足：

$$\sqrt{T}(\hat{\rho}_T - \rho) \xrightarrow{L} N(0, (1 - \rho^2)) \tag{5.1}$$

也就是說，樣本數較大時 $\sqrt{T}(\hat{\rho}_T - \rho)$ 滿足近似正態分佈。根據（5.1）式，我們可以推導出樣本數較大時平穩過程單位根檢驗統計量 $T(\hat{\rho} - 1)$ 的近似分佈：

$$T(\hat{\rho}_T - 1) = T(\hat{\rho}_T - \rho) - T(1 - \rho)$$
$$= \sqrt{T}\sqrt{T}(\hat{\rho}_T - \rho) - T(1 - \rho)$$

因為 $\sqrt{T}(\hat{\rho}_T - \rho)$ 在樣本數 T 較大時近似為正態分佈 $N(0, (1 - \rho^2))$，則 $\sqrt{T}\sqrt{T}(\hat{\rho}_T - \rho)$ 的近似分佈為 $N(0, T(1 - \rho^2))$，因而 $\sqrt{T}\sqrt{T}(\hat{\rho}_T - \rho) - T(1 - \rho)$ 的近似分佈為 $N(-T(1 - \rho), T(1 - \rho^2))$，即

$$T(\hat{\rho} - 1) \text{ 的分佈} \approx N(-T(1 - \rho), T(1 - \rho^2)) \tag{5.2}$$

因此，$|\rho| < 1$ 時，單位根檢驗統計量 $T(\hat{\rho} - 1)$ 的近似分佈為正態分佈，其均值約為 $-T(1 - \rho)$，方差約為 $T(1 - \rho^2)$。

在樣本長度為 100 的情況下進行仿真，重複 5,000 次，我們得到無趨勢情況下 $\rho = 1$ 的單位根過程和 $\rho = 0.9$ 的平穩過程單位根檢驗統計量的概率密度分佈函數，如圖 5.1 所示。

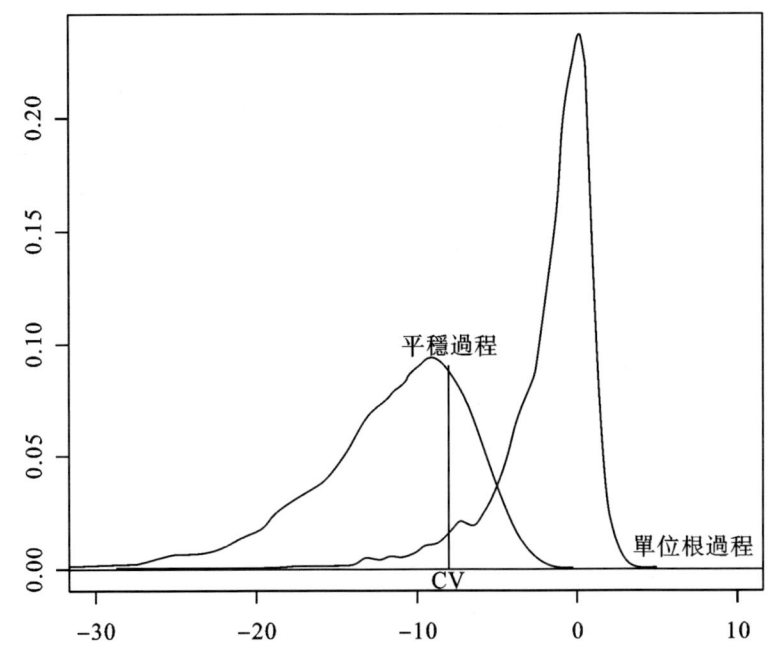

圖 5.1　無趨勢時單位根和 $\rho = 0.9$ 的平穩過程檢驗統計量的概率分佈密度函數

單位根過程統計量的均值約為 -1.74，方差為 10.05，分佈函數向左偏斜。平穩過程統計量分佈曲線在單位根過程的左邊，其均值為 -11.71，方差為 26.52，而此時均值、方差按（5.2）式的理論值分別為 $-10, 19$；可以看出，仿真值與理論值大致相同，分佈密度函數較理想的正態分佈略微左偏。

當 T 保持不變時，單位根過程的統計量分佈曲線保持不變；隨著 ρ 逐步增大，平穩過程統計量的分佈曲線逐步右移，平穩與單位根統計量分佈曲線重疊越來越多，直到 $\rho = 1$ 時兩者完全重疊。

若 ρ 小於但接近於 1，稱為準單位根過程。當 ρ 逐步接近於 1 時，平穩過程統計量分佈曲線也在逐步靠近單位根過程時的曲線，這種變化是連續的，並不會有突變的過程。這意味著準單位根過程與單位根過程並沒有絕對的界限，要將兩者絕對分開是不可能的。

事實上，Phillips（1987）曾經證明了無確定趨勢情形下準單位根過程和單位根過程統計量分佈的統一公式，即 $T(\hat{\rho} - \rho) \Rightarrow \dfrac{\int_0^1 J_c(r)\, dw(r)}{\int_0^1 J_c^2(r)\, dr}$，其中 $\rho = e^{\frac{c}{T}}$。可以看出，統計量 $T(\hat{\rho} - 1)$ 的分佈確實跟 ρ 的變化是連續的。

5.2.2 檢驗功效

如果單位根過程和平穩過程的統計量分佈曲線不重疊交叉，此時可將檢驗臨界值定在兩條曲線之間不重疊的地方，這樣可以將全部單位根過程識別出來，並且不會將平穩過程誤判為單位根過程，此時檢驗水平為0，檢驗功效為1，這無疑是檢驗中最理想的情況。但大多數時候兩者不但有重疊，甚至可能重疊得比較厲害，這時必須在將單位根過程誤判為平穩過程（稱為第一類錯誤）和將平穩過程誤判為單位根過程（稱為第二類錯誤）兩者中做出權衡取捨。取定臨界值 CV（Critical Value），單位根過程統計量曲線在臨界值左邊的點將全部判斷為平穩過程，其概率之和就是我們通常說的檢驗水平或顯著水平 α，也就是犯第一類錯誤的概率，常常取為1%、5%或10%。同時，平穩過程統計量曲線在臨界值右邊的所有點將全部判斷為單位根過程。這種誤判概率的大小無疑也是非常重要的，太大的話（比如超過50%）統計檢驗是沒什麼意義的。但在實證分析中，人們常常重視第一種誤判概率大小的選擇，而忽視第二種誤判概率大小的分析，導致得到的結論沒什麼說服力。

在備擇假設為真的情況下，檢驗判斷正確的概率稱為檢驗功效 Power，也就是1減去犯第二類錯誤的概率。對單位根檢驗而言，可以推導出檢驗功效的估算公式：

$$\begin{aligned} \text{Power} &= P(\text{判斷為平穩過程}/\text{平穩過程}) \\ &= P(X < CV/X \in \text{平穩過程}) \\ &= P(\frac{X - E(X)}{\sqrt{Var(X)}} < \frac{CV - E(X)}{\sqrt{Var(X)}}/X \in \text{平穩過程}) \\ &= ND(\frac{CV + T(1-\rho)}{\sqrt{T(1-\rho^2)}}) \end{aligned} \quad (5.3)$$

其中 $ND(x)$ 表示標準正態分佈在 $X \leq x$ 情況下的概率。

比如在5%顯著水平下，如果樣本數為100，此時無趨勢序列的臨界值為 -7.9，如果 $\rho = 0.9$，可以估算出此時的檢驗功效為 $ND(\frac{-7.9 + 100(1-0.9)}{\sqrt{100(1-0.9^2)}})$ = $ND(0.482) = 0.69$。該檢驗功效略小於仿真計算的檢驗功效 0.77，這是容易理解的，因為平穩過程的單位根檢驗統計量也略微向左偏移，導致估算的檢驗功效比實際值略微偏小。如果單位根檢驗迴歸式中包括截距項，相當於線性趨勢情形，此時的臨界值為 -13.7，計算出此時的檢驗功效為 $ND(-0.849) = 0.20$，實際仿真值為 0.31。

5.2.3 無趨勢、線性與非線性趨勢下的最低樣本長度

在單位根檢驗中，假設要求最低檢驗功效為 P，此概率對應的標準正態分

佈區間點為 Z_p，比如要求檢驗功效最低分別為 0.95、0.9、0.85、0.8 的話，其對應的 Z_p 分別為 1.645、1.282、1.036、0.842，簡記 CV 為 C，則有：

$$\frac{C + T(1-\rho)}{\sqrt{T(1-\rho^2)}} = Z_p \qquad (5.4)$$

兩邊平方後求解方程，可以得到對應 ρ 的最小樣本長度估計值為：

$$T = \frac{Z_p^2(1+\rho) - 2C + \sqrt{[Z_p^2(1+\rho) - 2C]^2 - 4C^2(1-\rho)}}{2(1-\rho)} \qquad (5.5)$$

從（5.5）式可以看到，最小樣本長度受多個變量影響，包括以下幾個方面：

檢驗功效 Power 大小決定 Z_p 值，從而決定了最低樣本長度。檢驗功效要求越高，則需要的最小樣本長度越大。

最小樣本長度受臨界值的影響顯著。而迴歸式中是否包含截距項、趨勢項以及趨勢項的不同假設都顯著影響臨界值。線性趨勢比無趨勢的統計量分佈向左偏移，二次趨勢比線性趨勢向左偏移，三次趨勢比二次趨勢向左偏移，等等。同時，檢驗水平的不同選擇也將顯著影響臨界值。當然小樣本時不同樣本長度的臨界值也略有不同，但這種差別並不大而可以忽略。故無截距（無趨勢）時，1%、5%、10%顯著水平對應的 C 分別取為 −11.9、−7.3、−5.3；有截距（線性趨勢）時，1%、5%、10%顯著水平對應的 C 分別取為 −17.2、−12.5、−10.2；其他非線性趨勢情況下對應的 C 更小（絕對值更大）。顯然，顯著水平越低，要求的樣本長度越大，有截距比無截距時要求的樣本長度大得多，非線性趨勢情形下要求的樣本長度更大（其他條件不變，即相同檢驗功效及 ρ 時）。

最小樣本長度還受到 ρ 的顯著影響。隨著 ρ 逐步增大，需要的最小樣本長度也不斷增大。當 ρ 趨近於 1 時，需要的最小樣本長度將趨近於無窮大。換句話說，不論樣本數為多大，總存在平穩過程，使得單位根檢驗方法沒法將其與單位根過程區分開。

5.2.4　一定樣本數和檢驗功效要求下可識別的最大 ρ 值

實證分析中，有時候樣本數是固定的而無法選擇，此時可根據式（5.3）考慮一定 ρ 下的檢驗功效，看是否滿足檢驗要求。換個角度，也可以考慮最低功效要求下的 ρ 值，這是給定樣本長度可以區分的最大 ρ 值，高於此值則只能看作單位根了。我們根據（5.4）式，將 ρ 看作未知數，可求解出結果：

$$\rho = \frac{(1 + C/T)\{1 + \sqrt{1 - [1 + (Z_p/\sqrt{T})^2][1 - (\frac{Z_p/\sqrt{T}}{(1+C/T)})^2]}\}}{1 + (Z_p/\sqrt{T})^2} \qquad (5.6)$$

在單位根檢驗的理論分析中，基本要素包括：原假設為 $H_0: \rho = 1$，備擇假設為 $H_1: |\rho| < 1$，檢驗水平為 α。

綜上所述，如果檢驗結果否定原假設，判斷為一平穩過程，這問題不大，判斷錯誤的可能性小於選擇的檢驗水平。但如果判斷存在單位根，我們必須繼續分析檢驗功效是否可以接受。因為上面的分析表明，實證分析中，不管樣本數多大，我們都可以找到一個 ρ 小但接近於 1 的平穩過程，使得沒法將其與 ρ 嚴格為 1 的單位根過程相區分。所以，實證中單位根的檢驗要素應包括：原假設為 $H_0: \rho \geqslant \rho_0$，備擇假設為 $H_1: -1 < \rho < \rho_0$，檢驗水平 α，檢驗功效 P（對應 Z_p）。原假設成立，看成單位根過程；否則，看成平穩過程。而 ρ_0、Z_p、α 及 T 由式（5.3）或式（5.6）聯繫計算。

5.3 樣本長度蒙特卡羅仿真與迴歸擬合結果

5.3.1 無趨勢時檢驗功效

按照 $y_t = \rho y_{t-1} + \mu_t$ 生成仿真數據，其中 μ_t 為標準正態分佈，$y_0 = 0$，分別對 $\rho = 1, 0.9, 0.8, 0.7, 0.6, 0.5, 0.4, 0.3, 0.2, 0.1, 0$，$N$ 取 20~1,000，每種情況重複 4,000 次進行仿真計算。我們得到 5% 顯著水平下無截距迴歸時的檢驗功效，如表 5.1 所示。

表 5.1　　　　5% 檢驗水平無截距時檢驗功效（仿真值）

N	$\rho=1$	$\rho=0.9$	$\rho=0.8$	$\rho=0.7$	$\rho=0.6$	$\rho=0.5$	$\rho=0.4$	$\rho=0.3$	$\rho=0.2$	$\rho=0.1$	$\rho=0$
20	0.06	0.13	0.26	0.45	0.66	0.83	0.92	0.97	0.99	1.00	1.00
25	0.06	0.17	0.35	0.60	0.80	0.94	0.98	0.99	1.00	1.00	1.00
30	0.05	0.18	0.44	0.72	0.90	0.98	1.00	1.00	1.00	1.00	1.00
40	0.05	0.24	0.65	0.90	0.98	1.00	1.00	1.00	1.00	1.00	1.00
50	0.05	0.34	0.79	0.97	1.00	1.00	1.00	1.00	1.00	1.00	1.00
60	0.05	0.42	0.90	0.99	1.00	1.00	1.00	1.00	1.00	1.00	1.00
70	0.05	0.52	0.95	1.00	1.00	1.00	1.00	1.00	1.00	1.00	1.00
75	0.05	0.55	0.97	1.00	1.00	1.00	1.00	1.00	1.00	1.00	1.00
80	0.05	0.61	0.98	1.00	1.00	1.00	1.00	1.00	1.00	1.00	1.00
90	0.05	0.69	0.99	1.00	1.00	1.00	1.00	1.00	1.00	1.00	1.00
100	0.05	0.77	1.00	1.00	1.00	1.00	1.00	1.00	1.00	1.00	1.00
110	0.05	0.85	1.00	1.00	1.00	1.00	1.00	1.00	1.00	1.00	1.00
120	0.06	0.88	1.00	1.00	1.00	1.00	1.00	1.00	1.00	1.00	1.00
130	0.05	0.93	1.00	1.00	1.00	1.00	1.00	1.00	1.00	1.00	1.00

表5.1(續)

N	ρ=1	ρ=0.9	ρ=0.8	ρ=0.7	ρ=0.6	ρ=0.5	ρ=0.4	ρ=0.3	ρ=0.2	ρ=0.1	ρ=0
140	0.05	0.96	1.00	1.00	1.00	1.00	1.00	1.00	1.00	1.00	1.00
150	0.06	0.97	1.00	1.00	1.00	1.00	1.00	1.00	1.00	1.00	1.00
160	0.05	0.99	1.00	1.00	1.00	1.00	1.00	1.00	1.00	1.00	1.00
200	0.05	1.00	1.00	1.00	1.00	1.00	1.00	1.00	1.00	1.00	1.00
250	0.05	1.00	1.00	1.00	1.00	1.00	1.00	1.00	1.00	1.00	1.00
500	0.05	1.00	1.00	1.00	1.00	1.00	1.00	1.00	1.00	1.00	1.00
750	0.05	1.00	1.00	1.00	1.00	1.00	1.00	1.00	1.00	1.00	1.00
1,000	0.05	1.00	1.00	1.00	1.00	1.00	1.00	1.00	1.00	1.00	1.00

而我們根據式（5.3）可以計算出其理論值如表5.2所示。

表5.2　　5%檢驗水平無截距時檢驗功效（理論值）

N	ρ=1	ρ=0.9	ρ=0.8	ρ=0.7	ρ=0.6	ρ=0.5	ρ=0.4	ρ=0.3	ρ=0.2	ρ=0.1	ρ=0
20	0.05	0.00	0.11	0.34	0.58	0.76	0.87	0.94	0.98	0.99	1.00
25	0.05	0.01	0.22	0.52	0.75	0.89	0.95	0.98	1.00	1.00	1.00
30	0.05	0.04	0.35	0.67	0.86	0.95	0.98	1.00	1.00	1.00	1.00
40	0.05	0.12	0.57	0.85	0.96	0.99	1.00	1.00	1.00	1.00	1.00
50	0.05	0.23	0.74	0.94	0.99	1.00	1.00	1.00	1.00	1.00	1.00
60	0.05	0.35	0.84	0.97	1.00	1.00	1.00	1.00	1.00	1.00	1.00
70	0.05	0.47	0.91	0.99	1.00	1.00	1.00	1.00	1.00	1.00	1.00
75	0.05	0.52	0.93	0.99	1.00	1.00	1.00	1.00	1.00	1.00	1.00
80	0.05	0.57	0.95	1.00	1.00	1.00	1.00	1.00	1.00	1.00	1.00
90	0.05	0.66	0.97	1.00	1.00	1.00	1.00	1.00	1.00	1.00	1.00
100	0.05	0.73	0.98	1.00	1.00	1.00	1.00	1.00	1.00	1.00	1.00
110	0.05	0.79	0.99	1.00	1.00	1.00	1.00	1.00	1.00	1.00	1.00
120	0.05	0.84	0.99	1.00	1.00	1.00	1.00	1.00	1.00	1.00	1.00
130	0.05	0.87	1.00	1.00	1.00	1.00	1.00	1.00	1.00	1.00	1.00
140	0.05	0.90	1.00	1.00	1.00	1.00	1.00	1.00	1.00	1.00	1.00
150	0.05	0.93	1.00	1.00	1.00	1.00	1.00	1.00	1.00	1.00	1.00
160	0.05	0.94	1.00	1.00	1.00	1.00	1.00	1.00	1.00	1.00	1.00
200	0.05	0.98	1.00	1.00	1.00	1.00	1.00	1.00	1.00	1.00	1.00
250	0.05	0.99	1.00	1.00	1.00	1.00	1.00	1.00	1.00	1.00	1.00
500	0.05	1.00	1.00	1.00	1.00	1.00	1.00	1.00	1.00	1.00	1.00
750	0.05	1.00	1.00	1.00	1.00	1.00	1.00	1.00	1.00	1.00	1.00
1,000	0.05	1.00	1.00	1.00	1.00	1.00	1.00	1.00	1.00	1.00	1.00

從表 5.1 與表 5.2 中可以看出，根據公式（5.3）式計算出來的理論值與實際仿真值大致接近，但因為統計量分佈左偏的緣故略微偏小。

5.3.2 線性趨勢時檢驗功效

如果檢驗迴歸式中包含截距項，檢驗功效將進一步降低。仿真和理論值如表 5.3、表 5.4 所示。

表 5.3　　5% 檢驗水平有截距時檢驗功效（仿真值）

N	ρ=1	ρ=0.9	ρ=0.8	ρ=0.7	ρ=0.6	ρ=0.5	ρ=0.4	ρ=0.3	ρ=0.2	ρ=0.1	ρ=0
20	0.05	0.07	0.10	0.14	0.23	0.37	0.50	0.65	0.77	0.88	0.93
25	0.05	0.06	0.13	0.21	0.35	0.52	0.68	0.83	0.92	0.97	0.99
30	0.05	0.07	0.14	0.28	0.46	0.67	0.84	0.94	0.98	0.99	1.00
40	0.05	0.10	0.23	0.46	0.72	0.90	0.98	1.00	1.00	1.00	1.00
50	0.05	0.13	0.32	0.63	0.89	0.98	1.00	1.00	1.00	1.00	1.00
60	0.05	0.14	0.42	0.79	0.97	1.00	1.00	1.00	1.00	1.00	1.00
70	0.05	0.17	0.55	0.91	1.00	1.00	1.00	1.00	1.00	1.00	1.00
75	0.05	0.20	0.62	0.94	1.00	1.00	1.00	1.00	1.00	1.00	1.00
80	0.05	0.20	0.71	0.97	1.00	1.00	1.00	1.00	1.00	1.00	1.00
90	0.05	0.26	0.79	0.99	1.00	1.00	1.00	1.00	1.00	1.00	1.00
100	0.06	0.32	0.86	0.99	1.00	1.00	1.00	1.00	1.00	1.00	1.00
110	0.04	0.38	0.92	1.00	1.00	1.00	1.00	1.00	1.00	1.00	1.00
120	0.05	0.41	0.96	1.00	1.00	1.00	1.00	1.00	1.00	1.00	1.00
130	0.06	0.50	0.98	1.00	1.00	1.00	1.00	1.00	1.00	1.00	1.00
140	0.05	0.56	0.99	1.00	1.00	1.00	1.00	1.00	1.00	1.00	1.00
150	0.05	0.60	1.00	1.00	1.00	1.00	1.00	1.00	1.00	1.00	1.00
160	0.05	0.68	1.00	1.00	1.00	1.00	1.00	1.00	1.00	1.00	1.00
200	0.05	0.85	1.00	1.00	1.00	1.00	1.00	1.00	1.00	1.00	1.00
250	0.05	0.97	1.00	1.00	1.00	1.00	1.00	1.00	1.00	1.00	1.00
500	0.05	1.00	1.00	1.00	1.00	1.00	1.00	1.00	1.00	1.00	1.00
750	0.05	1.00	1.00	1.00	1.00	1.00	1.00	1.00	1.00	1.00	1.00
1,000	0.04	1.00	1.00	1.00	1.00	1.00	1.00	1.00	1.00	1.00	1.00

表 5.4　　5% 檢驗水平有截距時檢驗功效（理論值）

N	ρ=1	ρ=0.9	ρ=0.8	ρ=0.7	ρ=0.6	ρ=0.5	ρ=0.4	ρ=0.3	ρ=0.2	ρ=0.1	ρ=0
20	0.05	0.00	0.00	0.02	0.10	0.26	0.45	0.64	0.79	0.89	0.95
25	0.05	0.00	0.01	0.08	0.27	0.50	0.71	0.85	0.94	0.98	0.99
30	0.05	0.00	0.02	0.19	0.45	0.70	0.86	0.95	0.98	1.00	1.00

表5.4(續)

N	ρ=1	ρ=0.9	ρ=0.8	ρ=0.7	ρ=0.6	ρ=0.5	ρ=0.4	ρ=0.3	ρ=0.2	ρ=0.1	ρ=0
40	0.05	0.00	0.12	0.46	0.76	0.91	0.98	0.99	1.00	1.00	1.00
50	0.05	0.01	0.28	0.69	0.91	0.98	1.00	1.00	1.00	1.00	1.00
60	0.05	0.03	0.46	0.84	0.97	1.00	1.00	1.00	1.00	1.00	1.00
70	0.05	0.07	0.62	0.92	0.99	1.00	1.00	1.00	1.00	1.00	1.00
75	0.05	0.09	0.68	0.95	0.99	1.00	1.00	1.00	1.00	1.00	1.00
80	0.05	0.12	0.74	0.96	1.00	1.00	1.00	1.00	1.00	1.00	1.00
90	0.05	0.20	0.83	0.98	1.00	1.00	1.00	1.00	1.00	1.00	1.00
100	0.05	0.28	0.89	0.99	1.00	1.00	1.00	1.00	1.00	1.00	1.00
110	0.05	0.37	0.93	1.00	1.00	1.00	1.00	1.00	1.00	1.00	1.00
120	0.05	0.46	0.96	1.00	1.00	1.00	1.00	1.00	1.00	1.00	1.00
130	0.05	0.54	0.98	1.00	1.00	1.00	1.00	1.00	1.00	1.00	1.00
140	0.05	0.61	0.99	1.00	1.00	1.00	1.00	1.00	1.00	1.00	1.00
150	0.05	0.68	0.99	1.00	1.00	1.00	1.00	1.00	1.00	1.00	1.00
160	0.05	0.74	0.99	1.00	1.00	1.00	1.00	1.00	1.00	1.00	1.00
200	0.05	0.89	1.00	1.00	1.00	1.00	1.00	1.00	1.00	1.00	1.00
250	0.05	0.97	1.00	1.00	1.00	1.00	1.00	1.00	1.00	1.00	1.00
500	0.05	1.00	1.00	1.00	1.00	1.00	1.00	1.00	1.00	1.00	1.00
750	0.05	1.00	1.00	1.00	1.00	1.00	1.00	1.00	1.00	1.00	1.00
1,000	0.05	1.00	1.00	1.00	1.00	1.00	1.00	1.00	1.00	1.00	1.00

可以看出，帶截距的功效理論值與實際仿真值大概相仿，同樣因統計量分佈左偏的緣故略微偏小。

5.3.3 樣本長度曲線擬合

因為平穩時統計量分佈比正態分佈略微左偏，導致根據式（5.5）計算出來的樣本長度比實際值略為偏大。為了得到更精確的結果，我們可根據表5.1、表5.3的仿真值進行曲線擬合，以得到更精確的樣本長度估計公式。

在式（5.5）中，因為 $[Z_p^2(1+\rho) - 2C]^2 >> -4C^2(1-\rho)$，忽略右邊項，樣本長度估算式變為 $T = \dfrac{Z_p^2(1+\rho) - 2C}{(1-\rho)}$，於是我們設計如下線性參數曲線迴歸方程：

$$T = a_0 + a_1 Z_p^2 \frac{(1+\rho)}{(1-\rho)} + a_2 \frac{1}{(1-\rho)}$$

5%顯著水平下無迴歸截距項時樣本長度的迴歸結果為：

$$T = Z_p^2 \frac{(1+\rho)}{(1-\rho)} + \frac{8.4}{(1-\rho)} \tag{5.7}$$

根據迴歸結果式（5.7），可計算出不同 ρ 和檢驗功效下需要的樣本長度，如表 5.5 所示。

表 5.5　5%檢驗水平無截距時不同 ρ 和檢驗功效下需要的樣本長度

Power	$\rho=0.95$	$\rho=0.9$	$\rho=0.85$	$\rho=0.8$	$\rho=0.75$	$\rho=0.7$	$\rho=0.65$	$\rho=0.6$	$\rho=0.55$
0.95	274	135	89	66	53	43	37	32	28
0.90	232	115	76	57	45	37	32	28	24
0.85	210	104	69	52	41	34	29	25	22
0.80	196	97	65	48	39	32	27	24	21
0.75	186	93	62	46	37	31	26	23	20
0.70	179	89	59	44	36	30	25	22	20
0.65	174	87	58	43	35	29	25	22	19
0.60	171	85	57	43	34	28	24	21	19

5%顯著水平下有迴歸截距項時樣本長度的迴歸結果為：

$$T = 1.7Z_p^2 \frac{(1+\rho)}{(1-\rho)} + \frac{14.8}{(1-\rho)} \tag{5.8}$$

我們根據迴歸結果式（5.8），可計算出 5%顯著水平下有迴歸截距項時不同 ρ 和檢驗功效下需要的樣本長度，如表 5.6 所示。

表 5.6　5%檢驗水平有截距時不同 ρ 和檢驗功效下需要的樣本長度

Power	$\rho=0.95$	$\rho=0.9$	$\rho=0.85$	$\rho=0.8$	$\rho=0.75$	$\rho=0.7$	$\rho=0.65$	$\rho=0.6$	$\rho=0.55$
0.95	475	235	155	115	91	75	64	55	49
0.90	405	201	133	99	79	65	55	48	43
0.85	367	183	121	90	72	60	51	44	39
0.80	343	171	114	85	68	56	48	42	37
0.75	326	163	108	81	65	54	46	40	36
0.70	314	157	104	78	62	52	44	39	34
0.65	306	153	102	76	61	51	43	38	34
0.60	300	150	100	75	60	50	43	37	33

5.3.4　ρ 的非線性曲線擬合

在計算 ρ 的式（5.6）中，通常而言，$(Z_p/\sqrt{T})^2 \approx 0$，則式（5.6）可簡

化為：$\rho = 1 + C/T + \dfrac{Z_p/\sqrt{T}}{1 + C/T}$。

將其改造為迴歸估計式：$\rho = a + \dfrac{b}{T} + \dfrac{dZ_p/\sqrt{T}}{1 + c/T}$。

用非線性迴歸的方法，可得到5%顯著水平無截距時迴歸估計式為：

$$\rho = 1.032 - \dfrac{7.349}{T} - \dfrac{0.598Z_p/\sqrt{T}}{1 - 7.603/T} \tag{5.9}$$

如果限制 $b = c$，則迴歸估計式為：

$$\rho = 1.034 - \dfrac{7.404}{T} - \dfrac{0.605Z_p/\sqrt{T}}{1 - 7.404/T} \tag{5.10}$$

5%顯著水平有截距時迴歸估計式為：

$$\rho = 1 - \dfrac{11.976}{T} - \dfrac{0.673Z_p/\sqrt{T}}{1 - 10.13/T} \tag{5.11}$$

根據迴歸式（5.9），我們可計算出5%顯著水平下無迴歸截距項時一定樣本長度不同檢驗功效可以區分的最大 ρ 值，如表5.7所示。

表 5.7　5%檢驗水平無截距時不同樣本長度和檢驗功效下可區分的最大 ρ 值

Power	T = 25	T = 30	T = 50	T = 75	T = 100	T = 150	T = 200
0.95	0.46	0.55	0.72	0.81	0.85	0.90	0.92
0.90	0.52	0.60	0.76	0.84	0.88	0.92	0.94
0.85	0.56	0.64	0.78	0.85	0.89	0.93	0.95
0.80	0.59	0.66	0.80	0.87	0.90	0.94	0.96
0.75	0.62	0.69	0.82	0.88	0.91	0.95	0.97
0.70	0.65	0.71	0.83	0.89	0.92	0.96	0.97
0.65	0.67	0.73	0.85	0.90	0.93	0.96	0.98
0.60	0.69	0.75	0.86	0.91	0.94	0.97	0.98

根據迴歸式（5.11），我們可計算出5%顯著水平下有迴歸截距項時一定樣本長度下不同檢驗功效可以區分的最大 ρ 值，如表5.8所示。

表 5.8　5%檢驗水平有截距時不同樣本長度和檢驗功效下可區分的最大 ρ 值

Power	T = 25	T = 30	T = 50	T = 75	T = 100	T = 150	T = 200
0.95	0.15	0.30	0.56	0.69	0.76	0.82	0.86
0.90	0.23	0.36	0.61	0.73	0.78	0.84	0.88
0.85	0.29	0.41	0.64	0.75	0.80	0.86	0.89

表5.8(續)

Power	T=25	T=30	T=50	T=75	T=100	T=150	T=200
0.80	0.33	0.44	0.66	0.76	0.82	0.87	0.90
0.75	0.37	0.48	0.68	0.78	0.83	0.88	0.91
0.70	0.40	0.50	0.70	0.79	0.84	0.89	0.91
0.65	0.43	0.53	0.71	0.81	0.85	0.90	0.92
0.60	0.46	0.55	0.73	0.82	0.86	0.91	0.93

5.4 小結

單位根檢驗在實證分析中應用非常廣泛，但很多檢驗只注意到檢驗水平而忽略檢驗功效的影響，沒有注意到樣本數較小時根本沒法區分單位根過程與迴歸系數稍高的平穩過程，得不到可靠的檢驗結果。本章從理論上推導了無趨勢、線性與非線性趨勢下單位根檢驗中檢驗功效的估算公式，推導了一定檢驗功效要求下樣本長度最低要求的估算公式，以及一定樣本長度及檢驗功效要求下可以區分的最大 ρ 值估算公式，並分析了它們的影響因素。本章利用仿真數據，用線性或非線性參數曲線擬合的方法，推出了實證分析中估算最低樣本長度或最高 ρ 值的計算公式，從而對單位根檢驗實證分析中的樣本選擇或 ρ 值區分提供了理論和實證依據。本章還提出實證分析中沒法檢驗 ρ 是否嚴格為1，單位根檢驗假設應該修改為：原假設為 $H_0: \rho \geq \rho_0$，備擇假設為 $H_1: -1 < \rho < \rho_0$，並提供相應的檢驗水平 α 和對應的檢驗功效。

6 加性獨立測量誤差對單位根檢驗的影響

本章討論了加性獨立測量誤差對單位根檢驗的影響，推導了帶測量誤差時單位根檢驗統計量的極限分佈。本章分析表明測量誤差將導致檢驗水平的扭曲和檢驗功效的增加，但當測量誤差的方差相對較小時，這種影響可以忽略。

本章第一部分為引言；第二部分介紹模型假設，並推導了一些基本公式；第三部分推導了帶測量誤差時單位根檢驗的極限分佈，並討論了測量誤差對單位根檢驗的影響；第四部分詳細介紹了蒙特卡羅仿真研究結果；最後第五部分為結論總結。

6.1 引言

在實證分析中，我們使用的觀測數據大多數都是帶有測量誤差的。測量誤差的產生可能有很多原因。比如在各種經濟和財務分析的比率計算中通常只保留 2 位小數，大量宏觀數據常常以千或百萬為單位進行歸類統計，這都可能要用到四捨五入，帶來均勻分佈的測量誤差。而政府的臨時政策干預、市場價格管制、工人罷工甚至自然災害等因素都可能導致奇異點的產生。也有很多時候統計數據的來源本來就不準確，比如市場調查中被調查者可能並沒有告訴真實情況，甚至實證分析中可能無法直接得到觀測值而被迫選擇代理變量。這樣可能帶來誤差，這種測量誤差可能是正態分佈的，當然也可能是其他分佈。

對時間序列的單位根檢驗而言，測量誤差的存在會對檢驗結果帶來怎樣的影響？會怎樣影響檢驗水平和檢驗功效？在什麼情況下測量誤差的影響是可以忽略的？什麼情況下影響顯著而不可忽略？這些無疑都是非常現實的問題，值得在實證分析中仔細研究。

Niels Haldrup，安東尼奧·蒙特尼斯（Antonio Montanés），Andreu Sanso（2005）討論了季節單位根檢驗中迴歸殘差項與測量誤差項均為 0 均值獨立同

分佈的條件下，測量誤差對無截距迴歸統計量 $T(\rho-1)$ 極限分佈的影響，但沒有考慮均值非 0 或序列相關時的情形，也沒有討論測量誤差的存在對檢驗功效的影響。

本章詳細研究了加性獨立平穩噪聲對單位根檢驗結果的影響。在測量誤差有或者沒有序列相關，但保持平穩的假設前提下（如果測量誤差非平穩，測量誤差將主導檢驗結果，而本來的待檢序列變為「噪聲」了），允許單位根檢驗中迴歸殘差項存在序列相關或異方差。

本章研究了加性噪聲對單位根檢驗水平和檢驗功效的具體影響，推導了有截距和無截距兩種情形下 $T(\rho-1)$ 與 $\tau = \dfrac{\rho-1}{\sigma}$ 兩種單位根檢驗統計量的極限分佈，討論了加性平穩測量誤差對單位根檢驗結果的具體影響，並通過蒙特卡羅仿真對分析結果進行了驗證。

6.2 模型假設與基本公式

我們假設時間序列 $\{x_t\}, t=1,\cdots,T$ 為不帶漂移的單位根過程，滿足 $x_t = x_{t-1} + u_t$。其中干擾項 u_t 滿足假設 6.1：

假設 6.1：

(a) $E(u_t) = 0, \forall t$； (b) $\exists \beta > 2$，使 $\sup_t E(|u_t|^\beta) < \infty$；

(b) $\sigma^2 = \lim\limits_{T \to \infty} E[T^{-1}(\sum\limits_{t=1}^{T} u_t)^2]$ 存在且不為 0（非退化）；

(c) $\sigma_u^2 = \lim\limits_{T \to \infty} T^{-1} \sum\limits_{t=1}^{T} E(u_t^2)$； (e) $\{u_t\}_1^\infty$ 為強混合序列。

其中 $\sigma^2 = \sigma_u^2 + 2\sum\limits_{k=2}^{\infty} E(u_1 u_k)$，當不存在序列相關時，$\sigma = \sigma_u$。

在上述單位根過程和干擾項假設下，有下列結論成立：

$$T^{-\frac{1}{2}} \sum_{t=1}^{T} u_t \xrightarrow{L} \sigma W(1)$$

$$T^{-2} \sum_{t=1}^{T} x_{t-1}^2 \xrightarrow{L} \sigma^2 \int_0^1 W^2(r) dr$$

$$T^{-1} \sum_{t=1}^{T} x_{t-1} \Delta x_t \xrightarrow{L} \frac{1}{2}[\sigma^2 W^2(1) - \sigma_u^2]$$

$$T^{-\frac{3}{2}} \sum_{t=1}^{T} x_{t-1} \xrightarrow{L} \sigma \int_0^1 W(r) dr$$

$$T^{-\frac{1}{2}} \overline{x_{t-1}} \xrightarrow{L} \sigma \int_0^1 W(r) dr$$

如果存在測量誤差，用 n_t 表示，我們假設測量誤差 n_t 滿足假設 6.2：

假設 6.2：

（a）n_t 是遍歷平穩的，其均值為 μ_n，方差為 σ_n^2，一階協方差為 γ_{1n}；

（b）均值與方差均有限；

（c）序列 n_t 與序列 x_t 及 $= T^{-1}\sum_{t=1}^{T} x_{t-1}n_t - T^{-1}\sum_{t=1}^{T} x_{t-2}n_{t-1} - T^{-1}\sum_{t=1}^{T} u_{t-1}n_{t-1}$ 不相關。

顯然有結論：$E(n_t^2) = \sigma_n^2 + \mu_n^2$，$E(n_{t-1}n_t) = \gamma_{1n} + \mu_n^2$

在假設 6.2 中，沒有要求測量誤差 n_t 均值為 0，也不要求序列獨立，允許存在序列相關。我們假設噪聲為加性的，此時觀測到的時間序列數據為 y_t，有：$y_t = x_t + n_t$。

定理 6.1：

$$T^{-1}\sum_{t=1}^{T} u_t n_{t-1} = 0$$

$$T^{-1}\sum_{t=1}^{T} x_{t-1}\Delta n_t = T^{-1}\sum_{t=1}^{T} x_{t-1}(n_t - n_{t-1}) = o_p(1)$$

證明如下：

$$T^{-1}\sum_{t=1}^{T} u_t n_{t-1} = E(u_t n_{t-1}) = E(u_t)E(n_{t-1}) = 0$$

$$T^{-1}\sum_{t=1}^{T} x_{t-1}\Delta n_t = T^{-1}\sum_{t=1}^{T} x_{t-1}(n_t - n_{t-1}) = T^{-1}\sum_{t=1}^{T} x_{t-1}n_t - T^{-1}\sum_{t=1}^{T} x_{t-1}n_{t-1}$$

$$= T^{-1}\sum_{t=1}^{T} x_{t-1}n_t - T^{-1}\sum_{t=1}^{T} (x_{t-2} + u_{t-1})n_{t-1}$$

$$= T^{-1}\sum_{t=1}^{T} x_{t-1}n_t - T^{-1}\sum_{t=1}^{T} x_{t-2}n_{t-1} - T^{-1}\sum_{t=1}^{T} u_{t-1}n_{t-1}$$

$$= T^{-1}\sum_{t=1}^{T} x_{t-1}n_t - T^{-1}\sum_{t=0}^{T-1} x_{t-1}n_t - T^{-1}\sum_{t=0}^{T-1} u_t n_t$$

$$= T^{-1}(x_{T-1}n_T - x_{-1}n_0 - u_0 n_0 + u_T n_T) - T^{-1}\sum_{t=1}^{T} u_t n_t$$

$$= o_p(1) - E(u_t n_t)$$

$$= o_p(1)$$

有了上述鋪墊，我們可以證明帶噪聲的觀測時間序列 y_t 滿足定理 6.2。

定理 6.2：

$$T^{-\frac{1}{2}}\sum_{t=1}^{T} \Delta y_t \xrightarrow{L} \sigma W(1)$$

$$T^{-\frac{3}{2}}\sum_{t=1}^{T} y_{t-1} \xrightarrow{L} \sigma \int_0^1 W(r)dr$$

$$T^{-\frac{1}{2}}\overline{y_{t-1}} \xrightarrow{L} \sigma \int_0^1 W(r)dr$$

$$T^{-2}\sum_{t=1}^{T}y_{t-1}^{2} \xrightarrow{L} \sigma^{2}\int_{0}^{1}W^{2}(r)dr$$

$$T^{-1}\sum_{t=1}^{T}y_{t-1}\Delta y_{t} \xrightarrow{L} \frac{1}{2}[\sigma^{2}W^{2}(1)-\sigma_{u}^{2}]-(\sigma_{n}^{2}-\gamma_{1n})$$

證明：

$$T^{-\frac{1}{2}}\sum_{t=1}^{T}\Delta y_{t} = T^{-\frac{1}{2}}\sum_{t=1}^{T}(u_{t}+n_{t}-n_{t-1})$$

$$= T^{-\frac{1}{2}}\sum_{t=1}^{T}u_{t}+T^{-\frac{1}{2}}(n_{T}-n_{0})$$

$$\xrightarrow{L} \sigma W(1)$$

$$T^{-\frac{1}{2}}\sum_{t=1}^{T}y_{t-1} = T^{-\frac{1}{2}}\sum_{t=1}^{T}(x_{t-1}+n_{t-1})$$

$$= T^{-\frac{1}{2}}\sum_{t=1}^{T}x_{t-1}+\frac{1}{\sqrt{T}}T^{-1}\sum_{t=1}^{T}n_{t-1}$$

$$= T^{-\frac{1}{2}}\sum_{t=1}^{T}x_{t-1}+o_{p}(1)$$

$$\xrightarrow{L} \sigma\int_{0}^{1}W(r)dr$$

$$T^{-\frac{1}{2}}\overline{y_{t-1}} = T^{-\frac{1}{2}}\frac{1}{T}\sum_{t=1}^{T}y_{t-1} \xrightarrow{L} \sigma\int_{0}^{1}W(r)dr$$

$$T^{-2}\sum_{t=1}^{T}y_{t-1}^{2} = T^{-2}\sum_{t=1}^{T}(x_{t-1}+n_{t-1})^{2}$$

$$= T^{-2}\sum_{t=1}^{T}x_{t-1}^{2}+T^{-1}\frac{1}{T}\sum_{t=1}^{T}n_{t-1}^{2}+T^{-2}\sum_{t=1}^{T}2x_{t-1}n_{t-1}$$

$$= T^{-2}\sum_{t=1}^{T}x_{t-1}^{2}+T^{-1}\frac{1}{T}\sum_{t=1}^{T}n_{t-1}^{2}+2(T^{-\frac{1}{2}}\overline{x_{t-1}})[T^{-\frac{1}{2}}E(n_{t-1})]$$

$$\xrightarrow{L} \sigma^{2}\int_{0}^{1}W^{2}(r)dr$$

$$T^{-1}\sum_{t=1}^{T}y_{t-1}\Delta y_{t} = T^{-1}\sum_{t=1}^{T}(x_{t-1}+n_{t-1})(u_{t}+n_{t}-n_{t-1})$$

$$= T^{-1}\sum_{t=1}^{T}x_{t-1}u_{t}+T^{-1}\sum_{t=1}^{T}n_{t-1}u_{t}+T^{-1}\sum_{t=1}^{T}n_{t-1}n_{t}-T^{-1}\sum_{t=1}^{T}n_{t-1}n_{t-1}$$

$$+T^{-1}\sum_{t=1}^{T}x_{t-1}\Delta n_{t}$$

$$= T^{-1}\sum_{t=1}^{T}x_{t-1}u_{t}+0+(\gamma_{1n}+\mu_{n}^{2})-(\sigma_{n}^{2}+\mu_{n}^{2})+o_{p}(1)$$

$$\xrightarrow{L} \frac{1}{2}[\sigma^{2}W^{2}(1)-\sigma_{u}^{2}]-(\sigma_{n}^{2}-\gamma_{1n})$$

6.3 帶測量誤差時單位根檢驗的極限分佈

我們分兩種情況來討論單位根檢驗的極限分佈。

情形 1：我們假設真實過程為 $x_t = x_{t-1} + u_t$，帶測量誤差的迴歸估計式為 $y_t = \rho y_{t-1} + \mu_t$，則有：

$$\hat{\rho} - 1 = \frac{\sum_{t=1}^{T} y_{t-1} y_t}{\sum_{t=1}^{T} y_{t-1}^2} - 1 = \frac{\sum_{t=1}^{T} y_{t-1} \Delta y_t}{\sum_{t=1}^{T} y_{t-1}^2}$$

統計量 $T(\hat{\rho} - 1)$ 的極限分佈為：

$$T(\hat{\rho} - 1) = \frac{T^{-1} \sum_{t=1}^{T} y_{t-1} \Delta y_t}{T^{-2} \sum_{t=1}^{T} y_{t-1}^2} \Rightarrow \frac{\frac{1}{2}[\sigma^2 W^2(1) - \sigma_u^2] - (\sigma_n^2 - \gamma_{1n})}{\sigma^2 \int_0^1 W^2(r) dr}$$

$$= \frac{\frac{1}{2}[W^2(1) - \sigma_u^2/\sigma^2] - (\sigma_n^2 - \gamma_{1n})/\sigma^2}{\int_0^1 W^2(r) dr}$$

檢驗統計量 $\tau = \dfrac{\hat{\rho} - 1}{\hat{\sigma}}$ 的極限分佈為：

$$\tau = \frac{\hat{\rho} - 1}{\hat{\sigma}} = \frac{T^{-1} \sum_{t=1}^{T} y_{t-1} \Delta y_t}{\hat{\sigma}_u (T^{-2} \sum_{t=1}^{T} y_{t-1}^2)^{\frac{1}{2}}}$$

$$\Rightarrow \frac{\dfrac{\sigma}{\sigma_u}\{\frac{1}{2}[W^2(1) - \sigma_u^2/\sigma^2] - (\sigma_n^2 - \gamma_{1n})/\sigma^2\}}{[\int_0^1 W^2(r) dr]^{1/2}}$$

情形 2：我們設真實過程為 $x_t = x_{t-1} + u_t$，迴歸估計式為 $y_t = a + \rho y_{t-1} + \mu_t$，則有：

$$\hat{\rho} = \frac{\sum_{t=1}^{T} (y_{t-1} - \overline{y_{t-1}})(y_t - \overline{y_t})}{\sum_{t=1}^{T} (y_{t-1} - \overline{y_{t-1}})^2}$$

$$\hat{\rho} - 1 = \frac{\sum_{t=1}^{T}(y_{t-1} - \overline{y_{t-1}})(y_t - \overline{y_t})}{\sum_{t=1}^{T}(y_{t-1} - \overline{y_{t-1}})^2} - 1 = \frac{\sum_{t=1}^{T} y_{t-1}\Delta y_t - \overline{y_{t-1}}\sum_{t=1}^{T}\Delta y_t}{\sum_{t=1}^{T} y_{t-1}^2 - T\overline{y_{t-1}}^2}$$

$$= \frac{\sum_{t=1}^{T} y_{t-1}\Delta y_t - \overline{y_{t-1}}\sum_{t=1}^{T}\Delta y_t}{\sum_{t=1}^{T} y_{t-1}^2 - T\overline{y_{t-1}}^2}$$

統計量 $T(\hat{\rho} - 1)$ 的極限分佈為：

$$T(\hat{\rho} - 1) = \frac{T^{-1}\sum_{t=1}^{T} y_{t-1}\Delta y_t - (T^{-\frac{1}{2}}\overline{y_{t-1}})(T^{-\frac{1}{2}}\sum_{t=1}^{T}\Delta y_t)}{T^{-2}\sum_{t=1}^{T} y_{t-1}^2 - (T^{-\frac{1}{2}}\overline{y_{t-1}})^2}$$

$$\Rightarrow \frac{\frac{1}{2}[\sigma^2 W^2(1) - \sigma_u^2] - (\sigma_n^2 - \gamma_{1n}) - \sigma W(1)\sigma\int_0^1 W(r)dr}{\sigma^2\int_0^1 W^2(r)dr - (\sigma\int_0^1 W(r)dr)^2}$$

$$\Rightarrow \frac{\frac{1}{2}[W^2(1) - \sigma_u^2/\sigma^2] - (\sigma_n^2 - \gamma_{1n})/\sigma^2 - W(1)\int_0^1 W(r)dr}{\int_0^1 W^2(r)dr - (\int_0^1 W(r)dr)^2}$$

檢驗統計量 $\tau = \dfrac{\hat{\rho} - 1}{\hat{\sigma}}$ 的極限分佈為：

$$\tau = \frac{\hat{\rho} - 1}{\hat{\sigma}} \Rightarrow \frac{\dfrac{\sigma}{\sigma_u}\left\{\dfrac{1}{2}[W^2(1) - \sigma_u^2/\sigma^2] - (\sigma_n^2 - \gamma_{1n})/\sigma^2 - W(1)\int_0^1 W(r)dr\right\}}{\left[\int_0^1 W^2(r)dr - (\int_0^1 W(r)dr)^2\right]^{1/2}}$$

對含時間趨勢的情形，可用類似的方法進行分析。

很明顯，兩種單位根檢驗統計量 $T(\hat{\rho} - 1)$ 與 $\tau = \dfrac{\hat{\rho} - 1}{\hat{\sigma}}$ 的分佈都受到測量誤差的影響，影響因子為 $-\dfrac{\sigma_n^2 - \gamma_{1n}}{\sigma^2} \leq 0$。測量誤差的存在將導致統計量分佈密度函數向左偏移，從而同樣檢驗水平的臨界值也要向左偏移，如果不對臨界值進行修正而使用不含測量誤差時的臨界值進行單位根檢驗，必將導致檢驗水平的扭曲。可以想像，臨界值的左偏也將導致檢驗功效的變化。後面的仿真試驗證實了這一點。

如果測量誤差是序列不相關的，有 $\gamma_{1n} = 0$，此時偏移程度受 σ_n^2/σ^2 控制，也就是說受測量誤差方差的相對大小控制，測量誤差方差越大，左偏越嚴重，導致檢驗水平的扭曲也越嚴重，從而將單位根過程誤判為平穩過程的可能性增加。但

當測量誤差的方差相對 σ^2 而言較小時，其對單位根檢驗的影響可以忽略。同時可以看出，偏移程度與測量誤差的均值大小無關，也與測量誤差的分佈無關。

如果測量誤差是序列相關的，則統計量分佈的偏移程度還受一階協方差的影響。正的一階協方差可以減少和抵消統計量分佈的向左偏離，而負的一階協方差將加劇左偏的程度。當測量誤差的一階協方差接近於其方差時，此時統計量分佈的左偏程度很小，而不管測量誤差的方差有多大。

6.4 蒙特卡羅仿真研究

6.4.1 測量誤差序列不相關時方差變化對單位根檢驗的影響

我們按照 $n_t \in I.\ I.\ D.\ N(0,\sigma_n^2)$ 生成長度為 500、方差為 σ_n^2 的測量誤差序列 n_t，其中 σ_n^2 從 0 逐步增加到 2，每次增長步長為 0.2，為 0 時對應無測量誤差情形，0 附近為小測量誤差情形。利用數據生成過程：$x_t = x_{t-1} + u_t$，$u_t \in I.\ I.\ D.\ N(0,1)$，初始值 $x_0 = 0$，生成長度為 500 的單位根隨機時間序列 x_t。我們按照 $y_t = x_t + n_t$ 得到帶測量誤差觀測序列，進行有截距和無截距兩種情形下單位根檢驗統計量 $\tau = \dfrac{\hat{\rho} - 1}{\hat{\sigma}}$ 與 $T(\hat{\rho} - 1)$ 的計算。每個測量誤差方差下進行 10,000 次重複，分別得到不同方差下單位根檢驗在 5% 顯著水平下的檢驗臨界值。臨界值隨測量誤差方差變化的曲線如圖 6.1 所示。

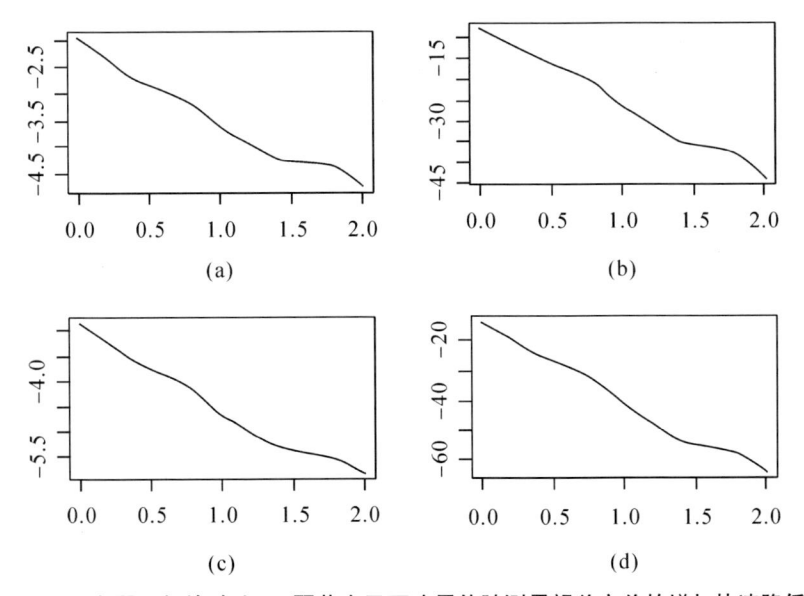

圖 6.1　各單位根檢驗法 5% 顯著水平下臨界值隨測量誤差方差的增加快速降低

其中（a）、（b）對應情形 1（無截距）的 $\tau = \dfrac{\rho - 1}{\hat{\sigma}}$、$T(\rho - 1)$ 統計量；（c）、（d）對應情形 2（有截距）的 $\tau = \dfrac{\rho - 1}{\hat{\sigma}}$、$T(\rho - 1)$ 統計量。圖 6.2、圖 6.3、圖 6.6、圖 6.7 的對應關係與此相同。

從圖 6.1 可以看出，在測量誤差序列不相關時，隨著測量誤差方差的增加，單位根檢驗的臨界值快速下降。如果單位根檢驗中不考慮測量誤差的影響而直接使用無測量誤差時的臨界值，必然拒絕部分單位根過程，導致檢驗水平的扭曲，如圖 6.2 所示。

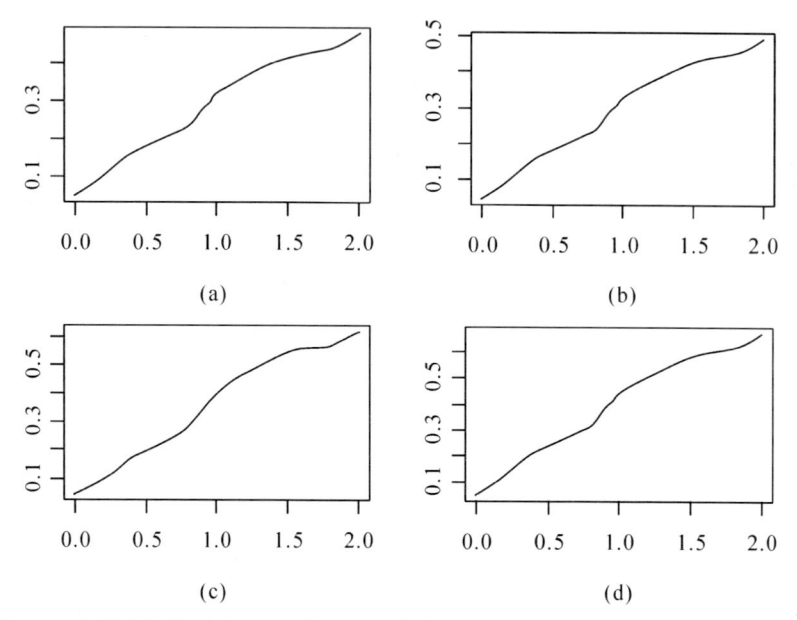

圖 6.2　各單位根檢驗法 5% 顯著水平下檢驗水平隨測量誤差方差的增加快速增加

從圖 6.2 可以看出，隨著測量誤差方差從 0 開始逐步增加，單位根檢驗的檢驗水平快速上升，從最初選定的 5% 迅速增加到方差為 2 時的近 50% 以上，此時單位根過程很可能被判斷為平穩過程，導致單位根檢驗的失效。但在 0 方差（對應無測量誤差情形）附近，檢驗水平也在 5% 附近，意味著測量誤差方差相對較小時不顯著影響單位根檢驗的結果。

為了研究測量誤差對單位根檢驗功效的影響，按照 $x_t = 0.98 x_{t-1} + u_t$ 生成長度為 500 的平穩但近單位根過程，初始值 $x_0 = 0$，新息量 $u_t \in I.I.D.N(0,1)$。同樣按 $n_t \in I.I.D.N(0, \sigma_n^2)$ 生成長度為 500、方差為 σ_n^2 的測量誤差序列 n_t，其中 σ_n^2 從 0 逐步增加到 2，每次增長步長為 0.2。按照 $y_t = x_t + n_t$ 得到帶測量誤差的觀測序列，用不含測量誤差時的臨界值進行檢驗，每個誤差方差重複 10,000 次，可得到檢驗功效與測量誤差方差變化的曲線圖，如圖 6.3 所示。

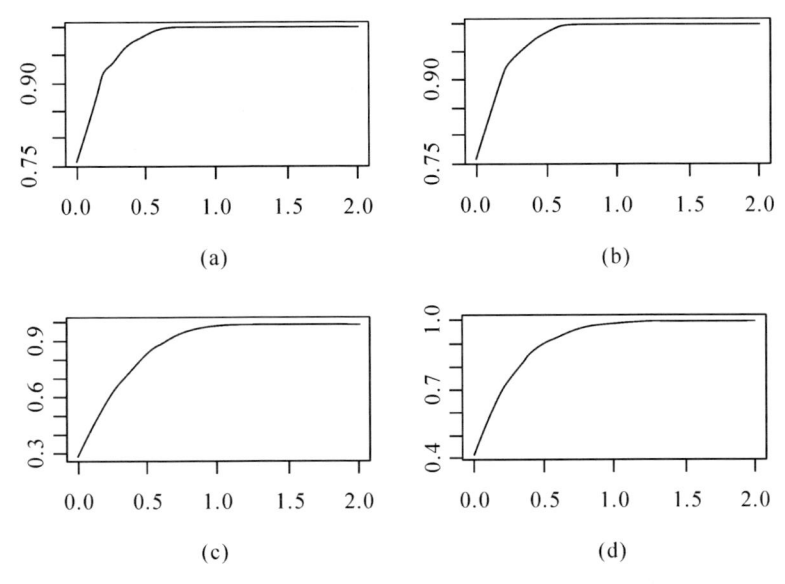

图 6.3 检验功效随测量误差方差的增加快速增加到 1

从图 6.3 可以看出，在无测量误差（误差项方差为 0）时，因为选定的是近单位根过程（0.98），尽管样本长度为 500，检验功效还是比较低，特别是对检验回归式带截距项的情形 2 而言，检验功效低到 40% 左右。但随着测量误差方差的增加，检验功效也快速增加到接近 100%。

换句话说，不管对平稳或者单位根过程而言，测量误差的存在都增加了判断为平稳过程的可能性，减少了判断为单位根过程的可能性。这跟小样本的影响效应是相反的。小样本增加了判断为单位根过程的可能性。

6.4.2 不同噪声分佈对临界值的影响

为了研究测量误差不同分佈对统计量的影响，利用数据生成过程：$x_t = x_{t-1} + u_t$，其中 $u_t \in I.I.D. N(0,1)$，$x_0 = 0$，生成长度为 500 的单位根随机序列 x_t。而对测量误差而言，分别生成长度为 500 的 3 种分佈的无序列相关的测量误差，分别为奇异点分佈 n_{1t}、正态分佈 n_{2t} 及均匀分佈 n_{3t}。

对奇异点分佈序列而言，我们分别在 125、250、375 处取幅度为 5/0.386 的三个奇异点，其他地方取值为 0。其均值为 0.078，方差为 1。

正态分佈为 0 均值，方差为 1 的标准正态分佈。

均匀分佈为 $[-\sqrt{3}, \sqrt{3}]$ 区间的均匀分佈，满足均值为 0，方差为 1。

按照 $y_t = x_t + n_t$ 生成测量数据，计算两种统计量，重复 10,000 次得到统计量的概率密度函数，如图 6.4、图 6.5 所示。左边对应统计量 $\tau = \dfrac{\hat{\rho} - 1}{\hat{\sigma}}$，右边

對應統計量 $T(\hat{\rho} - 1)$。

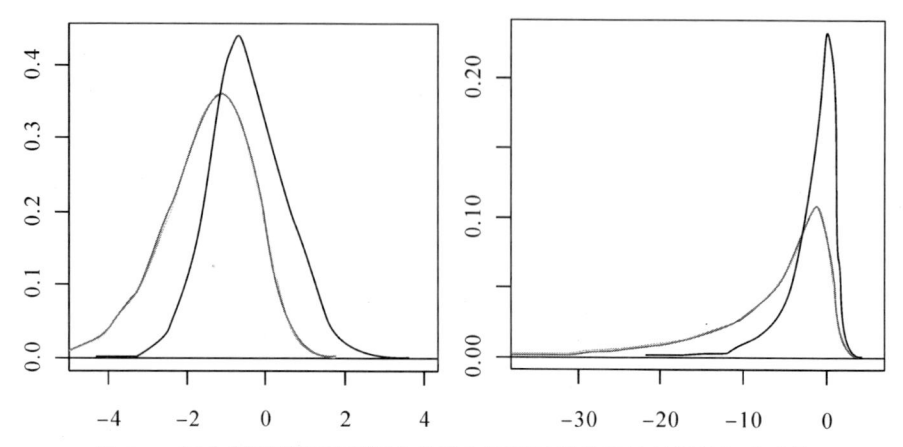

圖 6.4 不含截距項不同干擾分佈與無干擾時單位根統計量的概率分佈

圖 6.4 為情形 1，統計迴歸式中不含截距項。

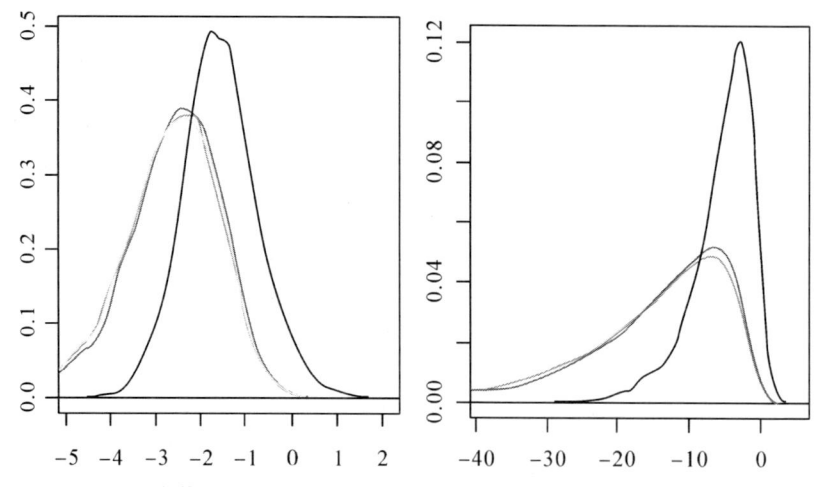

圖 6.5 含截距項不同干擾分佈與無干擾時單位根統計量的概率分佈

圖 6.5 為情形 2，統計迴歸式中包含截距項。

從圖 6.4、圖 6.5 可以看出，兩種迴歸情形下，兩種統計量在三種不同測量誤差分佈下統計量的分佈幾乎完全重疊。這證明誤差項的分佈確實不影響統計量的分佈。這同時也驗證了測量誤差均值的變化不影響統計量的分佈。

6.4.3 測量誤差序列相關時對統計量分佈的影響

按照帶測量誤差的單位根檢驗統計量極限分佈，當測量誤差存在序列相關時，統計量的左偏除了受到測量誤差方差相對大小的影響外，還受到一階協方

差的影響。

按照 $x_t = x_{t-1} + u_t$，$u_t \in I.\ I.\ D.\ N(0,1)$，$x_0 = 0$，生成長度為 500 的單位根隨機序列 x_t。但測量誤差按照 $n_t = 0.95n_{t-1} + e_t$ 生成，其中 $e_t \in I.\ I.\ D.\ N(0,1)$，$n_0 = 0$。

此時測量誤差方差為 10.82，一階協方差為 9.66，序列有較強的正相關性。帶測量誤差的單位根統計量分佈如圖 6.6 所示。

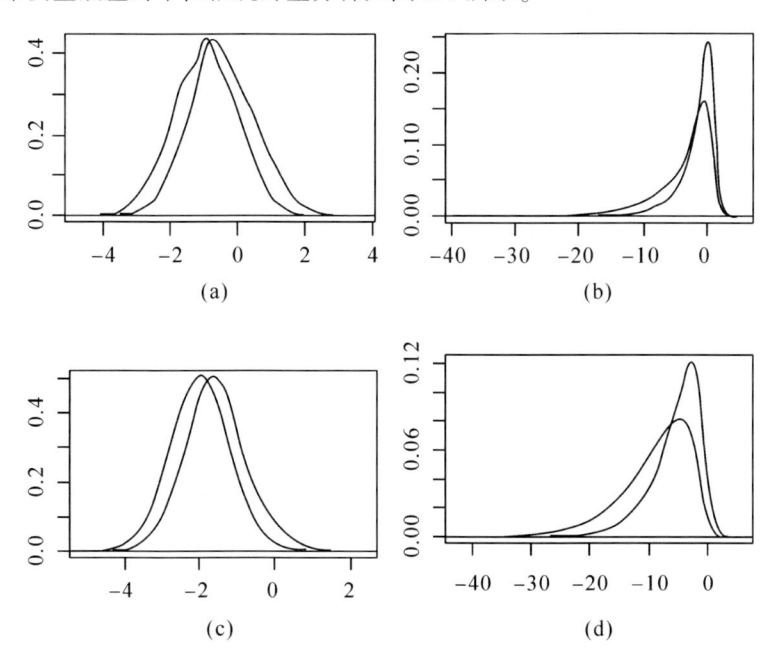

圖 6.6 測量誤差正相關時單位根檢驗統計量偏移程度不大

此時測量誤差方差相對而言是很大的，但統計量的分佈左偏並不嚴重。這證實了正的一階協方差對統計量左偏的抵消作用。

此時 5% 的檢驗水平畸變為情形 1 統計量 $\tau = \dfrac{\hat{\rho} - 1}{\hat{\sigma}}$ 的 14.58%，統計量 $T(\hat{\rho} - 1)$ 的 15.17%；以及情形 2 統計量 τ 的 11.71% 和統計量 $T(\hat{\rho} - 1)$ 的 15.06%。

當此時的原序列為平穩序列 $x_t = 0.98x_{t-1} + u_t$，$u_t \in I.\ I.\ D.\ N(0,1)$，$x_0 = 0$ 時，無測量誤差時情形 1 的兩統計量的檢驗功效分別為 74.4%、74.73%，上述噪聲影響下的檢驗功效分別增加到 94.98%、95.2%；對情形 2 無噪聲時的檢驗功效分別為 28.33%、42.15%，有噪聲時的檢驗功效分別增加到 57.78%、73.22%。

如果一階協方差增加到跟方差相同（最大為相同），此時測量誤差變為單位根過程。圖 6.7 為此時單位根檢驗統計量的分佈圖。

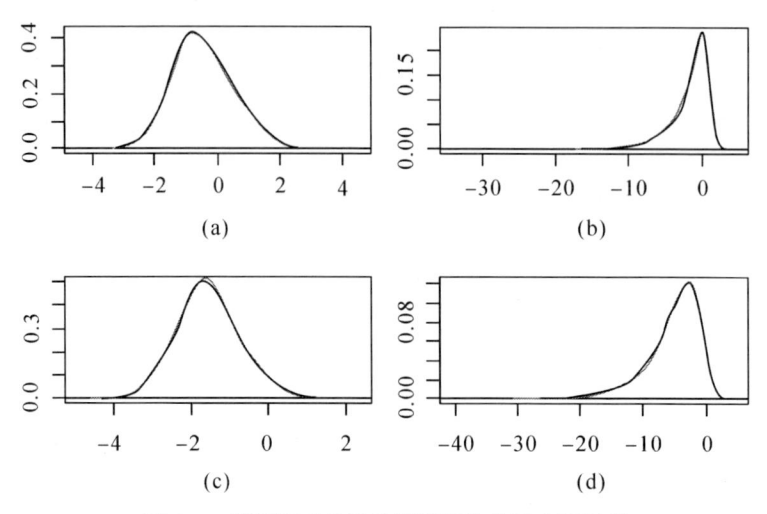

圖 6.7 測量誤差為單位根過程時幾乎全部重疊

可以看出，儘管此時測量誤差的方差為 64.05，非常大，但有測量誤差和無測量誤差時的檢驗統計量分佈幾乎全部重疊，並無左偏。

當此時的原序列為平穩序列 $x_t = 0.98 x_{t-1} + u_t$，$u_t \in I.I.D.N(0,1)$，$x_0 = 0$，無測量誤差時情形 1 的檢驗功效分別為 75.18%、74.98%，有噪聲時的檢驗功效變為 11.1%、11.32%；情形 2 無噪聲時的檢驗功效分別為 28.45%、43.1%，有噪聲時的檢驗功效變為 7.18%、9.38%。即當測量誤差為單位根過程時，幾乎會將疊加誤差後的原平穩序列判斷為單位根過程，但檢驗水平又會高於 5%。這當然是符合預期的，此時我們可以將原平穩序列看成「測量噪聲」，將測量誤差項看成待檢序列，此時只是檢出的單位根水平有些扭曲罷了。

6.5 小結

理論分析和蒙特卡羅實驗均表明，單位根檢驗結果易受測量誤差噪聲的影響。測量誤差將導致統計量分佈向左偏移，從而導致檢驗水平的扭曲和檢驗功效的增加。

向左偏移的程度受測量誤差方差的相對大小控制，測量誤差方差越大，左偏越嚴重；但同時受一階協方差的影響，正的一階協方差可以減少和抵消統計量分佈的向左偏離，而負的一階協方差將加劇左偏的程度。當測量誤差的一階協方差接近於其方差時，此時統計量分佈的左偏程度很小，而不管測量誤差的方差有多大。

同時，偏移程度與測量誤差的均值大小無關，也與測量誤差的概率分佈無關。

由於統計量分佈向左偏移，如果使用原來的臨界值而不做修正，單位根檢驗使用左邊檢驗，必然導致檢驗水平的過估，從而容易將單位根過程誤判為平穩過程；但同時，把平穩過程判斷為單位根的可能性卻減少，也就是說測量誤差的存在提高了檢驗功效。

但如果測量誤差的方差相對而言較小時，其對單位根檢驗的影響也可以忽略。這說明通常沒考慮測量誤差的單位根檢驗在測量誤差方差較小時還是可以正常使用的。

7 基於差分序列長時方差的單位根檢驗法

本章對基於差分序列長短時方差比（VR）的單位根檢驗法進行了詳細研究，推導了統計量在單位根情形與平穩情形時的極限分佈，仿真研究了截斷長度的選擇，並提供了臨界值、殘差項相關與不相關時的檢驗水平與功效，同時指出了其存在的重要缺陷。

7.1 引言

單位根檢驗經過幾十年的發展，已經出現了多種多樣的檢驗方法。通常的參數檢驗方法以 DF 檢驗為基礎，存在一些局限性。比如統計量的分佈與臨界值跟檢驗迴歸式高度相關，不同的迴歸式將有不同的極限分佈；統計量收斂到極限分佈的速度較慢，不同的樣本通常將有不同的臨界值；並且統計量受到殘差相關性的影響，不同的相關性結構需要使用不同的迴歸式設定，而殘差的相關性結構通常又是未知的。

Phillips 和 Oulians（1988）曾經指出，平穩過程的差分序列做頻譜分析時，在零頻處的頻譜成分將為 0，而單位根過程時不會為 0。利用這個特徵，我們可以對時間序列進行單位根檢驗。

零頻時的頻譜對應於差分序列的長時方差值，考慮到不同殘差項方差的影響，利用長短時方差之比作為檢驗統計量（稱為 VR 統計量），我們可以有效地對單位根與平穩過程進行檢驗。

Phillips 和 Oulians 對 VR 檢驗方法介紹得比較粗略，一些重要細節都沒有考慮和交代，實證中可參考性不強。本章對 VR 單位根檢驗法進行了詳細研究，推導了統計量在單位根過程與平穩過程時不同的極限分佈。結果表明，平穩過程時統計量的極限值為 0；但單位根過程時通常不為 0，如殘差獨立同分佈時為 1，但結果受到殘差相關結構的影響，如正相關時將大於 1，負相關時

將小於 1，一定條件下可能趨近於 0，與平穩情況的結果相同，導致檢驗失敗。

VR 檢驗作為一個非參數檢驗方法，與 DF 類檢驗相比具有明顯優勢。如統計量與殘差序列是否存在序列相關或異方差無關，與去除趨勢過程的迴歸式無關，抗干擾能力強，並且收斂速度快，在樣本數很小時就收斂到極限值，因而不同的樣本可以使用同樣的臨界值。

VR 檢驗法的這些特性，尤其是統計量的分佈與殘差是否存在序列相關無關，也與去除趨勢過程的方法無關等特性，使其很適合用非線性趨勢的後續單位根檢驗。

7.2 差分序列長短時方差比單位根檢驗法

平穩過程的差分序列的長時方差在樣本數增大時將趨近於 0，而單位根過程差分序列的長時方差通常不會趨於 0。利用平穩過程與單位根過程這個性質的不同，可以構造基於長時方差的單位根檢驗方法。

7.2.1 數據模型及檢驗假設

我們假設時間序列 Y_t 無趨勢，只包含隨機干擾項 μ_t，設其為一階自迴歸模型：$\mu_t = \beta\mu_{t-1} + e_t$，其中 e_t 是均值為 0、方差有限的 ARMA 平穩過程。則如果 $|\beta| < 1$，序列是平穩的；若 $\beta = 1$，序列為單位根過程。

7.2.2 檢驗統計量及其極限分佈

設干擾項為：
$$\mu_t = \beta\mu_{t-1} + e_t \tag{7.1}$$

注意模型是無截距無時間趨勢項的，即為 AR（1）模型，差分得到：

$$\begin{aligned} v_t &= \mu_t - \mu_{t-1} = (\beta - 1)\mu_{t-1} + e_t \\ &= (\beta - 1)(\beta^{t-2}e_1 + \beta^{t-3}e_2 + \cdots + e_{t-1}) + e_t \end{aligned}$$

則 $S_n = \sum_{t=1}^{n} v_t = (\beta^n - 1)u_0 + \beta^{n-1}e_1 + \beta^{n-2}e_2 + \cdots + e_n$，不失一般性，令 $u_0 = 0$，則有：

$$S_n = \beta^{n-1}e_1 + \beta^{n-2}e_2 + \cdots + e_n \tag{7.2}$$

設短時方差 $\text{var}(e_t) = \sigma^2$，$E(e_t e_{t-s}) = \gamma_s$，相關係數為 $\rho_s = \dfrac{\gamma_s}{\gamma_0}$，顯然 $\gamma_0 = \sigma^2$。

則有：

$$\begin{aligned} E(S_n^2) &= E(\beta^{n-1}e_1 + \beta^{n-2}e_2 + \cdots + e_n)^2 \\ &= \sum_{i=1}^{n}\sum_{j=1}^{n} \beta^{2n-(i+j)}\gamma_{i-j} \end{aligned}$$

$$\frac{E(S_n^2)}{\gamma_0} = \frac{1}{1-\beta^2}\{(1-\beta^{2n}) + 2[\rho_1(\beta - \beta^{2n-1}) + \rho_2(\beta^2 - \beta^{2n-2}) + \cdots]\}$$

(7.3)

$\beta=1$ 對應單位根情形，此時（7.3）式的分子、分母皆為0，分別對分子、分母求導，可得到（7.3）式在 $\beta=1$ 的極限值，即為單位根情形時的計算公式：

$$\frac{E(S_n^2)}{\gamma_0} = n + 2[\rho_1(n-1) + \rho_2(n-2) + \rho_3(n-3) + \cdots]$$

(7.4)

定義 $\frac{E(S_n^2)}{n} = \frac{1}{n}E(\sum_{t=1}^{n} v_t)^2$ 為差分序列 v_t 的長時方差，並以長短時方差之比（VR）作為檢驗統計量：

$$VR = \frac{E(S_n^2)}{n\gamma_0}$$

(7.5)

假設 e_t 是非長記憶性的，即 e_t 無序列相關或只是短時序列相關，ρ_s 在 s 較大時趨於0，則單位根假設下統計量（以後稱為 VR 檢驗）為：

$$VR = 1 + 2(\rho_1 + \rho_2 + \rho_3 + \cdots)$$

(7.6)

平穩假設下統計量為：

$$VR = \frac{1}{n(1-\beta^2)}[1 + 2(\rho_1\beta + \rho_2\beta^2 + \rho_3\beta^3 + \cdots)]$$

(7.7)

單位根過程的檢驗統計量通常與殘差項的相關係數有關，但通常不為0。對平穩過程而言，隨著樣本數的增加，$VR \to 0$ 時，即極限分佈為0，極限分佈為一個點，而不是通常檢驗統計量的某個分佈的隨機變量。

7.2.3 長時方差的估算

現在問題的關鍵是估計長時方差（Long-run Variance）：

$$\omega^2 = \frac{E(S_n^2)}{n} = \frac{1}{n}E(\sum_{t=1}^{n} v_t)^2 = \frac{1}{n}\sum_{t=1}^{n}E(v_t^2) + \frac{2}{n}\sum_{k=1}^{n-1}\sum_{t=k+1}^{n}E(v_t v_{t-k})$$

當 e_t 為短時相關時，v_t 也是短時相關的，如果 l 較大，可以認為 $E(v_t v_{t-l}) \Rightarrow 0$，稱 l 為截斷參數。此時可以用有限個樣本數估算 ω^2，有：

$$\hat{\omega}^2 = \frac{1}{n}\sum_{t=1}^{n}E(v_t^2) + \frac{2}{n}\sum_{k=1}^{l}\sum_{t=k+1}^{n}E(v_t v_{t-k})$$

(7.8)

懷特（White, 1984）曾經證明，如果 $l \Rightarrow \infty$，$n \Rightarrow \infty$ 且滿足 $l/n^{1/4} \Rightarrow 0$，則有 $\hat{\omega}^2 \Rightarrow \omega^2$。

但如果樣本存在強的負相關，ω^2 的估算可能為一個負值，為了避免這種情況，我們加入一個權函數，得到新的估算公式：

$$\hat{\omega}^2 = \frac{1}{n}\sum_{t=1}^{n}E(v_t^2) + \frac{2}{n}\sum_{k=1}^{l}w_l(k)\sum_{t=k+1}^{n}E(v_t v_{t-k})$$

(7.9)

其中 $w_l(k) = 1 - \dfrac{k}{l+1}$。

在上面條件要求下，(7.9) 式也是 ω^2 的一致估計。

7.2.4　VR 單位根檢驗法的臨界值

在計算長時方差時，我們需要選擇截斷長度，不同截斷長度的臨界值並不相同。比如在樣本數為 400 時，不同截斷長度下 VR 檢驗臨界值的變化曲線如圖 7.1 所示。

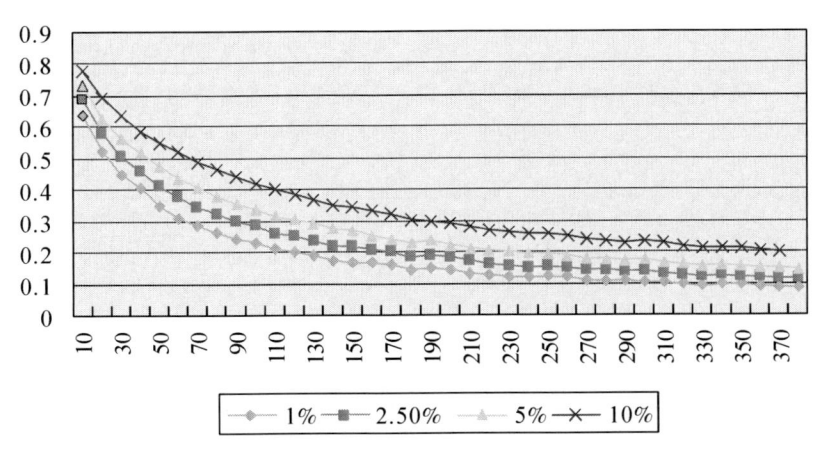

圖 7.1　VR 臨界值與不同截斷長度變化曲線（樣本長度為 400）

可以看出，臨界值隨截斷長度的增加迅速下降，但截斷長度降到樣本長度一半左右後，臨界值雖然隨樣本長度的增加繼續下降，但變化已經比較平緩了。

樣本長度為 400，β 值分別為 0.99、0.95 的平穩序列在 5% 的顯著水平下，不同截斷長度與 VR 檢驗功效的變化曲線如圖 7.2 所示。

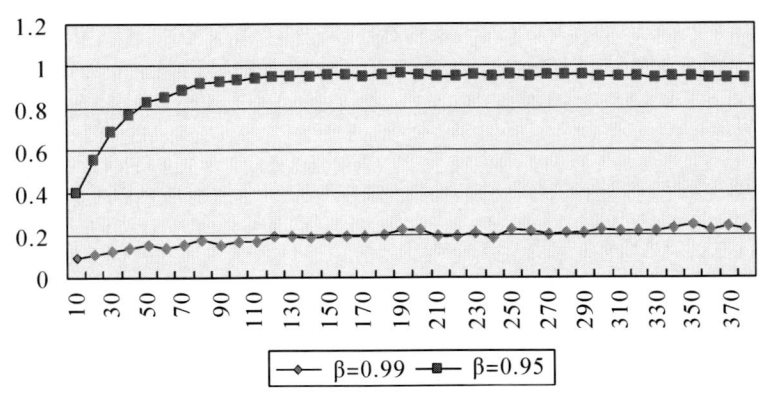

圖 7.2　VR 檢驗功效與不同截斷長度變化曲線（樣本長度為 400）

可以看出，隨著截斷長度的增加，檢驗功效迅速增加，並且在截斷長度為樣本數一半的時候，幾乎獲得最大的檢驗功效。故在今後的實證分析中，截斷長度統一取為樣本長度的一半。

表7.1為不同樣本長度下的檢驗臨界值表。

表7.1　　　　VR單位根檢驗不同樣本長度的臨界值

顯著水平	25	50	75	100	150	200	250	500	750	1,000	1,500	2,000
0.01	0.148	0.148	0.146	0.146	0.143	0.138	0.139	0.133	0.146	0.141	0.142	0.137
0.025	0.186	0.183	0.170	0.184	0.180	0.174	0.174	0.175	0.179	0.174	0.177	0.175
0.05	0.228	0.225	0.220	0.224	0.224	0.219	0.217	0.218	0.226	0.214	0.218	0.220
0.1	0.295	0.293	0.286	0.294	0.293	0.289	0.284	0.290	0.296	0.284	0.289	0.288
0.25	0.473	0.475	0.466	0.467	0.473	0.460	0.465	0.462	0.475	0.453	0.464	0.465
0.5	0.809	0.801	0.796	0.791	0.791	0.789	0.785	0.791	0.800	0.778	0.779	0.781
0.75	1.317	1.331	1.300	1.306	1.291	1.318	1.308	1.327	1.336	1.298	1.296	1.281
0.9	1.994	1.998	1.963	1.977	1.958	1.999	1.953	2.028	2.012	1.946	2.014	1.976
0.95	2.443	2.450	2.442	2.484	2.471	2.519	2.496	2.556	2.558	2.431	2.510	2.527
0.975	2.939	2.912	2.978	3.005	2.922	3.007	2.992	3.079	2.959	2.887	3.035	3.067
0.99	3.571	3.606	3.549	3.692	3.557	3.759	3.629	3.871	3.655	3.581	3.686	3.798

可以看出，在同一顯著水平下檢驗臨界值對不同的樣本長度幾乎相同。如5%顯著水平的檢驗臨界值幾乎都為0.22。這是很容易理解的，因為單位根情形下的檢驗統計量（7.6）式在樣本數稍大時就與樣本數無關了。

7.2.5　獨立加性干擾對VR單位根檢驗法的影響

前面的分析中，我們假設待檢驗序列為$\mu_t = \beta\mu_{t-1} + e_t$，現在假設存在獨立加性測量誤差$n_t$，滿足：(a) 均值與方差均有限；(b) 序列$n_t$與$e_t$不相關。

假設中沒有要求測量誤差n_t均值為0，也不要求序列獨立同分佈，允許存在序列相關。我們假設噪聲為加性的，此時觀測到的時間序列數據為y_t，有$y_t = \mu_t + n_t$。

此時差分序列為$v_t = y_t - y_{t-1} = \mu_t - \mu_{t-1} + n_t - n_{t-1} = (\beta - 1)\mu_{t-1} + e_t + n_t - n_{t-1}$，其和$S_n = \sum_{t=1}^{n} v_t = (\beta^n - 1)u_0 + \beta^{n-1}e_1 + \beta^{n-2}e_2 + \cdots + e_n + n_n - n_0$，不失一般性，設初始值為0，則$S_n = \beta^{n-1}e_1 + \beta^{n-2}e_2 + \cdots + e_n + n_n$。因為假設$n_t$與$e_t$不相關，可見：

$$\frac{E(S_n^2)}{\gamma_0} = \frac{1}{1-\beta^2}\{(1-\beta^{2n}) + 2[\rho_1(\beta - \beta^{2n-1}) + \rho_2(\beta^2 - \beta^{2n-2}) + \cdots]\} + \frac{E(n_n^2)}{\gamma_0}$$

如果測量誤差 n_t 是平穩的，$E(n_n^2)$ 有限，則 $\dfrac{E(n_n^2)}{n\gamma_0} \Rightarrow 0$。可見，統計量 VR $= \dfrac{E(S_n^2)}{n\gamma_0}$ 的極限分佈不因獨立平穩測量誤差的存在而改變。

7.3 VR 檢驗法的優缺點

7.3.1 VR 檢驗法的優點

VR 單位根檢驗法的檢驗統計量與殘差序列 e_t 是否存在序列相關或異方差無關。而通常的 DF 檢驗法檢驗統計量的極限分佈是與 e_t 是否存在序列相關緊密相關的，因而需要對統計量或檢驗迴歸式進行修正。VR 統計量就不需要進行修正。

VR 檢驗法對是否存在加性測量誤差不敏感，而 DF 統計量的極限分佈是受到測量誤差的顯著影響的。故 VR 檢驗法的抗干擾能力大大加強。

在進行單位根檢驗前，VR 與 DF 類檢驗法都需要先去除掉趨勢與均值（通常用迴歸方法去除趨勢），然後對剩餘的殘差進行檢驗。DF 檢驗的極限分佈與臨界值對迴歸式的形式非常敏感，需要根據迴歸式的不同選擇不同的檢驗臨界值，這給檢驗帶來麻煩和困難。而 VR 檢驗法對迴歸式的形式不敏感，可以使用同樣的臨界值檢驗不同的迴歸式結果。

ADF 檢驗需要對殘差項的結構和形式進行設定，設定錯誤的話可能帶來檢驗結果的錯誤。而 VR 檢驗是非參數方法，不需要考慮殘差項的結構和形式。

7.3.2 VR 檢驗法的缺點

在（7.6）式中，如果 $\rho_1 + \rho_2 + \rho_3 + \cdots < 0$，單位根假設下檢驗量 VR 將小於 1，如果繼續下降，VR 可能趨近於 0，與平穩時的結果相同，導致檢驗失敗。當然經典的 PP 檢驗也會因為這個原因導致檢驗失敗。

比如單位根過程 $\mu_t = \mu_{t-1} + e_t$，如果 $e_t = \rho e_t + \varepsilon_t$，其中 ε_t 獨立同分佈。此時 $\rho_s = \rho^s$，檢驗統計量 $VR = \dfrac{1+\rho}{1-\rho}$。如果 $\rho \to -1$，$VR \to 0$，與平穩時同，導致檢驗失敗。仿真表明，如果 $\rho < -0.7$，樣本數為幾百時，VR 已經較接近於平穩時情形，導致檢驗失敗。此時 PP 檢驗當然也失敗，但 ADF 檢驗可能成功，如果對殘差項的結構設定正確的話。

如果 $e_t = \varepsilon_t + \lambda \varepsilon_{t-1}$，其中 ε_t 獨立同分佈。此時統計量 $VR = \dfrac{(1+\lambda)^2}{1+\lambda^2}$。如

果 $\lambda < -0.7$，VR 很可能接近於 0，導致檢驗失敗，此時 PP 檢驗也失敗，但 ADF 檢驗有可能成功，也可能失敗。

7.4 檢驗水平及檢驗功效仿真

7.4.1 殘差項不相關的情形

設數據生成過程為 $\mu_t = \beta\mu_{t-1} + e_t$，$e_t$ 為獨立同分佈的標準正態分佈，我們分別對不同的 β 和樣本長度進行仿真研究，零假設為 $H_0: \beta = 1$，備擇假設為 $H_1: \beta < 1$。每個檢驗重複 2,000 次實驗，在 5% 的顯著水平下，得到各種情況下的檢驗功效（即序列被判斷為平穩過程的概率）如表 7.2 所示。

表 7.2　VR 單位根檢驗不同樣本長度的檢驗水平與功效（5%顯著水平）

β	25	50	75	100	150	200	250	500	750	1,000	1,500	2,000
1	0.04	0.04	0.05	0.06	0.04	0.04	0.04	0.06	0.05	0.05	0.05	0.05
0.9	0.10	0.23	0.39	0.58	0.83	0.95	0.98	1.00	1.00	1.00	1.00	1.00
0.8	0.19	0.55	0.82	0.94	1.00	1.00	1.00	1.00	1.00	1.00	1.00	1.00
0.7	0.35	0.80	0.95	0.99	1.00	1.00	1.00	1.00	1.00	1.00	1.00	1.00
0.6	0.49	0.92	0.99	1.00	1.00	1.00	1.00	1.00	1.00	1.00	1.00	1.00
0.5	0.65	0.97	1.00	1.00	1.00	1.00	1.00	1.00	1.00	1.00	1.00	1.00
0.4	0.74	0.99	1.00	1.00	1.00	1.00	1.00	1.00	1.00	1.00	1.00	1.00
0.3	0.83	1.00	1.00	1.00	1.00	1.00	1.00	1.00	1.00	1.00	1.00	1.00
0.2	0.89	1.00	1.00	1.00	1.00	1.00	1.00	1.00	1.00	1.00	1.00	1.00
0.1	0.93	1.00	1.00	1.00	1.00	1.00	1.00	1.00	1.00	1.00	1.00	1.00
0	0.94	1.00	1.00	1.00	1.00	1.00	1.00	1.00	1.00	1.00	1.00	1.00

可以看出，在殘差項沒有序列相關的情況下，檢驗結果良好（參看表 4.1 同樣數據生成過程下的 DF 單位根結果）。各樣本長度下的檢驗水平基本上都是 5% 左右，與設定的檢驗水平接近，沒有扭曲。檢驗功效也非常理想，比如 β 為 0.9 樣本數為 200 時，獲得了 0.95 的檢驗功效。與同樣數據生成過程的 DF 檢驗結果相比，小樣本情況下檢驗功效略有降低，但這種差別隨樣本數的增加很快趨於消失。

7.4.2 殘差項序列相關的情形

設數據生成過程為 $\mu_t = \beta\mu_{t-1} + e_t$，如果殘差項為 AR（1）過程：$e_t = \rho e_t +$

ε_t,其中 ε_t 為獨立同分佈的標準正態分佈。我們選定檢驗水平為 5%,樣本數為 200,分別對 $\beta = 1, 0.9, 0.8$ 及不同的 ρ 進行仿真,每種情況重複 2,000 次得到表 7.3。

表 7.3　AR(1)殘差結構的 VR 單位根檢驗的水平與功效
(5%顯著水平,樣本數為 200)

β	1	0.9	0.8	1	0.9	0.8	1	0.9	0.8	1	0.9	0.8	1	0.9	0.8
ρ	0.6	0.6	0.6	0.4	0.4	0.4	0.2	0.2	0.2	-0.2	-0.2	-0.2	-0.4	-0.4	-0.4
功效	0.00	0.06	0.57	0.00	0.40	0.92	0.02	0.77	0.99	0.15	0.99	1.00	0.32	1.00	1.00

仿真結果表明,在殘差項存在正相關時,檢驗水平小於設定的值,但同時將導致檢驗功效的降低;而表 7.2 表明無相關時檢驗水平與設定的水平值相同;但當殘差項存在負的相關性時,檢驗水平將出現扭曲,並且扭曲程度隨負相關的加重迅速增加,但同時檢驗功效將大大增加。作為對比,同樣條件下 PP 檢驗的檢驗功效為:$\rho = -0.2$ 為 13%,$\rho = -0.4$ 為 28.75%。這跟 VR 扭曲程度基本相同。

現在我們假設為 MA(1)過程。設 $\mu_t = \beta\mu_{t-1} + e_t$,殘差項為 $e_t = \varepsilon_t + \rho\varepsilon_{t-1}$,其中 ε_t 為標準正態分佈。選定檢驗水平為 5%,樣本數為 200,分別對 $\beta = 1, 0.9, 0.8$ 及不同的 ρ 仿真,每種情況重複 2,000 次得到表 7.4。

表 7.4　MA(1)殘差結構的 VR 單位根檢驗的水平與功效
(5%顯著水平,樣本數為 200)

β	1	0.9	0.8	1	0.9	0.8	1	0.9	0.8	1	0.9	0.8	1	0.9	0.8
ρ	0.6	0.6	0.6	0.4	0.4	0.4	0.2	0.2	0.2	-0.2	-0.2	-0.2	-0.4	-0.4	-0.4
功效	0.01	0.59	0.97	0.01	0.68	0.99	0.02	0.82	1.00	0.15	1.00	1.00	0.43	1.00	1.00

仿真結果與 AR(1)情形類似,在殘差項存在正的相關時,檢驗水平小於設定的值,但同時將導致檢驗功效的降低;而無相關時檢驗水平與設定的水平值相同;但當殘差項存在負的相關性時,檢驗水平將出現扭曲,並且扭曲程度隨負相關的加重迅速增加,但同時檢驗功效將大大增加。作為對比,同樣條件下 PP 檢驗的檢驗功效為:$\rho = -0.2$ 為 15.5%,$\rho = -0.4$ 為 44%。這跟 VR 扭曲程度基本相同。

7.5 小結

本章對 VR 單位根檢驗法進行了詳細研究，推導了統計量在單位根情形與平穩情形時的極限分佈，仿真研究了截斷長度的選擇，並提供了臨界值、殘差項相關與不相關時的檢驗水平與功效。

分析結果表明，檢驗統計量與殘差序列 e_t 是否存在序列相關或異方差無關。而通常的 DF 類檢驗法的檢驗統計量的極限分佈是與 e_t 是否存在序列相關緊密相關的，因而需要對統計量或檢驗迴歸式進行修正。VR 統計量就不需要進行修正。

DF 檢驗的極限分佈與臨界值對迴歸式的形式非常敏感，需要根據迴歸式的不同選擇不同的檢驗臨界值，這給檢驗帶來麻煩和困難。而 VR 檢驗法對迴歸式的形式不敏感，可以使用同樣的臨界值檢驗不同的迴歸式結果。

VR 檢驗收斂速度快，在樣本數很小時就收斂到極限值，因而不同的樣本可以使用同樣的臨界值。

VR 檢驗法統計量的分佈與殘差是否存在序列相關無關，也與去除趨勢過程的方法無關等特性，使其很適合用作非線性趨勢序列的後續單位根檢驗。

但 VR 檢驗也有一個重要缺陷，就是殘差項存在負相關時，將導致檢驗水平的扭曲，扭曲長度隨著負相關的加強迅速增加。當然常見的 PP 檢驗也存在這個問題。並且仿真結果表明，同樣條件下它們的扭曲程度基本相同。

8 負單位根平穩性檢驗研究

傳統 DF 類單位根檢驗法從邏輯上講是不完備的，會將所有 $\rho \leqslant -1$ 的非平穩情形誤判為平穩過程，得出錯誤的檢驗結果。本章提出並研究了負單位根檢驗法，推導了其極限分佈，並仿真了其小樣本臨界值及檢驗功效。作為 DF 單位根檢驗法的補充，兩種方法結合在一起，可得到完備的非平穩性檢驗過程。

8.1 引言

自 20 世紀七八十年代迪基和富勒（Dickey, Fuller, 1979）提出 DF 單位根檢驗法以來，特別是 Phillips（1987, 1988）構建出其完整的極限分佈理論後，DF 單位根檢驗法成為標準的非平穩性檢驗法廣泛用在時間序列非平穩性的檢驗分析中。ADF、PP 等單位根檢驗法作為 DF 法的推廣，從檢驗思想上跟 DF 法是一致的。但 DF 檢驗法從邏輯上並不完備。

對隨機過程 $\{y_t, t = 1, 2, \cdots\}$ 而言，如其均值、方差與協方差均不隨時間發生變化，這在實踐中稱為（寬）平穩的，否則就是非平穩過程。假設時間序列為一階自迴歸模型（其他 ARMA 模型可通過變換轉換為該模型）：

$$y_t = \rho y_{t-1} + \varepsilon_t \tag{8.1}$$

設初始值 $y_0 = 0$，干擾項 ε_t 為獨立同分佈的白噪聲過程，其均值、方差、協方差滿足：$E(\varepsilon_t) = 0$，$Var(\varepsilon_t) = \sigma^2$，$Cov(\varepsilon_t, \varepsilon_s) = 0$，$t \neq s$。易知有以下結論：當 $|\rho| < 1$ 時，如果 t 較大，$Var(y_t) = \dfrac{1}{1-\rho^2}\sigma^2$，$Cov(y_t, y_{t-k}) = \dfrac{\rho^k}{1-\rho^2}\sigma^2$，$y_t$ 是平穩的；當 $|\rho| > 1$ 時，隨著 t 變大，y_t 的方差與協方差與時間相關並按指數增長，顯然 y_t 是非平穩的；當 $\rho = \pm 1$ 時，$Var(y_t) = t\sigma^2$，$Cov(y_t, y_{t-k}) = (t-k)\sigma^2$，$y_t$ 的方差、協方差與時間相關，顯然也是非平穩的。

常規 DF 類單位根檢驗法的檢驗假設為 $H_0: \rho = 1$；$H_1: \rho < 1$。此方法認為 $\rho = 1$ 為非平穩過程，DF 法能將 $\rho > 1$ 的隨機過程識別為非平穩過程；但是，$\rho < 1$ 的所有隨機過程將被識別為平穩過程，也就是說，在將 $-1 < \rho < 1$ 情形

正確識別為平穩過程的同時，DF 類檢驗法也會將所有 $\rho \leqslant -1$ 的非平穩情形誤判為平穩過程，得出錯誤的檢驗結果。

本章提出並研究負單位根檢驗法，作為 DF 單位根檢驗法的補充，兩種方法結合在一起，得到邏輯上完備的平穩性檢驗過程。

8.2　負單位根檢驗及其極限分佈

我們假設數據生成過程為 $y_t = -y_{t-1} + \varepsilon_t$，將其稱為負單位根過程。其中 $\varepsilon_t \sim iid(0,\sigma^2)$，$y_0 = 0$，樣本長度為 T，$t = 1,2,\cdots,T$。以（8.1）式作為檢驗迴歸式。

檢驗假設為 $H_0: \rho = -1$；$H_1: \rho > -1$。我們用 OLS 法估計 ρ，估計式為 $\hat{\rho} = \dfrac{\sum_{t=2}^{T} y_{t-1} y_t}{\sum_{t=2}^{T} y_{t-1}^2}$，於是有：

$$\hat{\rho} + 1 = \frac{\sum_{t=2}^{T} y_{t-1} \varepsilon_t}{\sum_{t=2}^{T} y_{t-1}^2} \tag{8.2}$$

跟 DF 法類似，可以 $T(\hat{\rho} + 1)$ 或 $\tau = \dfrac{\hat{\rho} + 1}{s.e.(\hat{\rho})}$ 統計量來檢驗負單位根過程，但此時需使用右邊檢驗來進行平穩性檢驗。

負單位根原假設下，如果假設 $y_0 = 0$，有 $y_t = \varepsilon_t - \varepsilon_{t-1} + \varepsilon_{t-2} + \cdots$，在 ε_t 為 0 均值獨立同分佈的條件下，根據中心極限定理，同樣有 $\dfrac{y_{[Tr]}}{\sqrt{T}} \Rightarrow N(0, r\sigma^2)$，$\dfrac{y_T}{\sqrt{T}} \Rightarrow N(0, \sigma^2)$。易知有以下結論：

$$T^{-1} \sum y_{t-1} \varepsilon_t \Rightarrow -\sigma^2 \frac{1}{2}[W(1)^2 - 1]$$

$$T^{-2} \sum y_{t-1}^2 \Rightarrow \sigma^2 \int_0^1 W(r)^2 dr$$

$$s_T^2 \Rightarrow \sigma^2$$

於是我們得到以下負單位根檢驗統計量的極限分佈：

$$T(\hat{\rho}+1) = \frac{\frac{1}{T}\sum_{t=2}^{T} y_{t-1}\varepsilon_t}{\frac{1}{T^2}\sum_{t=2}^{T} y_{t-1}^2} \Rightarrow \frac{-\frac{1}{2}[W(1)^2-1]}{\int_0^1 W(r)^2 dr} \tag{8.3}$$

$$\tau = \frac{\hat{\rho}+1}{s.e.(\hat{\rho})} \Rightarrow \frac{-\frac{1}{2}[W(1)^2-1]}{[\int_0^1 W(r)^2 dr]^{1/2}} \tag{8.4}$$

圖 8.1 為 DF 單位根 τ 檢驗統計量、負單位根 τ 檢驗統計量及標準正態分佈的概率分佈密度曲線，為針對樣本長度 $T=200$ 仿真 10,000 次得到的結果。

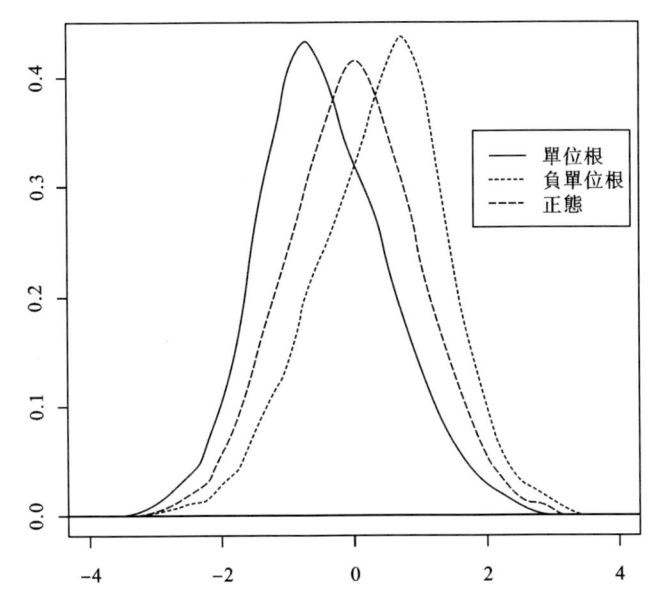

圖 8.1 單位根、負單位根檢驗 τ 統計量與標準正態概率分佈密度

從圖 8.1 中可以看出，單位根 τ 統計量較正態分佈向左偏，而負單位根 τ 統計量較正態分佈向右偏。

8.3 臨界值與檢驗功效仿真

利用數據生成過程：$y_t = -y_{t-1} + \varepsilon_t$，$\varepsilon_t \in I.I.D. N(0,1)$，初始值 $y_0 = 0$，生成不同樣本長度的負單位根隨機時間序列 y_t，按照 (8.1) 式做 OLS 迴歸計算 $\tau = \frac{\hat{\rho}+1}{s.e.(\hat{\rho})}$ 統計量，重複 20,000 次，分別得到不同樣本長度在 1%、5%、

10%顯著水平下的 τ 統計量臨界值表，結果見表 8.1。

表 8.1　　　　　　　負單位根檢驗 τ 統計量臨界值

樣本長度	25	50	100	250	500	1,000
1%	2.56	2.58	2.58	2.58	2.58	2.58
5%	1.92	1.92	1.93	1.93	1.93	1.93
10%	1.59	1.59	1.59	1.60	1.61	1.61

按照 $y_t = \rho y_{t-1} + \varepsilon_t$ 生成仿真數據，其中 $\varepsilon_t \in I.I.D. N(0, 1)$，$y_0 = 0$，分別對 $\rho = -1, -0.99, -0.95, -0.9, -0.8, -0.7, -0.6, -0.5, -0.4$，樣本長度 T 取 20~1,000 等不同值，重複 5,000 次進行仿真計算。我們得到 5%顯著水平下不同樣本長度負單位根 τ 統計量檢驗功效，如表 8.2 所示。

表 8.2　　不同樣本長度 5%顯著水平下負單位根 τ 統計量檢驗功效

T	$\rho=-1$	$\rho=-0.99$	$\rho=-0.95$	$\rho=-0.9$	$\rho=-0.8$	$\rho=-0.7$	$\rho=-0.6$	$\rho=-0.5$	$\rho=-0.4$
25	0.053	0.056	0.099	0.162	0.363	0.625	0.827	0.943	0.985
50	0.044	0.056	0.161	0.330	0.795	0.974	0.998	1.000	1.000
100	0.053	0.084	0.334	0.764	1.000	1.000	1.000	1.000	1.000
250	0.050	0.163	0.905	1.000	1.000	1.000	1.000	1.000	1.000
500	0.053	0.312	1.000	1.000	1.000	1.000	1.000	1.000	1.000
1,000	0.046	0.782	1.000	1.000	1.000	1.000	1.000	1.000	1.000

仿真結果表明：$\rho = -1$ 對應於負單位根情形，其檢驗功效即為檢驗水平，仿真所得檢驗水平與選定的檢驗水平接近，表明該檢驗法沒有檢驗水平扭曲或過估；對同一樣本，隨著 ρ 絕對值的減少，檢驗功效逐步增大；對平穩情形的同一 ρ 值，隨著樣本數的增大，檢驗功效增加。

8.4　結論

傳統 DF 類單位根檢驗法是在一些暗含假設下進行的，從邏輯上講是不完備的，會將所有 $\rho \leq -1$ 的情形判斷為平穩過程，但其實應該是非平穩的，從而得出錯誤的檢驗結論。本章提出並研究了負單位根檢驗法，推導了其極限分佈，並仿真了其小樣本臨界值及檢驗功效。作為 DF 單位根檢驗法的補充，兩種檢驗過程應該結合在一起，才可得到完備的非平穩性檢驗過程，並得到正確的檢驗結論。

9 常規 ADF 與 PP 檢驗對非線性趨勢平穩序列的偽檢驗

本章通過蒙特卡羅仿真的方法，研究了實證中廣泛使用的 ADF 與 PP 單位根檢驗法對各種趨勢的單位根檢驗的有效性問題。結果表明，對無趨勢或線性趨勢過程，它們可以給出合適的檢驗結果。但對非線性趨勢而言，由於與它們的線性趨勢假設不相容，它們趨向於將平穩過程誤判為有單位根。但在一定條件下，各種非線性趨勢可以看成準線性的，從而利用常規 ADF 與 PP 檢驗得出正確的結論。

9.1 引言

實證分析經常涉及時間序列的處理。不管是多變量的迴歸分析，還是用 ARMA 模型來描述和刻畫單個時間序列，平穩性要求都是一個基本前提。迴歸分析要求變量是平穩的，否則基本的 t、F、平方分佈等檢驗都不能使用，必然引起謬誤迴歸，得出兩個時間變量間的錯誤相關關係。ARMA 模型也要求描述和刻畫的對象必須是平穩的。所謂平穩，就是隨機變量的概率分佈不隨時間變化，如果變量的均值、方差和協方差不隨時間變化，就可以認為變量是（寬）平穩的。

經濟數據時間序列常常有一個隨時間不斷增長的確定性趨勢，此時序列雖然是非平穩的，但如果去掉趨勢項後，剩餘項卻可能是平穩的，此時稱為趨勢平穩。剩餘項不平穩的話稱為單位根過程。

區分趨勢平穩與單位根過程是非常重要的。趨勢平穩的經濟變量長期結果是由確定性的時間趨勢函數決定的，經濟轉型、政權更替、制度變化等隨機衝擊只造成對趨勢的暫時偏離。而對單位根過程而言，任何哪怕較小的衝擊都會帶來長期永久的影響。

因此平穩性的檢驗非常重要。如何判斷時間序列的平穩性呢？除了判斷自

相關函數（ACF）的零收斂性以外，單位根檢驗是一個基本的定量檢驗方法。我們常用 ADF 或者 PP 檢驗來判斷是否存在單位根，在樣本數不太小時，它們可以準確地判斷無趨勢或線性趨勢過程是否存在單位根，即是否是平穩的。但兩者對數據生成過程非常敏感，應用於其他非線性趨勢情形的檢驗，可能存在很大的疑問，甚至帶來完全錯誤的結果。比如，Nelson 與 Plosser 在 1982 年用 ADF 方法檢驗 14 個美國宏觀經濟數據，發現存在 13 個單位根過程。但 Perron 在 1989 年引入結構變點後，發現真正的單位根過程只有 3 個。用 ADF 或者 PP 檢驗來認定一個過程存在單位根，需要非常謹慎。

本章通過蒙特卡羅仿真實驗，研究了 ADF 與 PP 檢驗對平方根趨勢、二次趨勢、對數趨勢、結構變化的分段線性趨勢及準線性趨勢等常見非線性趨勢平穩過程的檢驗。結果表明，ADF 與 PP 檢驗對非線性趨勢平穩過程的檢驗基本失效，只在有限的條件下可以做出正確的判斷。檢驗過程中，ADF 與 PP 的滯後項分別取 $(N-1)^{1/3}$、$4(N/100)^{1/4}$，其中 N 為時間序列的長度，比如檢驗中取 300 的話，ADF 與 PP 檢驗的滯後項分別取為 6、5。

假設時間序列 Y_t 由趨勢項 S_t 與干擾項 μ_t 構成：

$$Y_t = S_t + \mu_t \tag{9.1}$$

其中 S_t 為確定性時間趨勢項，μ_t 為隨機干擾項（假設是均值為 0，標準方差為 δ 的正態分佈 $N(0,\delta^2)$）。很明顯，正態干擾項是平穩的，不存在單位根。根據 ADF 與 PP 檢驗的算法容易明白，趨勢項與干擾項同比例增大或減小時，計算出的檢驗量是不變的；但趨勢項與干擾項相對大小的變化，會得出不同的檢驗量。我們用趨勢項與干擾項標準方差的比值來衡量其相對大小，稱為信噪比：

$$SNR = \delta_s/\delta_\mu \tag{9.2}$$

9.2 平方根趨勢平穩序列的單位根偽檢驗

假設時間序列 Y_t 的確定性趨勢項為 $S_t = 10(t+100)^{0.5}$，t 取 1~300 的整數，即序列長度為 300，趨勢項的樣本方差為 803.29，標準方差為 28.34；隨機干擾項 μ_t 為白噪聲，滿足標準正態分佈 $N(0,1)$。

9.2.1 ADF 與 PP 檢驗法的單位根偽檢驗

很明顯，因干擾項為標準正態分佈的白噪聲，加上確定性時間趨勢項後的時間序列應該為趨勢平穩的。我們分別用標準的 ADF 與 PP 單位根檢驗方法做 200 次蒙特卡羅仿真試驗，發現存在單位根的概率分佈如圖 9.1 所示。

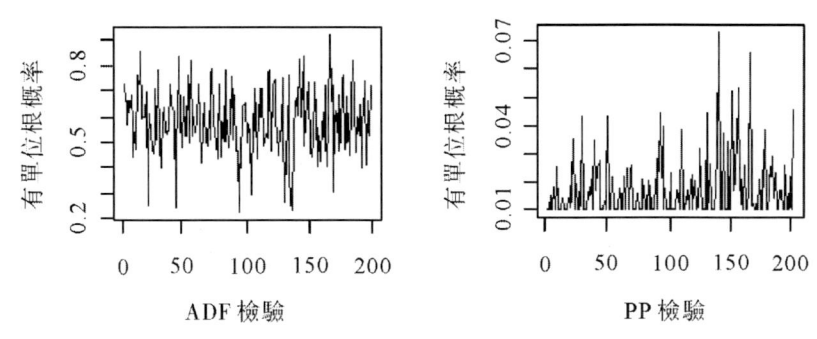

圖 9.1 平方根趨勢平穩序列 200 次仿真實驗存在單位根的概率分佈

可以看出，不管顯著性水平為 0.01、0.05 或 0.1，ADF 均每次判定存在單位根，誤判序列是非平穩的；PP 檢驗誤判的可能性要小些，在 0.1 的顯著性水平下，每次均判斷不存在單位根，為趨勢平穩，但如果取較小的顯著性水平，誤判為存在單位根的次數大幅增加。

9.2.2 信噪比改變的單位根檢驗結果

讓確定性趨勢項保持不變，正態隨機干擾項的標準方差從 0.1 增加到 10，每次增加 0.1，共做 100 次仿真實驗，檢驗結果如圖 9.2 所示。

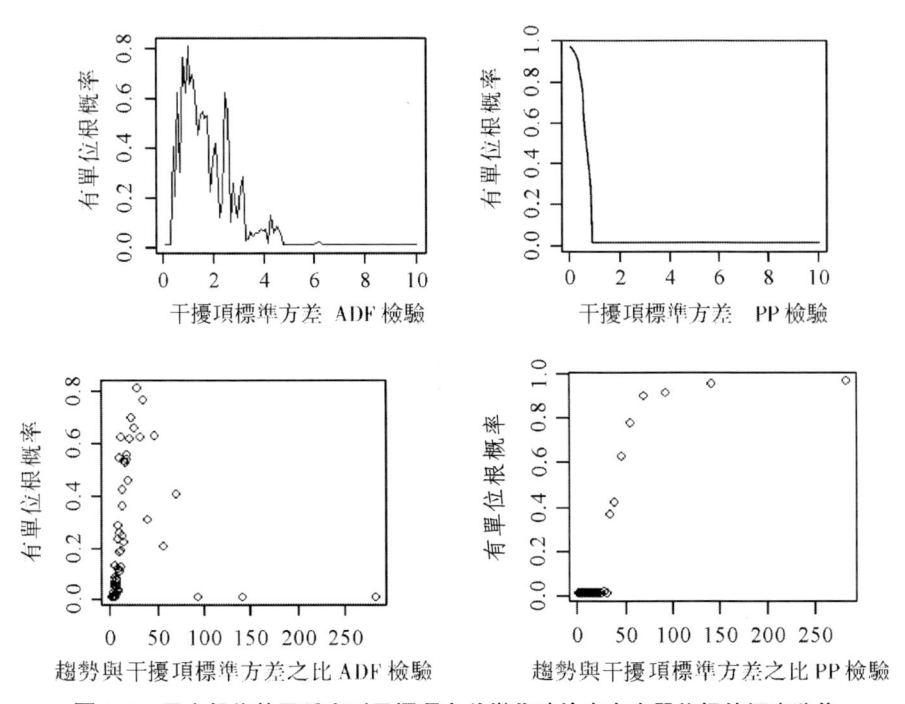

圖 9.2 平方根趨勢平穩序列干擾項方差變化時檢出存在單位根的概率分佈

9 常規 ADF 與 PP 檢驗對非線性趨勢平穩序列的偽檢驗

可以看出，在干擾項方差很小，趨勢項與干擾項的標準方差之比（信噪比）特別大時，或者信噪比較小時，ADF 都能夠正確檢驗；在信噪比為 6~71 的範圍內，判斷存在單位根的概率很高，檢驗失效。對 PP 檢驗而言，在信噪比低於 30 倍時，PP 能夠做出正確檢驗；但隨著信噪比的增加，誤判概率急遽增加，檢驗完全失效。

9.3　二次趨勢平穩序列的單位根偽檢驗

我們假設時間序列 Y_t 的確定性趨勢項為時間的二次形式，$S_t = 0.000,7 (t + 100)^2$，$t$ 取 1~300 的整數，即序列長度為 300，趨勢項的樣本方差為 947.63，標準方差為 30.78；μ_t 為干擾項，取為標準正態分佈 $N(0,1)$。

9.3.1　ADF 與 PP 檢驗法的單位根偽檢驗

同樣，因干擾項為標準正態分佈的白噪聲，加上確定性時間趨勢項後的時間序列應該為趨勢平穩的。我們分別用標準的 ADF 與 PP 單位根檢驗方法做 200 次蒙特卡羅仿真試驗，發現存在單位根的概率分佈如圖 9.3 所示。

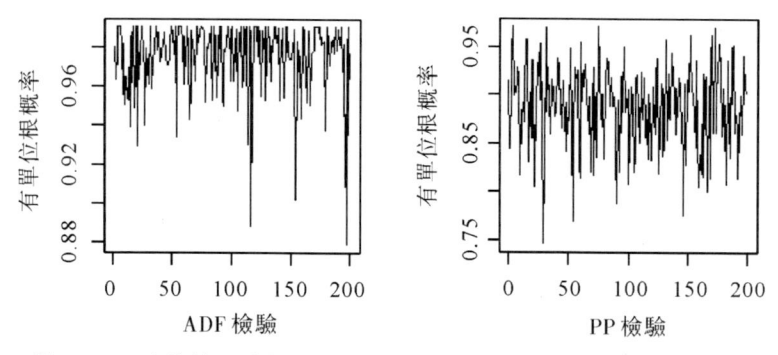

圖 9.3　二次趨勢平穩序列 200 次仿真實驗檢出存在單位根的概率分佈

可以看出，不管顯著性水平為 0.01、0.05 或 0.1，ADF 與 PP 檢驗均每次判定存在單位根，得出完全錯誤的結論。

9.3.2　信噪比改變的單位根檢驗結果

讓確定性趨勢項保持不變，正態隨機干擾項的標準方差從 0.1 增加到 10，每次增加 0.1，共做 100 次仿真實驗，檢驗結果如圖 9.4 所示。

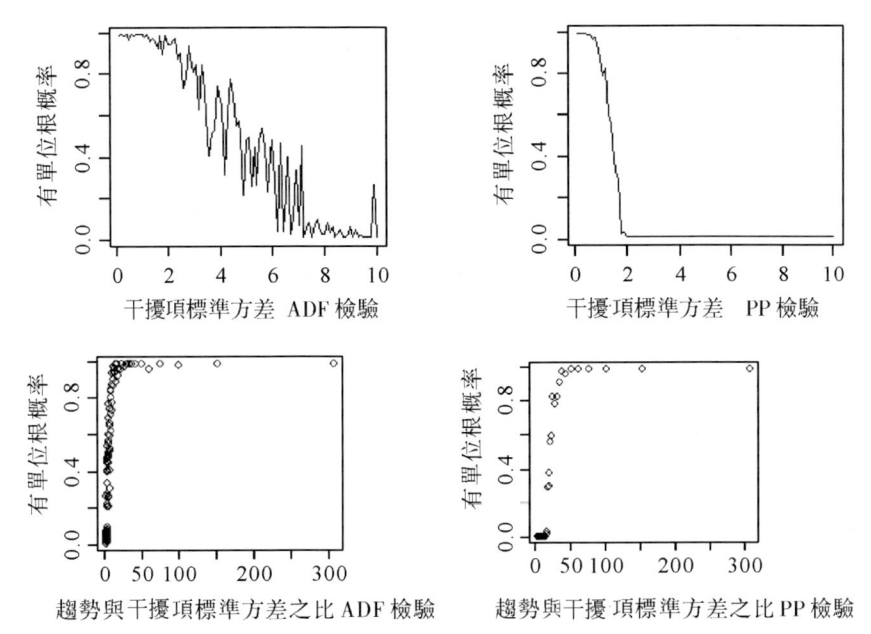

图 9.4 二次趋势平稳序列干扰项方差变化时检出存在单位根的概率分佈

可以看出，在干扰项方差很大，信噪比较小时，ADF 与 PP 都能够正确检验；但随著信噪比的增加，两者误判的概率都急遽增加。对 ADF 检验而言，在信噪比低於 3.5 倍时，大致能够做出正确检验。对 PP 检验而言，在信噪比低於 15.5 倍时，能够做出正确检验。

9.4 对数趋势平稳序列的单位根偽检验

假设时间序列 Y_t 的确定性趋势项 $S_t = 150\log(t+300)$，t 取 1~300 的整数，即序列长度为 300，趋势项的方差为 880.48，标准方差为 29.67；μ_t 为干扰项，取为标准正态分佈 $N(0,1)$。

9.4.1 ADF 与 PP 检验法的单位根偽检验

同样，因干扰项为标准正态分佈的白噪声，加上确定性时间趋势项后的时间序列应该为趋势平稳的。我们分别用标准的 ADF 与 PP 单位根检验方法做 200 次蒙特卡罗仿真试验，发现存在单位根的概率分佈如图 9.5 所示。

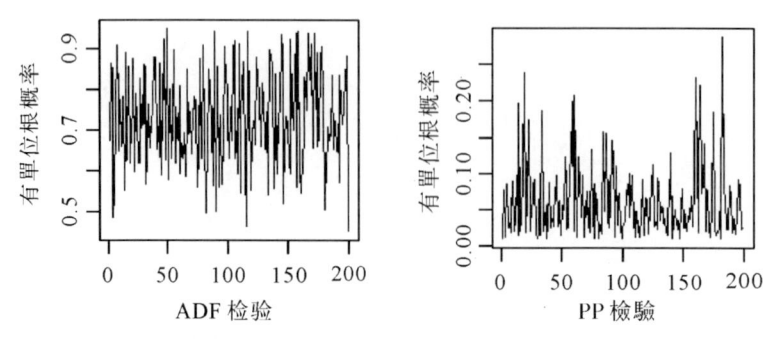

图 9.5 對數趨勢平穩序列 200 次仿真實驗檢出存在單位根的概率分佈

可以看出，不管顯著性水平設為 0.01、0.05 或 0.1，ADF 均每次判定存在單位根；PP 檢驗在 0.1 的顯著性水平下，有超過一半的機會判斷不存在單位根，為趨勢平穩，但如果取較小的顯著性水平，誤判為存在單位根的次數大幅增加。

9.4.2 信噪比改變的單位根檢驗結果

讓趨勢項保持不變，正態干擾項的標準方差從 0.1 增加到 10，每次增加 0.1，共做 100 次仿真實驗，檢驗結果如圖 9.6 所示。

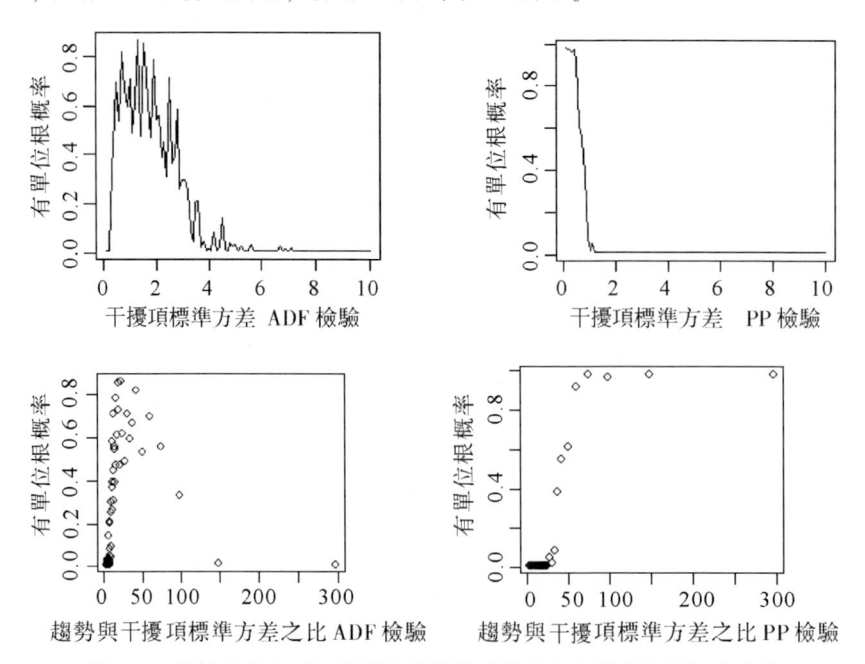

图 9.6 對數平穩序列干擾項方差變化時檢出存在單位根的概率分佈

可以看出，在干擾項方差很小，信噪比特別大時，或者信噪比較小時，ADF 都能夠正確檢驗；在信噪比為 7.5～100 的範圍內，錯誤檢驗的概率很高。對 PP 檢驗而言，在信噪比低於 25 倍時，PP 能夠做出正確檢驗；但隨著信噪比的增加，誤判概率急遽增加。

9.5 結構突變平穩時間序列的單位根偽檢驗

大量文獻對結構突變情況下的 ADF 檢驗進行了研究，如張建華、涂濤濤（2007）。為了對檢驗結果進行對比，我們取其同樣的數據生成過程做進一步研究。時間趨勢項 S_t 為兩段線性的，當 $t \in [1,500]$ 時，$S_t = 100 + 0.9t$；$t \in [501,1,000]$ 時，$S_t = 300 + 0.5t$。總共有 1,000 個數據項，趨勢項的方差為 41,673.3，標準方差為 204.14。μ_t 為干擾項，取為標準正態分佈 $N(0,1)$。

9.5.1 ADF 與 PP 檢驗法的單位根偽檢驗

很明顯，因干擾項為標準正態分佈的白噪聲，加上確定性時間趨勢項後的時間序列應該為趨勢平穩的。我們分別用標準的 ADF 與 PP 單位根檢驗方法做 200 次蒙特卡羅仿真試驗，發現存在單位根的概率分佈如圖 9.7 所示。

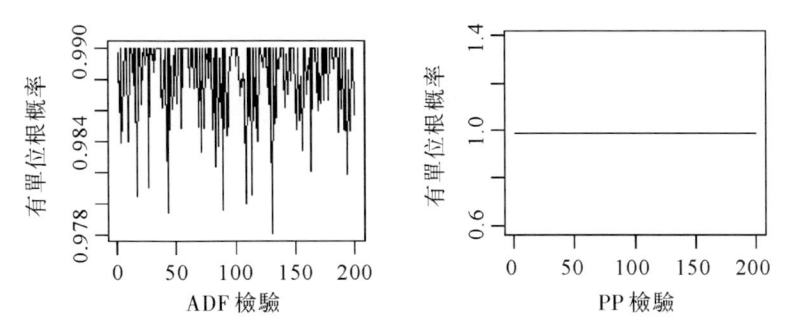

圖 9.7 分段線性趨勢平穩序列 200 次仿真實驗檢出存在單位根的概率分佈

可以看出，不管顯著性水平設為 0.01、0.05 或 0.1，ADF 與 PP 檢驗均每次判定存在單位根，為非平穩的，得出完全錯誤的結論。

9.5.2 信噪比改變的單位根檢驗結果

我們讓趨勢項保持不變，隨機正態干擾項的標準方差從 0.7 增加到 70，每次增加 0.7（因此例確定性趨勢項的方差較大，故增加干擾項方差增加的步長），共做 100 次仿真實驗，檢驗結果如圖 9.8 所示。

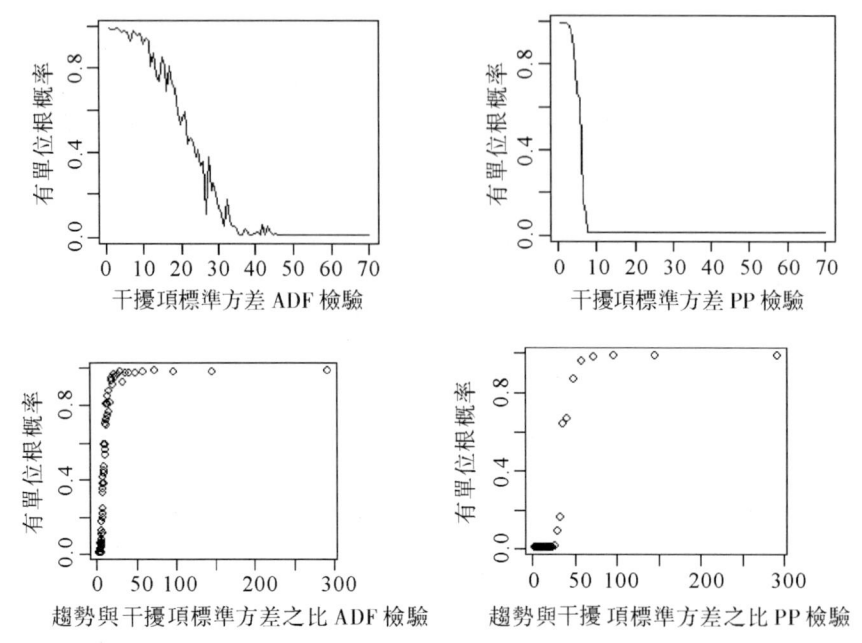

图9.8 结构突变平稳序列干扰项方差变化时检出存在单位根的概率分佈

可以看出，在干扰项方差很大，信噪比较小时，ADF 与 PP 都能够正确检验；但随著信噪比的增加，两者误判的概率都急遽增加。对 ADF 检验而言，在信噪比低于 5 倍时，大致能够做出正确检验。对 PP 检验而言，在信噪比低于 25 倍时，PP 能够做出正确检验。结果同时表明，张建华、涂涛涛（2007）的结论并不完整，它只是在固定干扰项为标准正态分佈时做的实验，没有注意到干扰项方差变化时对检验结果的重大影响。我们在引用其结论时务必注意这一点，否则容易得出错误的结论。

9.6 线性及准线性平稳序列的单位根检验分析

9.6.1 信噪比改变时线性趋势平稳的单位根检验结果

设确定性趋势项为线性趋势，$S_t = 0.35(t + 100)$，t 取 1~300 的整数，趋势项的方差为 921.81，标准方差为 30.36，μ_t 为干扰项，取为正态分佈 $N(0, \delta^2)$。让趋势项保持不变，正态干扰项的标准方差从 0.1 增加到 10，每次增加 0.1，共做 100 次仿真实验，检验结果如图 9.9 所示。

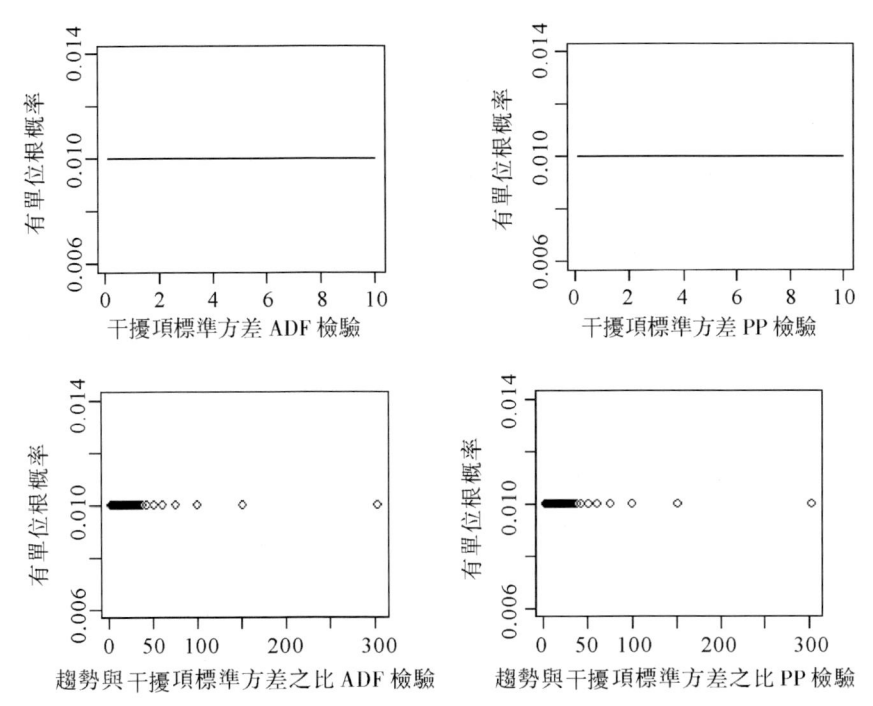

图 9.9 線性趨勢平穩序列干擾項方差變化時檢出存在單位根的概率分佈

可以看出，不管干擾項方差多大多小，ADF 與 PP 都能夠做出完美的檢驗。

9.6.2 準線性趨勢平穩的單位根檢驗結果

考慮趨勢項 $S_t = 0.35(t+100)^b$，t 取 1~300 的整數。如果幂指數 b 在 1 附近取值，比如 $b \in (0.5, 1.5)$ 時，我們稱為準線性趨勢。μ_t 為干擾項，為標準正態分佈 $N(0,1)$。因為 ADF 與 PP 檢驗結果都依賴於信噪比 SNR，為了在同樣的信噪比下比較不同幂指數對檢驗結果的影響，我們先對趨勢項用樣本標準方差做歸一化，再乘上信噪比，於是時間序列為：

$$Y_t = S_t \div \delta_S \times SNR + N(0,1) \tag{9.3}$$

我們分別在 15、30、50 倍信噪比的情況下，對不同幂指數的準線性趨勢平穩情況進行單位根檢驗，結果如圖 9.10 至圖 9.12 所示。

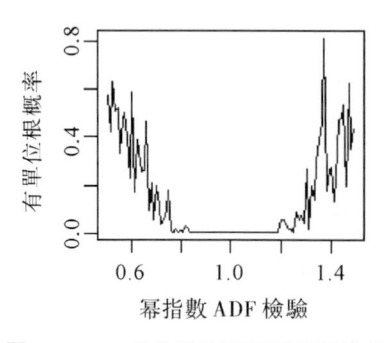

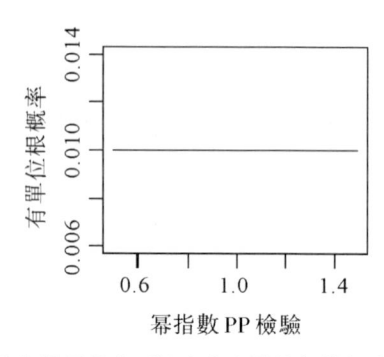

圖 9.10　15 倍信噪比不同冪指數準線性趨勢平穩序列檢出存在單位根的概率

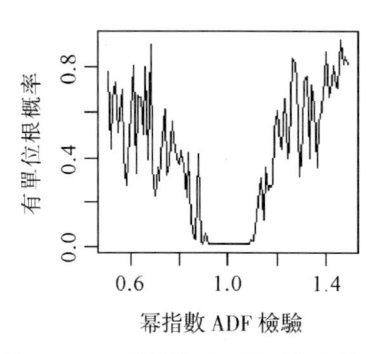

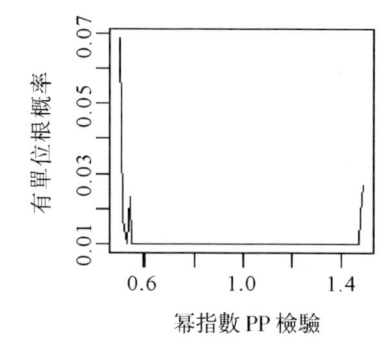

圖 9.11　30 倍信噪比不同冪指數準線性趨勢平穩序列檢出存在單位根的概率

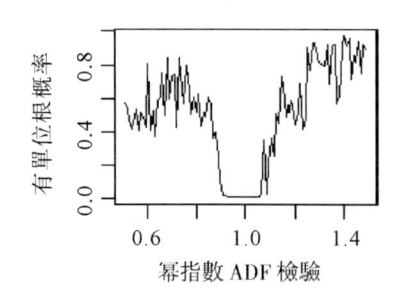

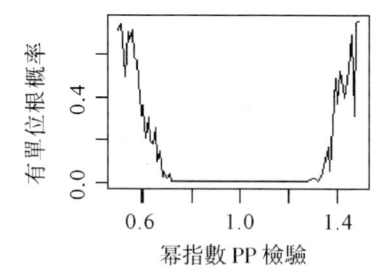

圖 9.12　50 倍信噪比不同冪指數準線性趨勢平穩序列檢出存在單位根的概率

可以看出，在 15 倍信噪比的情況下，對 ADF 檢驗而言，$b \in (0.8, 1.2)$ 時可看成線性趨勢的；對 PP 檢驗而言，$b \in (0.5, 1.5)$ 時可看成線性趨勢的。在 30 倍信噪比的情況下，對 ADF 檢驗而言，$b \in (0.9, 1.1)$ 時可看成線性趨勢的；對 PP 檢驗而言，$b \in (0.57, 1.43)$ 時可看成線性趨勢的。在 50 倍信噪比的情況下，對 ADF 檢驗而言，$b \in (0.92, 1.08)$ 時可看成線性趨勢的；對 PP 檢驗而言，$b \in (0.75, 1.25)$ 時可看成線性趨勢的。在可看成線性趨勢的範圍，可以用 ADF 與 PP 檢驗對非線性趨勢平穩序列做出完全正確的檢驗。

9.7 小結

　　蒙特卡羅實驗表明，ADF 檢驗與 PP 檢驗對數據生成過程非常敏感，它們對線性趨勢或無趨勢平穩過程可以做出很好的檢驗判斷。但對非線性趨勢而言，如平方根趨勢、二次趨勢、對數趨勢、分段線性的結構突變趨勢等，ADF 檢驗與 PP 檢驗趨向於將平穩過程判斷為存在單位根，得出錯誤的檢驗結果。

　　真實的經濟數據很難令人信服地假設為線性趨勢過程。人們不注意這一點，輕易引用 ADF 或 PP 檢驗的結果常常得出錯誤的結論，誤將非線性趨勢平穩過程判斷為存在單位根的非平穩過程。當然，在一定的條件下，各種非線性趨勢可以看成準線性的，從而利用 ADF 與 PP 檢驗得出正確的結論。

　　仿真實驗表明，信噪比小於 15 倍時，非線性趨勢過程可以看成準線性的，用 PP 檢驗得到正確的檢驗結果；信噪比小於 4 倍時，非線性趨勢過程可以看成準線性的，用 ADF 檢驗得到正確的檢驗結果。實驗同時表明，對非線性趨勢平穩的檢驗而言，PP 檢驗得到正確結論的可能性要好於 ADF 檢驗。隨著干擾項對趨勢項相對強度的增加，正確檢驗的可能性也大大增加。

10 單位根檢驗中無趨勢、線性與非線性趨勢的檢驗

本章詳細研究了單位根檢驗中確定性趨勢的檢驗問題，提出了有趨勢與無趨勢的 t 檢驗法，以及如果有趨勢的話，趨勢的線性或非線性的迴歸系數檢驗法與等均值檢驗法，討論了單位根檢驗中序列相關性的特性，並提出了去除相關性影響的幾種方法。

本章第一部分為引言；第二部分介紹單位根檢驗中無趨勢、線性與非線性趨勢的檢驗方法；第三部分詳細介紹了蒙特卡羅仿真結果；第四部分為小結。

10.1 引言

單位根檢驗的實證分析中，一些經濟時間序列可能不含時間趨勢，如利率、資產價格等金融數據；也有一些經濟數據可能包含一個隨時間不斷增長的確定性趨勢，如一些經濟總量數據，從而帶來所謂含趨勢單位根檢驗問題。而如果包含趨勢的話，趨勢對時間而言可能是線性的，也可能是非線性的。

單位根實證分析文獻中對是否帶趨勢以及趨勢的線性與非線性問題關注不多，大部分實證分析文獻通常都假設含線性趨勢，但對是否真的包含趨勢，或者趨勢是否真的是線性的或非線性的沒什麼考慮，也沒做檢驗分析。大多數統計軟件提供的標準 ADF 或 PP 單位根檢驗方法也都固定地假設是包含線性趨勢的。

但實際經濟數據是很難令人信服地假設為是線性趨勢的。事實上，無趨勢單位根過程相當於無漂移的隨機漫步過程，線性趨勢單位根過程相當於帶固定漂移速度的隨機漫步過程，非線性趨勢單位根過程相當於漂移速度變化的隨機漫步過程。假設為線性趨勢相當於要求漂移速度不能變化，這最多只能算特殊情況或者近似情況。

如果將無趨勢過程設定為線性趨勢過程，或者將線性趨勢設定為非線性趨

勢（包容線性趨勢），相當於用更廣泛的模型包容特殊情形，導致需要估計的參數更多，帶來檢驗功效的降低，但這個功效損失可以隨樣本數增加而改善。但反過來，將趨勢過程假設為無趨勢的，或者將非線性趨勢假設為線性趨勢來進行單位根檢驗，則應該認為是存在設定錯誤，通常會帶來完全錯誤的檢驗結果，並且樣本數增加也無法改善這種狀況。著名的 Perron（1989）對 Nelson 與 Plosser（1982）檢驗線性設定的改變，導致檢驗結果幾乎完全不同，就很好地說明了區分線性與非線性趨勢的重要性。

本章研究單位根檢驗中趨勢的檢驗問題，提出了包括有趨勢與無趨勢的 t 檢驗法，以及如果存在趨勢的話，趨勢的線性或非線性的迴歸系數檢驗法與等均值檢驗法，並討論了序列相關的影響及去除相關的幾種方法。

10.2 單位根檢驗中無趨勢、線性與非線性趨勢的檢驗

10.2.1 模型設定及檢驗假設

在單位根檢驗中，假設時間序列 Y_t 由趨勢項 S_t 與干擾項 μ_t 構成：

$$Y_t = S_t + \mu_t \qquad (10.1)$$

其中 S_t 為確定性時間趨勢項，包括無趨勢情形、線性或者各種非線性情形，μ_t 為隨機干擾項，可能為單位根過程或平穩過程，設為：$\mu_t = \rho \mu_{t-1} + e_t$，其中 e_t 可能為序列獨立的，也可能存在序列相關性。如果 $\rho = 1$，為單位根過程；$|\rho| < 1$，則為平穩過程。

對是否帶趨勢項的檢驗而言，原假設與備擇假設分別為：

原假設為 H_0：$S_t = a$，即趨勢項為常數，包括 0。

備擇假設為 H_1：$S_t = f(t)$，即帶有趨勢，可能是線性或者各種非線性趨勢。

對趨勢項的線性與非線性檢驗而言，原假設與備擇假設分別為：

原假設為 H_0：$S_t = a + bt$，即趨勢是線性的，如果 $b = 0$ 則為無趨勢情形。

備擇假設為 H_1：$S_t = f(t)$，即趨勢是非線性的，如平方、對數、開方、分段線性等。

令 $Z_t = Y_t - Y_{t-1}$，即對原時間序列做一階差分，無趨勢檢驗原假設下得到 $Z_t = v_t$，線性趨勢檢驗原假設下得到 $Z_t = b + v_t$，兩種檢驗備擇假設下得到 $Z_t = g(t) + v_t$。

其中 $g(t) = f(t) - f(t-1)$，為時間的函數；$v_t = \mu_t - \mu_{t-1} = (\rho - 1)\mu_{t-1} + e_t$，為干擾項的一階差分。

我們根據原假設與備擇假設下差分序列 Z_t 的不同，提出幾種檢驗方法。

我們先假設干擾項差分序列 v_t 不存在序列相關，如 μ_t 為單位根過程且殘差項獨立同分佈時的情形，然後對存在序列相關時的檢驗進行分析。

10.2.2 干擾項差分序列無序列相關時的檢驗方法

（1）無趨勢項的檢驗方法

對原始時間序列不帶趨勢項的檢驗而言，原假設下有 $Z_t = v_t$，備擇假設下有 $Z_t = g(t) + v_t$，$g(t)$ 可能為常數但肯定不為 0。檢驗差分序列 Z_t 的樣本均值是否為 0，可以很容易判斷原序列是否帶趨勢。設 Z_t 樣本長度為 N，樣本均值為 $\mu = \frac{1}{N}\sum_{t=1}^{N} Z_t$，樣本方差為 $S^2 = \frac{1}{N-1}\sum_{t=1}^{N}(Z_t - \mu)^2$，定義檢驗統計量 $T = \frac{\mu}{\sqrt{\frac{S^2}{N}}}$，顯然，$T \sim t(N-1)$，為 t 分佈。

（2）線性與非線性趨勢的線性迴歸檢驗法

設原始時間序列長度為 $N+1$，差分序列 Z_t 長度為 N，生成線性增長趨勢序列 $X_t = \{1, 2, \cdots, N\}$，用 Z_t 對 X_t 做帶常數項的線性迴歸 $Z_t = b + cX_t + v_t$。顯然，線性趨勢假設下，因為 $Z_t = b + v_t$，c 的估計值應顯著為 0，非線性趨勢下應顯著不為 0。對 c 的估計值是否顯著為 0 進行檢驗，可以判斷出原假設是否成立。估計值顯著性檢驗的 t 統計量為 t 分佈。

（3）線性與非線性趨勢的子序列等均值檢驗法

將差分序列 Z_t 的全部或部分任意分割成不相交的兩部分 Y_1 與 Y_2，在原假設成立的情況下，兩部分的均值與方差將保持不變，而備擇假設下均值會不同。由此可檢驗 Y_1 與 Y_2 的均值是否相等來判斷原假設是否成立。

設 $Y_1 \sim N(\mu_1, \sigma_1^2)$，共 N_1 個相互獨立的樣本；$Y_2 \sim N(\mu_2, \sigma_2^2)$，共 N_2 個相互獨立的樣本；且 Y_1 與 Y_2 相互獨立。

原假設下，因為有 $\sigma_1 = \sigma_2$，現在檢驗 $\mu_1 = \mu_2$。定義檢驗統計量：

$$T = \frac{\bar{Y}_1 - \bar{Y}_2}{S_w \sqrt{\frac{1}{N_1} + \frac{1}{N_2}}} \qquad (10.2)$$

其中 $S_w^2 = \frac{(N_1 - 1)S_1^2 + (N_2 - 1)S_2^2}{N_1 + N_2 - 2}$。容易證明 $T \sim t(N_1 + N_2 - 2)$。

事實上，因為 $\bar{Y}_1 - \bar{Y}_2 \sim N(\mu_1 - \mu_2, \frac{\sigma_1^2}{N_1} + \frac{\sigma_2^2}{N_2})$，$\frac{(N_1 - 1)S_1^2}{\sigma_1^2} \sim \chi^2(N_1 - 1)$，$\frac{(N_2 - 1)S_2^2}{\sigma_2^2} \sim \chi^2(N_2 - 1)$，$\frac{(N_1 - 1)S_1^2}{\sigma_1^2} + \frac{(N_2 - 1)S_2^2}{\sigma_2^2} \sim \chi^2(N_1 + N_2 - 2)$，

在 $\sigma_1 = \sigma_2$ 的前提下，根據 t 分佈的定義，有 $T \sim t(N_1 + N_2 - 2)$。

如果 $N_1 = N_2 = M$，則統計量：

$$T = \frac{\sqrt{M}(\bar{Y}_1 - \bar{Y}_2)}{\sqrt{S_1^2 + S_2^2}} \sim t(2M - 2) \qquad (10.3)$$

其中 S_1^2、S_2^2 為對應的樣本方差。

10.2.3 干擾項差分序列的相關性特徵

上述檢驗方法都要求干擾項差分序列 v_t 不存在序列相關性，否則檢驗方法面臨失效的危險，統計方法可能出現明顯的尺度扭曲，導致誤判。所以我們必須考慮 v_t 的相關性問題。

（1）干擾項平穩情形

設干擾項 $\mu_t = \rho\mu_{t-1} + e_t$，即為 AR（1）模型，差分得到：

$$v_t = \mu_t - \mu_{t-1} = (\rho - 1)\mu_{t-1} + e_t$$
$$= (\rho - 1)(\rho^{t-2}e_1 + \rho^{t-3}e_2 + \cdots + e_{t-1}) + e_t$$

如果干擾項平穩，有 $|\rho| < 1$，設 e_t 為獨立同分佈的正態分佈，$e_t \sim N(0, \sigma^2)$，對 v_t 而言，有 $\gamma_0 = \frac{2}{1+\rho}\sigma^2$，$\gamma_1 = \frac{\rho-1}{1+\rho}\sigma^2$，$\gamma_s = \frac{\rho-1}{1+\rho}\rho^{s-1}\sigma^2$。自相關係數為 $\rho_s = \frac{\rho-1}{2}\rho^{s-1}$，呈指數衰減，且 $|\rho_1| = 0.5 - 0.5\rho$。當 $\rho < 0$ 時，$|\rho_1|$ 較大，特別是當 ρ 接近於-1 時。當 $\rho > 0$ 時，$|\rho_1|$ 較小，特別是當 ρ 接近於 1 時幾乎全為 0，此時差分基本上將原相關性去除了。

如果 $\mu_t = e_t - \lambda e_{t-1}$，其中 e_t 為獨立的同分佈的正態分佈，$e_t \sim N(0,\sigma^2)$，即為 MA（1）模型，差分得到：

$$v_t = \mu_t - \mu_{t-1} = e_t - (\lambda + 1)e_{t-1} + \lambda e_{t-2}$$

則 $\gamma_0 = 2(1 + \lambda + \lambda^2)\sigma^2$，自相關係數為 $\rho_1 = \frac{-(1+\lambda)^2}{2(1+\lambda+\lambda^2)}$，

$\rho_2 = \frac{\lambda}{2(1+\lambda+\lambda^2)}$，其他高階自相關為 0。

總之，對平穩情形而言，不管干擾項是 AR 或 MA 過程，差分後序列 v_t 是存在相關性的，但相關性要麼是指數快速衰減，要麼只有有限幾個不為 0，也就是說都存在短時相關性。

（2）干擾項存在單位根情形

此時 $\mu_t = \mu_{t-1} + e_t$，$v_t = \mu_t - \mu_{t-1} = e_t$。如果 e_t 為獨立同分佈的，則 v_t 不存在相關性。如果 e_t 為 AR（1）模型，$e_t = \rho e_{t-1} + \delta_t$，$\delta_t \sim N(0,\sigma^2)$。對干擾項差分序列 v_t 而言，有 $\gamma_0 = \frac{\sigma^2}{1-\rho^2}$，自相關係數為 $\rho_s = \rho^s$，呈指數衰減，且 $\rho_1 = \rho$。

如果 e_t 為 MA（1）模型，則對干擾項差分序列 v_t 而言，有 $\gamma_0 = (1 + \lambda^2)\sigma^2$，自相關係數為 $\rho_1 = \dfrac{-\lambda}{1+\lambda^2}$，其他高階自相關為 0。

如果干擾項存在單位根，差分後序列 v_t 可能不存在序列相關，也可能是存在相關性的，但相關性也是快速衰減的，或者只有有限幾個值不為 0，也是短時相關的。

10.2.4　相關性的去除方法

（1）廣義差分法去相關性

如果干擾項差分序列 v_t 滿足 $v_t = \rho v_{t-1} + e_t$，其中 e_t 序列獨立，則對原始序列的差分序列 Z_t 再做廣義差分 $Z_t - \rho Z_t$，得到迴歸式：

$$Z_t - \rho Z_{t-1} = (1-\rho)b + c(X_t - \rho X_{t-1}) + e_t$$

顯然，此時可對 c 的顯著性進行正確的檢驗。但 ρ 是未知的，需要估計。可先做迴歸 $Z_t = b + cX_t + v_t$，得到殘差 $\hat{v}_t$，再對殘差做迴歸 $\hat{v}_t = \rho\hat{v}_{t-1} + e_t$，可得到 ρ 的估計值。

如果干擾項差分序列 v_t 不是 AR（1）的，只要將一階廣義差分修改為多階廣義差分即可。

（2）抽樣子序列法去除短時相關性

雖然 v_t 通常總存在序列相關，但這種相關性是短時的，而不是長程相關，即認為存在 S，當 $k \geq S$ 時，有 $\gamma_k \approx 0$。這種假設是合理的，我們知道，對 MA 過程而言，只有有限個自相關不為 0；對 AR 過程而言，自相關是指數衰減的。

對短時相關序列 v_t，抽取其子序列 $\{v_1, v_{1+S}, v_{1+2S}, \cdots\}$，可以認為其大致是不相關的，可以用線性迴歸或等均值法進行趨勢項的線性與非線性檢驗。當然也可抽取其他子序列，如 $\{v_2, v_{2+S}, v_{2+2S}, \cdots\}$，等等。

10.3　無趨勢檢驗的蒙特卡羅仿真

10.3.1　無趨勢檢驗法的檢驗水平

原假設條件下，$H_0: S_t = a$，檢驗中取 0 進行仿真。干擾項分平穩與非平穩兩種情況進行檢驗。平穩時，設 $\mu_t = \rho\mu_{t-1} + e_t$（AR1）或者 $\mu_t = e_t + \rho e_{t-1}$（MA1）；非平穩時，設 $\mu_t = \mu_{t-1} + u_t$，$u_t = \rho u_{t-1} + e_t$ 或者 $u_t = e_t + \rho e_{t-1}$。幾種情況下都設 e_t 是獨立同分佈的標準正態分佈並且初始值取 0。ρ 從 1，0.9 到 0，再到-0.9，-1，樣本數為 400，每個 ρ 值重複 2,000 次，無趨勢檢驗法的檢驗水

平如表 10.1、表 10.2 所示。其中子序列法去相關的抽樣步長 S 為 4，選定的檢驗水平為 5%。

表 10.1　5%顯著水平下單位根與平穩過程中無趨勢檢驗的檢驗水平（AR1）

ρ	單位根過程			平穩過程		
	不去相關	子序列法	廣義差分	不去相關	子序列法	廣義差分
1	0.96	0.91	0.45	0.05	0.06	0.06
0.9	0.64	0.38	0.07	0.00	0.03	0.00
0.8	0.51	0.20	0.06	0.00	0.03	0.00
0.7	0.42	0.11	0.07	0.00	0.03	0.00
0.6	0.33	0.08	0.06	0.00	0.04	0.00
0.5	0.25	0.07	0.06	0.00	0.05	0.00
0.4	0.19	0.06	0.05	0.00	0.05	0.00
0.3	0.15	0.06	0.05	0.00	0.05	0.00
0.2	0.10	0.05	0.06	0.00	0.04	0.00
0.1	0.07	0.04	0.06	0.00	0.06	0.00
0	0.05	0.05	0.06	0.00	0.05	0.00
−0.1	0.03	0.06	0.06	0.00	0.04	0.00
−0.2	0.02	0.04	0.05	0.00	0.05	0.00
−0.3	0.01	0.06	0.05	0.00	0.06	0.00
−0.4	0.00	0.06	0.05	0.00	0.06	0.00
−0.5	0.00	0.06	0.05	0.00	0.06	0.00
−0.6	0.00	0.08	0.04	0.00	0.10	0.00
−0.7	0.00	0.13	0.06	0.00	0.14	0.00
−0.8	0.00	0.22	0.04	0.00	0.22	0.00
−0.9	0.00	0.36	0.05	0.00	0.38	0.00
−1	0.00	0.90	0.04	0.00	0.91	0.00

注意平穩列下的 $\rho = 1$ 與單位根列下的 $\rho = 0$ 對應的是同一情況。

對平穩過程且 AR1 情形而言，子序列法去除相關性的算法對所有 ρ 值大於 −0.6 的情形都能得到選定的檢驗水平，既不會過估計，也不存在水平扭曲現象，但如果 $\rho < -0.6$，則需要加大抽樣子序列步長，不然存在尺度扭曲；而如果不考慮去除相關性或者用廣義差分法去除相關性，檢驗水平變為 0，存在過估計現象。

而如果原序列為單位根過程，若殘差為 AR（1）模型，不考慮相關性的

算法對正的相關性有嚴重的檢驗水平扭曲，易把無趨勢過程判斷為有趨勢過程，對負相關存在過估計而導致檢驗水平為0。如果弱相關（$|\rho| < 0.7$），S=4的子序列法可以很好地去除相關性，得到的檢驗水平沒有扭曲；但如果相關性很強，需要增加子序列抽樣步長，但這受到樣本長度的限制，如果樣本數很大，這沒有問題，否則，檢驗將受到小樣本約束。而廣義差分法的檢驗效果良好。

表 10.2　5%顯著水平下單位根與平穩過程中無趨勢檢驗的檢驗水平（MA1）

ρ	單位根過程			平穩過程		
	不去相關	子序列法	廣義差分	不去相關	子序列法	廣義差分
1	0.15	0.04	0.02	0.00	0.05	0.00
0.9	0.17	0.05	0.03	0.00	0.05	0.00
0.8	0.16	0.05	0.02	0.00	0.04	0.00
0.7	0.15	0.05	0.02	0.00	0.05	0.00
0.6	0.16	0.05	0.03	0.00	0.05	0.00
0.5	0.14	0.06	0.03	0.00	0.05	0.00
0.4	0.13	0.05	0.04	0.00	0.06	0.00
0.3	0.11	0.05	0.04	0.00	0.05	0.00
0.2	0.10	0.04	0.05	0.00	0.04	0.00
0.1	0.06	0.05	0.04	0.00	0.05	0.00
0	0.06	0.06	0.06	0.00	0.06	0.00
−0.1	0.03	0.05	0.05	0.00	0.05	0.00
−0.2	0.02	0.05	0.05	0.00	0.06	0.00
−0.3	0.00	0.05	0.03	0.00	0.05	0.00
−0.4	0.00	0.05	0.01	0.00	0.04	0.00
−0.5	0.00	0.05	0.00	0.00	0.05	0.00
−0.6	0.00	0.05	0.00	0.00	0.05	0.00
−0.7	0.00	0.04	0.00	0.00	0.05	0.00
−0.8	0.00	0.05	0.00	0.00	0.05	0.00
−0.9	0.00	0.04	0.00	0.00	0.05	0.00
−1	0.00	0.05	0.00	0.00	0.05	0.00

對殘差項為MA1情形而言，子序列法對平穩與非平穩的去相關性都很好，得到選定的檢驗水平。對平穩情形而言，廣義差分去相關與不去除相關性得到的檢驗水平都是0。而對單位根過程而言，不去相關對ρ較大時存在尺度扭曲，

$\rho < -0.2$ 時存在過估計;而廣義差分去相關法也對 $\rho < -0.2$ 時存在過估計,此時檢驗水平為 0。

10.3.2 無趨勢檢驗法的檢驗功效

備擇假設下,設 $S_t = 0.35(t + 100)$,此時存在線性趨勢,干擾項取對應原假設時同樣的情況,重複 2,000 次得到 5% 顯著水平下的檢驗功效如表 10.3、表 10.4 所示。需要指出的是,檢驗功效肯定受時間項系數的顯著影響,如果此系數絕對值變小,檢驗功效肯定也跟著變小,直到小到無法區分有無趨勢時,檢驗水平將小到選定的檢驗水平。

表 10.3　5% 顯著水平下單位根與平穩過程中無趨勢檢驗的檢驗功效
（線性趨勢 AR1）

ρ	單位根過程			平穩過程		
	不去相關	子序列法	廣義差分	不去相關	子序列法	廣義差分
1	0.95	0.92	0.45	1.00	0.93	1.00
0.9	0.74	0.48	0.16	1.00	0.96	1.00
0.8	0.79	0.54	0.32	1.00	0.92	1.00
0.7	0.90	0.65	0.55	1.00	0.91	1.00
0.6	0.97	0.76	0.82	1.00	0.88	1.00
0.5	0.99	0.85	0.93	1.00	0.85	1.00
0.4	1.00	0.89	0.99	1.00	0.83	1.00
0.3	1.00	0.90	1.00	1.00	0.80	1.00
0.2	1.00	0.92	1.00	1.00	0.76	1.00
0.1	1.00	0.92	1.00	1.00	0.72	1.00
0	1.00	0.94	1.00	1.00	0.68	1.00
-0.1	1.00	0.92	1.00	1.00	0.64	1.00
-0.2	1.00	0.93	1.00	1.00	0.61	1.00
-0.3	1.00	0.90	1.00	1.00	0.53	1.00
-0.4	1.00	0.88	1.00	1.00	0.47	1.00
-0.5	1.00	0.83	1.00	1.00	0.42	1.00
-0.6	1.00	0.77	1.00	1.00	0.36	1.00
-0.7	1.00	0.66	1.00	1.00	0.33	1.00
-0.8	1.00	0.53	1.00	0.93	0.33	1.00
-0.9	1.00	0.47	1.00	0.03	0.43	1.00
-1	0.01	0.91	1.00	0.00	0.92	1.00

對平穩情形而言，不考慮相關與廣義差分去相關都得到很高的檢驗功效，而子序列法則對高的相關性有較高的檢驗功效，對負的相關性檢驗功效較低，需要增加子序列抽樣長度。

而如果原序列為單位根過程，若殘差為 AR（1）模型，不考慮相關性的算法檢驗功效很高（$\rho = -1$ 除外）。如果弱相關（$|\rho| < 0.7$），S=4 的子序列法可以很好地去除相關性，得到較高的檢驗功效；但如果相關性很強，需要增加子序列抽樣步長，否則檢驗功效會下降。而廣義差分法對 $\rho < 0.7$ 時的檢驗功效良好。

表10.4　5%顯著水平下單位根與平穩過程中無趨勢檢驗的檢驗功效（線性趨勢 MA1）

ρ	單位根過程			平穩過程		
	不去相關	子序列法	廣義差分	不去相關	子序列法	廣義差分
1	0.98	0.67	0.85	1.00	0.71	1.00
0.9	0.99	0.71	0.89	1.00	0.71	1.00
0.8	0.99	0.76	0.93	1.00	0.76	1.00
0.7	1.00	0.81	0.97	1.00	0.78	1.00
0.6	1.00	0.84	0.98	1.00	0.82	1.00
0.5	1.00	0.87	0.99	1.00	0.82	1.00
0.4	1.00	0.89	1.00	1.00	0.81	1.00
0.3	1.00	0.91	1.00	1.00	0.80	1.00
0.2	1.00	0.92	1.00	1.00	0.77	1.00
0.1	1.00	0.93	1.00	1.00	0.73	1.00
0	1.00	0.94	1.00	1.00	0.69	1.00
-0.1	1.00	0.93	1.00	1.00	0.65	1.00
-0.2	1.00	0.91	1.00	1.00	0.59	1.00
-0.3	1.00	0.91	1.00	1.00	0.53	1.00
-0.4	1.00	0.88	1.00	1.00	0.51	1.00
-0.5	1.00	0.85	1.00	1.00	0.47	1.00
-0.6	1.00	0.84	1.00	1.00	0.41	1.00
-0.7	1.00	0.82	1.00	1.00	0.36	1.00
-0.8	1.00	0.78	1.00	1.00	0.35	1.00
-0.9	1.00	0.74	1.00	1.00	0.31	1.00
-1	1.00	0.69	1.00	1.00	0.28	1.00

對平穩情形而言，不考慮相關與廣義差分去相關都得到很高的檢驗功效，而子序列法則對高的相關性有較高的檢驗功效，對負的相關性檢驗功效較低，需要增加子序列抽樣長度。

而如果原序列為單位根過程，若殘差為 MA（1）模型，不考慮相關性的算法檢驗功效很高。如果弱相關（$|\rho| < 0.7$），S = 4 的子序列法可以很好地去除相關性，得到較高的檢驗功效；但如果相關性很強，需要增加子序列抽樣步長，否則檢驗功效會下降。而廣義差分法檢驗功效良好。

10.3.3 無趨勢檢驗法的仿真結果

一個好的檢驗，應該同時是高的檢驗功效和小的檢驗水平。如果檢驗能夠同時達到檢驗水平為 0，檢驗功效為 1，這無疑是最好的情況。如果不能同時達到，需要根據檢驗的目的選擇折衷的結果。對單位根檢驗前對有、無趨勢的輔助檢驗，我們對第一類錯誤的容忍度顯然高於對第二類錯誤的容忍度，也就是說我們可以適當容忍將無趨勢過程錯誤判斷為有趨勢過程，儘管那可能帶來單位根檢驗時檢驗功效的降低；但我們不能容忍將有趨勢過程誤判為無趨勢過程，因為那將帶來單位根檢驗的完全失敗。

也就是說，在無趨勢檢驗中，我們將盡量選擇檢驗功效接近於 1 的檢驗方法，在這個前提下，再盡量選擇檢驗水平接近於 0 的檢驗方法。從這個角度講，作為單位根檢驗前對有無趨勢的檢驗，如果相關性不高或者為負相關，我們可以不考慮相關性問題直接進行有無趨勢的檢驗，這樣雖然可能將部分無趨勢過程誤判為有趨勢過程，但卻不容易將有趨勢過程誤判為無趨勢過程。在 $\rho < 0.6$ 的情況下，廣義差分去相關法可以獲得很好的檢驗結果，檢驗功效很高，並且沒水平扭曲現象。

10.4 線性與非線性趨勢檢驗的蒙特卡羅仿真

10.4.1 檢驗水平仿真

原假設為線性趨勢，$H_0: S_t = 0.35(t + 100)$。干擾項分平穩與非平穩兩種情況進行檢驗。平穩時，設 $\mu_t = \rho\mu_{t-1} + e_t$ 或者 $\mu_t = e_t + \rho e_{t-1}$；非平穩時，設 $\mu_t = \mu_{t-1} + u_t$，$u_t = \rho u_{t-1} + e_t$ 或者 $u_t = e_t + \rho e_{t-1}$。幾種情況下都設 e_t 是獨立同分佈的標準正態分佈並且初始值取 0。ρ 從 1，0.9 到 0，再到 -0.9，-1，樣本數為 400，每個 ρ 值重複 2,000 次，線性與非線性趨勢檢驗的檢驗水平如表 10.5、表 10.6 所示。其中子序列去相關法的步長 S 為 4，選定的檢驗水平為 5%。

表 10.5　5%顯著水平下單位根與平穩過程中線性與非線性趨勢的
檢驗水平（AR1）

ρ	單位根過程						平穩過程					
	不去相關		子序列法		廣義差分		不去相關		子序列法		廣義差分	
	迴歸	均值	迴歸	均值	迴歸	均值	迴歸	均值	迴歸	均值	迴歸	均值
1	0.94	0.94	0.87	0.86	0.58	0.56	0.06	0.05	0.04	0.04	0.06	0.05
0.9	0.65	0.65	0.38	0.38	0.09	0.08	0.00	0.00	0.03	0.03	0.00	0.00
0.8	0.50	0.52	0.20	0.20	0.07	0.06	0.00	0.00	0.03	0.03	0.00	0.00
0.7	0.40	0.41	0.12	0.13	0.07	0.06	0.00	0.00	0.03	0.04	0.00	0.00
0.6	0.33	0.34	0.08	0.08	0.06	0.05	0.00	0.00	0.04	0.04	0.00	0.00
0.5	0.26	0.27	0.06	0.06	0.06	0.05	0.00	0.00	0.05	0.04	0.00	0.00
0.4	0.17	0.17	0.06	0.06	0.06	0.05	0.00	0.00	0.05	0.05	0.00	0.00
0.3	0.16	0.15	0.06	0.05	0.05	0.05	0.00	0.00	0.05	0.05	0.00	0.00
0.2	0.10	0.11	0.05	0.04	0.05	0.07	0.00	0.00	0.05	0.05	0.00	0.00
0.1	0.07	0.07	0.05	0.04	0.05	0.06	0.00	0.00	0.05	0.05	0.00	0.00
0.0	0.05	0.05	0.05	0.04	0.05	0.04	0.00	0.00	0.06	0.05	0.00	0.00
−0.1	0.03	0.03	0.06	0.05	0.05	0.04	0.00	0.00	0.05	0.04	0.00	0.00
−0.2	0.02	0.01	0.05	0.05	0.05	0.05	0.00	0.00	0.05	0.05	0.00	0.00
−0.3	0.01	0.01	0.05	0.05	0.05	0.05	0.00	0.00	0.05	0.04	0.00	0.00
−0.4	0.00	0.00	0.05	0.06	0.05	0.05	0.00	0.00	0.06	0.07	0.00	0.00
−0.5	0.00	0.00	0.06	0.07	0.05	0.05	0.00	0.00	0.07	0.07	0.00	0.00
−0.6	0.00	0.00	0.08	0.09	0.05	0.05	0.00	0.00	0.10	0.10	0.00	0.00
−0.7	0.00	0.00	0.14	0.13	0.05	0.05	0.00	0.00	0.13	0.14	0.00	0.00
−0.8	0.00	0.00	0.20	0.21	0.05	0.05	0.00	0.00	0.22	0.23	0.00	0.00
−0.9	0.00	0.00	0.37	0.38	0.05	0.05	0.00	0.00	0.38	0.40	0.00	0.00
−1	0.00	0.00	0.88	0.87	0.05	0.05	0.00	0.00	0.87	0.86	0.00	0.00

對平穩過程且 AR1 情形而言，如果選擇子序列法去除相關性，則等均值法與迴歸法對所有 $\rho > -0.6$ 的情形都能得到選定的檢驗水平，既不會過估計，也不存在水平扭曲現象，但如果 $\rho < -0.6$，則需要加大抽樣子序列步長，不然存在尺度扭曲；而如果不考慮去除相關性或者用廣義差分法去除相關性，迴歸法或等均值法的檢驗水平都變為 0，存在過估計現象。

而如果原序列為單位根過程，若殘差為 AR（1）模型，不考慮相關性的算法對正的相關性有嚴重的檢驗水平扭曲，易把線性趨勢過程判斷為非線性趨勢過程，對負相關存在過估計而導致檢驗水平為 0。如果弱相關（$|\rho|<$

0.6），S=4 的子序列法可以很好地去除相關性，得到的檢驗水平沒有扭曲；但如果相關性很強，需要增加子序列抽樣步長，否則存在扭曲現象。而廣義差分法的檢驗效果良好。

表 10.6　　5%顯著水平下單位根與平穩過程中線性與非線性趨勢的檢驗水平（MA1）

ρ	單位根過程						平穩過程					
	不去相關		子序列法		廣義差分		不去相關		子序列法		廣義差分	
	迴歸	均值	迴歸	均值	迴歸	均值	迴歸	均值	迴歸	均值	迴歸	均值
1	0.16	0.16	0.05	0.06	0.02	0.01	0.00	0.00	0.05	0.05	0.00	0.00
0.9	0.17	0.16	0.04	0.05	0.02	0.02	0.00	0.00	0.05	0.04	0.00	0.00
0.8	0.17	0.17	0.05	0.05	0.02	0.02	0.00	0.00	0.05	0.04	0.00	0.00
0.7	0.15	0.16	0.04	0.05	0.02	0.02	0.00	0.00	0.05	0.05	0.00	0.00
0.6	0.16	0.16	0.05	0.05	0.02	0.02	0.00	0.00	0.05	0.05	0.00	0.00
0.5	0.14	0.15	0.05	0.05	0.03	0.04	0.00	0.00	0.05	0.05	0.00	0.00
0.4	0.13	0.13	0.05	0.05	0.03	0.04	0.00	0.00	0.05	0.05	0.00	0.00
0.3	0.11	0.12	0.05	0.05	0.04	0.04	0.00	0.00	0.05	0.06	0.00	0.00
0.2	0.09	0.10	0.05	0.06	0.05	0.05	0.00	0.00	0.05	0.05	0.00	0.00
0.1	0.06	0.07	0.05	0.05	0.05	0.05	0.00	0.00	0.05	0.05	0.00	0.00
0.0	0.05	0.05	0.05	0.06	0.05	0.05	0.00	0.00	0.05	0.05	0.00	0.00
−0.1	0.03	0.03	0.05	0.05	0.05	0.05	0.00	0.00	0.06	0.05	0.00	0.00
−0.2	0.02	0.01	0.05	0.05	0.05	0.05	0.00	0.00	0.05	0.05	0.00	0.00
−0.3	0.00	0.00	0.05	0.04	0.03	0.03	0.00	0.00	0.05	0.04	0.00	0.00
−0.4	0.00	0.00	0.05	0.06	0.01	0.02	0.00	0.00	0.05	0.05	0.00	0.00
−0.5	0.00	0.00	0.06	0.05	0.00	0.00	0.00	0.00	0.05	0.04	0.00	0.00
−0.6	0.00	0.00	0.06	0.06	0.00	0.00	0.00	0.00	0.05	0.04	0.00	0.00
−0.7	0.00	0.00	0.05	0.06	0.00	0.00	0.00	0.00	0.05	0.04	0.00	0.00
−0.8	0.00	0.00	0.04	0.06	0.00	0.00	0.00	0.00	0.05	0.05	0.00	0.00
−0.9	0.00	0.00	0.05	0.05	0.00	0.00	0.00	0.00	0.05	0.06	0.00	0.00
−1	0.00	0.00	0.06	0.05	0.00	0.00	0.00	0.00	0.05	0.05	0.00	0.00

　　對殘差項為 MA1 情形而言，子序列法對平穩與非平穩的去相關性都很好，得到選定的檢驗水平。對平穩情形而言，廣義差分去相關與不去除相關性得到的檢驗水平都是 0。而對單位根過程而言，不去相關對 ρ 較大時存在尺度扭曲，對 $\rho < -0.2$ 時存在過估計；而廣義差分去相關法也對 $\rho < -0.2$ 時存在過估

計，此時檢驗水平為0。

10.4.2 線性趨勢與非線性趨勢檢驗法的檢驗功效

備擇假設下，設 $S_t = 0.001,5(t+100)^2$，此時存在平方趨勢，干擾項取對應原假設時同樣的情況，重複 2,000 次得到 5% 顯著水平下的檢驗功效如表 10.7、表 10.8 所示。同樣，檢驗功效肯定受時間非線性項系數的顯著影響，如果此系數絕對值變小到趨於 0 時，非線性現象消失，檢驗功效肯定應該變小直到選定的檢驗水平。

表 10.7　單位根與平穩過程中線性與非線性趨勢的檢驗功效（平方趨勢 AR1）

ρ	單位根過程						平穩過程					
	不去相關		子序列法		廣義差分		不去相關		子序列法		廣義差分	
	迴歸	均值	迴歸	均值	迴歸	均值	迴歸	均值	迴歸	均值	迴歸	均值
1	0.95	0.94	0.86	0.85	0.60	0.57	1.00	1.00	0.91	0.83	1.00	1.00
0.9	0.75	0.72	0.47	0.46	0.16	0.14	1.00	1.00	0.94	0.83	1.00	1.00
0.8	0.78	0.75	0.52	0.46	0.32	0.27	1.00	1.00	0.91	0.80	1.00	1.00
0.7	0.91	0.85	0.64	0.54	0.57	0.45	1.00	1.00	0.88	0.78	1.00	1.00
0.6	0.96	0.92	0.74	0.64	0.80	0.68	1.00	1.00	0.88	0.77	1.00	1.00
0.5	0.99	0.96	0.83	0.70	0.92	0.83	1.00	1.00	0.83	0.71	1.00	1.00
0.4	1.00	0.99	0.86	0.75	0.99	0.94	1.00	1.00	0.80	0.68	1.00	1.00
0.3	1.00	1.00	0.89	0.77	1.00	0.98	1.00	1.00	0.81	0.67	1.00	1.00
0.2	1.00	1.00	0.91	0.81	1.00	1.00	1.00	1.00	0.75	0.61	1.00	1.00
0.1	1.00	1.00	0.91	0.81	1.00	1.00	1.00	1.00	0.70	0.57	1.00	1.00
0.0	1.00	1.00	0.92	0.83	1.00	1.00	1.00	1.00	0.67	0.53	1.00	1.00
-0.1	1.00	1.00	0.92	0.83	1.00	1.00	1.00	1.00	0.60	0.49	1.00	1.00
-0.2	1.00	1.00	0.91	0.81	1.00	1.00	1.00	1.00	0.57	0.44	1.00	1.00
-0.3	1.00	1.00	0.88	0.78	1.00	1.00	1.00	1.00	0.52	0.42	1.00	1.00
-0.4	1.00	1.00	0.86	0.75	1.00	1.00	1.00	1.00	0.47	0.37	1.00	1.00
-0.5	1.00	1.00	0.82	0.70	1.00	1.00	1.00	1.00	0.40	0.32	1.00	1.00
-0.6	1.00	1.00	0.73	0.62	1.00	1.00	1.00	1.00	0.37	0.30	1.00	1.00
-0.7	1.00	1.00	0.64	0.55	1.00	1.00	1.00	0.99	0.32	0.28	1.00	1.00
-0.8	1.00	1.00	0.53	0.48	1.00	1.00	0.90	0.36	0.31	0.29	1.00	1.00
-0.9	1.00	0.98	0.48	0.45	1.00	1.00	0.03	0.00	0.41	0.41	1.00	1.00
-1	0.01	0.00	0.89	0.87	1.00	1.00	0.00	0.00	0.86	0.86	1.00	1.00

對平穩情形而言，不考慮相關與廣義差分去相關都得到很高的檢驗功效，而子序列法則對高的相關性有較高的檢驗功效，對負的相關性檢驗功效較低，需要增加子序列抽樣長度。同樣的條件下，迴歸法比等均值法檢驗功效要高。

而如果原序列為單位根過程，若殘差為 AR（1）模型，不考慮相關性的算法檢驗功效很高（$\rho = -1$ 除外）。如果弱相關（$|\rho| < 0.6$），S=4 的子序列法可以很好地去除相關性，得到較高的檢驗功效；但如果相關性很強，需要增加子序列抽樣步長，否則檢驗功效會下降。而廣義差分法對 $\rho < 0.6$ 時的檢驗功效良好。

表 10.8　單位根與平穩過程中線性與非線性趨勢的檢驗功效（平方趨勢 MA1）

ρ	單位根過程						平穩過程					
	不去相關		子序列法		廣義差分		不去相關		子序列法		廣義差分	
	迴歸	均值	迴歸	均值	迴歸	均值	迴歸	均值	迴歸	均值	迴歸	均值
1	0.98	0.94	0.66	0.53	0.85	0.72	1.00	1.00	0.67	0.54	1.00	1.00
0.9	0.99	0.95	0.72	0.59	0.90	0.76	1.00	1.00	0.71	0.58	1.00	1.00
0.8	0.99	0.97	0.74	0.62	0.92	0.82	1.00	1.00	0.72	0.59	1.00	1.00
0.7	0.99	0.98	0.79	0.67	0.95	0.88	1.00	1.00	0.77	0.65	1.00	1.00
0.6	1.00	0.99	0.84	0.72	0.98	0.92	1.00	1.00	0.79	0.64	1.00	1.00
0.5	1.00	1.00	0.84	0.73	0.99	0.95	1.00	1.00	0.77	0.65	1.00	1.00
0.4	1.00	1.00	0.87	0.77	1.00	0.98	1.00	1.00	0.79	0.66	1.00	1.00
0.3	1.00	1.00	0.89	0.79	1.00	0.99	1.00	1.00	0.77	0.64	1.00	1.00
0.2	1.00	1.00	0.91	0.81	1.00	1.00	1.00	1.00	0.73	0.59	1.00	1.00
0.1	1.00	1.00	0.93	0.84	1.00	1.00	1.00	1.00	0.72	0.60	1.00	1.00
0.0	1.00	1.00	0.92	0.82	1.00	1.00	1.00	1.00	0.66	0.54	1.00	1.00
-0.1	1.00	1.00	0.92	0.84	1.00	1.00	1.00	1.00	0.63	0.51	1.00	1.00
-0.2	1.00	1.00	0.92	0.82	1.00	1.00	1.00	1.00	0.57	0.45	1.00	1.00
-0.3	1.00	1.00	0.90	0.80	1.00	1.00	1.00	1.00	0.53	0.41	1.00	1.00
-0.4	1.00	1.00	0.88	0.77	1.00	1.00	1.00	1.00	0.49	0.39	1.00	1.00
-0.5	1.00	1.00	0.85	0.73	1.00	1.00	1.00	1.00	0.45	0.35	1.00	1.00
-0.6	1.00	1.00	0.82	0.68	1.00	1.00	1.00	1.00	0.43	0.34	1.00	1.00
-0.7	1.00	1.00	0.79	0.68	1.00	1.00	1.00	1.00	0.38	0.30	1.00	1.00
-0.8	1.00	1.00	0.75	0.62	1.00	1.00	1.00	1.00	0.33	0.27	1.00	1.00
-0.9	1.00	1.00	0.71	0.59	1.00	1.00	1.00	1.00	0.30	0.23	1.00	1.00
-1	1.00	1.00	0.66	0.53	1.00	1.00	1.00	1.00	0.27	0.22	1.00	1.00

對平穩情形而言，不考慮相關與廣義差分去相關都得到很高的檢驗功效，而子序列法則對高的相關性有較高的檢驗功效，對負的相關性檢驗功效較低，需要增加子序列抽樣長度。

而如果原序列為單位根過程，若殘差為 MA（1）模型，不考慮相關性的算法檢驗功效很高。如果弱相關（$|\rho| < 0.7$），$S=4$ 的子序列法可以很好地去除相關性，得到較高的檢驗功效；但如果相關性很強，需要增加子序列抽樣步長，否則檢驗功效會下降。而廣義差分法檢驗功效良好。

10.4.3　線性與非線性趨勢檢驗法的仿真結果

作為對單位根檢驗前的輔助檢驗，在趨勢線性與非線性的檢驗中，我們同樣對第一類錯誤的容忍度遠遠高於對第二類錯誤的容忍度，也就是說我們可以適當容忍將線性趨勢過程錯誤判斷為非線性趨勢過程，儘管那樣可能帶來單位根檢驗時的麻煩和檢驗功效的降低，但不至於導致嚴重的誤判；但我們不能容忍將非線性趨勢過程誤判為線性趨勢過程，因為那極可能帶來單位根檢驗的完全失敗。

也就是說，在線性與非線性趨勢檢驗中，我們將盡量選擇檢驗功效接近於 1 的檢驗方法，在這個前提下，再盡量選擇檢驗水平接近於 0 的檢驗方法。從這個角度講，作為單位根檢驗前對線性與非線性趨勢的檢驗，如果相關性較小或者為負相關時，我們可以不考慮相關性問題直接進行趨勢線性與非線性的檢驗，這樣雖然可能將部分線性趨勢過程誤判為非線性趨勢過程，但卻不容易將非線性趨勢過程誤判為線性趨勢過程。在 $\rho < 0.6$ 的情況下，廣義差分去相關法可以獲得很好的檢驗結果，檢驗功效很高，並且沒水平扭曲現象。在一定的條件下，子序列法可以很好地去除相關性，得到合適的檢驗水平與功效。如果差分殘差項相關性衰減得不是很快，需要增加子序列抽樣長度，這可能受到樣本數大小的限制。

10.5　小結

單位根實證分析文獻中對是否帶趨勢以及趨勢的線性與非線性問題關注不多，通常直接假設為線性趨勢，統計軟件中標準的 ADF 或 PP 單位根檢驗法通常也是這樣設定的。但如果趨勢本身並非線性的，則會帶來麻煩，導致檢驗方法的失效和錯誤的結果。因此，在使用線性設定前，必須對趨勢項是否是線性的進行檢驗。

本章詳細研究了單位根檢驗中趨勢的檢驗問題，提出了有趨勢與無趨勢的 t 檢驗法；以及如果有趨勢的話，趨勢的線性或非線性的迴歸系數檢驗法與等

均值檢驗法；並討論了序列存在相關性對檢驗結果的影響及去除相關性的幾種方法。

作為對單位根檢驗前的輔助檢驗，在無趨勢、線性與非線性趨勢的檢驗中，我們對第一類錯誤的容忍度遠遠高於對第二類錯誤的容忍度。因為第一類錯誤雖然可能帶來單位根檢驗時的麻煩和檢驗功效的降低，但不至於導致嚴重的誤判；但第二類錯誤是災難性的，極可能帶來單位根檢驗的完全失敗。基於這個原因，在 $\rho < 0.5$ 的情況下，我們可以不考慮相關性問題直接進行有、無趨勢的檢驗、線性與非線性趨勢的檢驗；或者在 $\rho < 0.6$ 的情況下，使用廣義差分去相關法進行檢驗。通常而言，迴歸法比等均值法檢驗效果要好。只要選擇足夠的抽樣間隔，子序列法可以很好地去除相關性，得到合適的檢驗水平與功效，但這可能受到樣本數大小的限制。

11 基於正交多項式逼近的任意趨勢序列的單位根檢驗法

本章研究用正交多項式逼近非線性趨勢，然後對殘差進行單位根檢驗的方法。本章研究了用正交多項式進行趨勢逼近的性質，推導了這種方法進行單位根檢驗時統計量的極限分佈，並提出了正交多項式最高階數的確定方法，仿真研究了殘差相關與不相關時的檢驗功效。結果表明，檢驗方法是有效的。

11.1 引言

傳統單位根檢驗方法常常假設帶有確定性線性趨勢，大多數實證研究文獻都是這樣設定的，常見計量軟件包提供的標準 ADF 與 PP 檢驗也是這樣假設的。但對經濟時間序列而言，假設其確定性趨勢為線性的可能並不恰當，需要考慮增加設定的靈活性。

確定性趨勢部分的設定與數據生成過程不一致的話，將導致有偏估計，最終導致單位根檢驗的失敗。眾所周知的例子如 Perron（1989）使用 Nelson、Plosser（1982）同樣的數據，因為引入非線性趨勢後，得到的檢驗結果幾乎完全不同。

作為線性趨勢的自然拓展，時間項的多項式趨勢是最容易想到的非線性趨勢假設。Ouliaris、Park，Phillips（1989）推導了多項式趨勢下單位根檢驗的極限分佈。貝倫斯（Bierens，1997）與 Phillips（2002）等人用確定性的三角函數序列作迴歸元，研究了這種非線性假設下的單位根檢驗方法。這種思路有其合理性和可取之處，但也存在明顯的不足。比如用三角函數近似確定性趨勢，從參數估算的角度可能很不經濟，就算最簡單的線性趨勢，可能就需要很多三角函數項才能得到可靠的近似精度，這種自由度的損失在樣本數不是很多時是很可惜的。再如這種方法不是很方便確定三角函數序列迴歸元的個數，太少的話會殘留較多的非線性，導致將平穩過程誤判為單位根過程，太多的話將

導致檢驗功效的大幅下降，容易將單位根過程誤判為平穩過程。

本章提出用正交多項式逼近確定性的時間趨勢，然後對殘差進行單位根檢驗的方法。本章推導了正交多項式對趨勢逼近的性質，研究了基於正交多項式逼近的單位根檢驗統計量的極限分佈，並提出了正交多項式最高階數的確定方法，仿真研究了殘差相關與不相關時各種線性與非線性趨勢下的檢驗功效。結果表明，這種檢驗方法是有效的。

使用正交多項式逼近確定性趨勢比普通多項式明顯要好：如果時間項冪次較高，普通多項式計算量迅速增加，並可能導致嚴重的共線性問題，影響估計精度和檢驗功效；而使用正交多項式進行逼近完全克服了這些問題。同時，用正交多項式逼近通常也好於三角函數逼近。前者的模型更節省，可以用較少的待估參數達到同樣的估計精度，這種節省在樣本數不是很大時是很有意義的；用正交多項式可以方便地確定需要使用的正交空間的維度，這對得到更為準確的檢驗結果也很有意義。

11.2 正交多項式的構造及其在 OLS 迴歸中的性質

11.2.1 正交多項式的定義

在區間 $[a,b]$，設有多項式函數序列 $f_i(x)$ 和函數 $W(x)$，定義內積：

$$\langle f_i(x), f_j(x) \rangle = \int_a^b f_i(x) f_j(x) W(x) dx \tag{11.1}$$

其中 $W(x)$ 在區間 $[a,b]$ 可積且滿足 $W(x) \geq 0$，稱為權函數。

若任意 $i \neq j$ 時，$\langle f_i(x), f_j(x) \rangle = 0$，則稱這些多項式為正交多項式。若同時滿足 $\langle f_i(x), f_i(x) \rangle = 1$，則稱這些多項式為規範正交多項式。

11.2.2 勒讓德多項式的構造及性質

在定義域區間 $[-1,1]$，定義遞歸多項式序列 $P_n(x)$：

$$P_0(x) = 1, \quad P_1(x) = x, \quad P_{n+1}(x) = \frac{2n+1}{n+1} x P_n(x) - \frac{n}{n+1} P_{n-1}(x)$$

這樣就得到勒讓德（Legendre）多項式，是勒讓德於 1785 年首先提出的。根據遞歸式，很容易計算出前面幾項勒讓德多項式為：

$$P_0(x) = 1$$
$$P_1(x) = x$$
$$P_2(x) = \frac{3x^2 - 1}{2}$$

$$P_3(x) = \frac{5x^3 - 3x}{2}$$

$$P_4(x) = \frac{35x^4 - 30x^2 + 3}{8}$$

勒讓德多項式滿足正交性質，其中權為1：

$$\int_{-1}^{1} P_n(x) P_m(x) dx = \begin{cases} 0, & n \neq m \\ \dfrac{2}{2n+1}, & n = m \end{cases}$$

若定義 $P_n^*(x) = \sqrt{\dfrac{2n+1}{2}} P_n(x)$，便得到規範正交多項式。本書以後都使用規範式的，並將 $P_n^*(x)$ 記為 $P_n(x)$。

顯然 $P_n(x)$ 為 n 次多項式，很容易證明，對任意 n 次多項式，皆可以表示為 $P_0(x), P_1(x), \cdots, P_n(x)$ 的線性組合。先根據 n 次項確定 $P_n(x)$ 的系數，再依次確定 $P_{n-1}(x)$、$P_{n-2}(x)$ 等的系數，這是很容易理解和證明的。

11.2.3 時間序列的正交歸一化多項式的構造

定義 $y = \dfrac{x+1}{2}$，先將定義域變換為 $[0,1]$，假設樣本數為 N，令 $y = \dfrac{t}{N}$，對 $t = 1, \cdots, N$，得到 $P_n(x)$ 離散化的歸一化正交多項式 $P_n(\dfrac{t}{N})$，簡記為 $P_n(t)$，滿足離散化的正交歸一條件：

$$\frac{1}{N}\sum_{t=1}^{N} P_k^2(t) = 1, \quad \frac{1}{N}\sum_{t=1}^{N} P_k(t) P_m(t) = 0, \quad (m \neq k) \qquad (11.2)$$

上述正交條件實質上是將積分離散化為求和，在樣本數較小時將存在一定的量化誤差。

也可這樣來求得正交歸一化多項式序列 $P_n(t)$（$P_n(t/N)$ 的簡記）：

令 $P_0(t) = 1$，對 $k = 1, 2, \cdots, P_k(t)$ 為 $(\dfrac{t}{N})^k$ 對 $P_0(t), P_1(t), \cdots, P_{k-1}(t)$ 進行 OLS 迴歸所得的殘差，然後再做歸一化處理，使得 $\dfrac{1}{N}\sum_{t=1}^{N} P_k^2(t) = 1$。因為 OLS 得到的殘差必然與迴歸元正交，故 $P_n(t)$ 必嚴格滿足正交歸一化條件 (11.2) 式，而不管樣本數大小。

令 $P = (P_0, P_1, \cdots, P_m) = \begin{pmatrix} P_0(1) & P_1(1) & \vdots & P_m(1) \\ P_0(2) & P_1(2) & \vdots & P_m(2) \\ \vdots & \vdots & \vdots & \vdots \\ P_0(N) & P_1(N) & \vdots & P_m(N) \end{pmatrix}$，為一 $N \times (m+$

1) 矩陣，則：

$$\frac{1}{N}P^T P = I$$

為 $(m+1) \times (m+1)$ 單位矩陣。

並且 $P_k(t)$ 有性質：

$$\sum_{t=1}^{N} P_0(t) = N, \quad \sum_{t=1}^{N} P_k(t) = 0, k > 0 \qquad (11.3)$$

$$當 k > m 時，\sum_{t=1}^{N} t^m P_k(t) = 0 \qquad (11.4)$$

當 $k > 0$ 時，$P_k(t)$ 為迴歸殘差，(11.3) 式是顯然的。因為任意 m 次多項式可以表示為 $P_0(x), P_1(x), \cdots, P_m(x)$ 的線性組合，設 $t^m = \sum_{i=0}^{m} a_i P_i(t)$，根據正交性，(11.4) 式是顯然的。

11.2.4 任意函數的正交歸一化多項式逼近

設 y_t，$t = 1, 2, \cdots, N$，對下式進行 OLS 迴歸：

$$y_t = \sum_{i=0}^{m} \beta_i P_i(t) + \varepsilon_t \qquad (11.5)$$

寫成矩陣形式 $Y = P\beta + \varepsilon$，迴歸系數 β 的估計值為 $\hat{\beta}$，則 $\hat{\beta} = (P^T P)^{-1}(P^T Y) = \frac{1}{N} P^T Y = (<P_0, Y>, <P_1, Y>, \cdots, <P_m, Y>)^T$，即：

$$\hat{\beta}_i = \frac{1}{N} \sum_{t=1}^{N} P_i(t) y_t \qquad (11.6)$$

$$\text{var}(\hat{\beta}) = (P^T P)^{-1} \sigma^2 = \frac{\sigma^2}{N} I \qquad (11.7)$$

迴歸殘差為：

$$e_t = y_t - \sum_{i=0}^{m} P_i(t) \left[\frac{1}{N} \sum_{t=1}^{N} P_i(t) y_t \right] \qquad (11.8)$$

實際上為 y_t 在空間 $P_0(t), P_1(t), \cdots, P_m(t)$ 投影的剩餘，有時將 y_t 在正交空間上投影的剩餘（即迴歸殘差）記為 y_t^R。

定理 11.1：如果 y_t 為 K 次多項式，只要 $m \geq K$，(11.8) 式中的迴歸殘差將為 0，即：

$$y_t^R = e_t = 0 \qquad (11.9)$$

證明：如果 y_t 為 K 次多項式，且 $m \geq K$，y_t 必可表示為 $P_0(t), P_1(t), \cdots, P_m(t)$ 的線性組合，設為 $y_t = \sum_{i=0}^{m} a_i P_i(t)$，代入 (11.8) 式，有：

$$e_t = y_t - \sum_{i=0}^{m} P_i(t) \left[\frac{1}{N} \sum_{s=1}^{N} P_i(s) \sum_{j=0}^{m} a_j P_j(s) \right]$$

$$= y_t - \sum_{i=0}^{m} P_i(t) \left[\sum_{j=0}^{m} a_j \frac{1}{N} \sum_{s=1}^{N} P_i(s) P_j(s) \right]$$

$$= y_t - \sum_{i=0}^{m} a_i P_i(t) = 0 \text{（正交歸一化條件）}$$

普通多項式迴歸具有明顯的缺點：自變量冪次較高時，計算量迅速增加，並可能導致嚴重的共線性問題，迴歸系數間存在著相關性。而使用正交多項式進行逼近完全解決了這些問題。由於迴歸系數之間不存在相關性，如果某項不顯著，只要將它剔除即可，並將其影響並入殘差平方和，自由度也同時並入，而不必對整個迴歸方程重新計算。如果對迴歸方程精度不滿意，可以增加高次項，而已經計算出的結果不必重新計算。

11.3 確定性趨勢為多項式時的單位根檢驗方法

11.3.1 數據模型

假設時間序列 y_t 由趨勢項 s_t 與干擾項 ξ_t 構成：$y_t = s_t + \xi_t$，其中 ξ_t 為隨機干擾項，假設為一階自迴歸模型：$\xi_t = \rho \xi_{t-1} + u_t$，其中 u_t 滿足假設 11.1，如果 $|\rho| < 1$，y_t 是趨勢平穩的；若 $\rho = 1$，則為帶趨勢單位根過程，存在單位根。

假設 11.1：設 u_t 為平穩可逆 ARMA 過程，可以表示為 $u_t = \sum_{j=1}^{p} \varphi_j u_{t-j} + \varepsilon_t$，$\varepsilon_t$ 是均值為 0，標準方差為 σ_ε 且四階矩有限的獨立同分佈過程。

假如確定性時間趨勢項 s_t 為時間的多項式形式，$s_t = \sum_{i=0}^{p} a_i t^i$，則：

$$y_t = \sum_{i=0}^{p} a_i t^i + \xi_t \tag{11.10}$$

(11.10) 式可變形為 $y_t = s_t - \rho s_{t-1} + \rho y_{t-1} + u_t$，或：

$$y_t = \sum_{i=0}^{p} b_i t^i + \rho y_{t-1} + u_t \tag{11.11}$$

如果為單位根過程，時間趨勢項 s_t 差分將消去最高次，此時有 $b_p = 0$。

將 s_t 表示為 $P_0(t), P_1(t), \cdots, P_m(t)$ 的線性組合，檢驗迴歸式為：

$$y_t = \rho y_{t-1} + \sum_{k=0}^{m} \beta_k P_k(t) + u_t \tag{11.12}$$

按照 Frisch-Waugh 定理，對 (11.12) 式中 ρ 的 OLS 估計可分兩步進行，先對 (11.13) 式進行估計：

$$y_t = \sum_{k=0}^{m} \beta_k P_k(t) + R_t \tag{11.13}$$

得到殘差 y_t^R，再對（11.14）式進行估計：
$$y_t^R = \rho y_{t-1}^R + u_t \tag{11.14}$$

對 $y_t = s_t + \xi_t$，分別做迴歸 $s_t = \sum_{k=0}^{m} \beta_{1k} P_k(t) + R_{1t}$ 與 $\xi_t = \sum_{k=0}^{m} \beta_{2k} P_k(t) + R_{2t}$，對應的迴歸殘差分別為 Rs_s、Rs_ξ，因為 OLS 迴歸為線性的，必有 $y_t^R = Rs_s + Rs_\xi$。如果多項式趨勢 s_t 的最高次數不大於 m，則有 $Rs_s = 0$。於是得到定理 11.2。

定理 11.2：如果確定性趨勢部分 s_t 能夠在（11.13）式的迴歸中得到完全的去除，使得 $Rs_s = 0$，則（11.14）式的單位根檢驗與確定性趨勢項的值無關。

11.3.2 單位根檢驗方法及其極限分佈

在假設 11.1 中，將 $u_t = \sum_{j=1}^{p} \varphi_j u_{t-j} + \varepsilon_t$ 表示為 $\varphi(L) u_t = \varepsilon_t$，則 $u_t = \varphi(L)^{-1} \varepsilon_t$
$= \varphi(1)^{-1} \varepsilon_t + [\varphi(L)^{-1} - \varphi(1)^{-1}] \varepsilon_t = \varphi(1)^{-1} \varepsilon_t + [\varphi(L)^{-1} - \varphi(1)^{-1}] \dfrac{\varepsilon_t - \varepsilon_{t-1}}{1-L}$
$= \varphi(1)^{-1} \varepsilon_t + v_t - v_{t-1}$，其中 $v_t = \dfrac{[\varphi(L)^{-1} - \varphi(1)^{-1}]}{1-L} \varepsilon_t$。

令 $S_N(r) = 0$（當 $0 \leq r < \dfrac{1}{N}$），$S_N(r) = \sum_{t=1}^{[Nr]} u_t$（當 $\dfrac{1}{N} \leq r \leq 1$）。

則 $S_N(\dfrac{t}{N}) = \varphi(1)^{-1} \sum_{i=1}^{t} \varepsilon_i + v_t - v_0$，顯然 $\dfrac{S_N(r)}{\sqrt{N}} \Rightarrow \varphi(1)^{-1} \sigma_\varepsilon W(r)$，其中 $W(r)$ 為標準維納過程。

令 u_t 的（短時）方差為 $\sigma_u^2 = \dfrac{1}{N} \sum_{t=1}^{N} u_t^2$，長時方差(Long Run Variance)為：
$$\omega^2 = \lim_{n \to \infty} \dfrac{1}{n} E(S_n^2) = \lim_{n \to \infty} \dfrac{1}{n} E((u_1 + u_2 + \cdots u_n)^2) = \sigma_u^2 + 2\lambda = \left(\dfrac{\sigma_\varepsilon}{\varphi(1)}\right)^2 \tag{11.15}$$

其中 $\lambda = \sum_{j=2}^{\infty} E(u_1 u_j) = \gamma_1 + \gamma_2 + \cdots$。

令 S_t^R 表示 S_t 在空間 $P_0(r), P_1(r), \cdots, P_m(r)$ 投影的剩餘，則：
$$S_t^R = S_t - \sum_{i=0}^{m} \hat{\beta}_i P_i(\dfrac{t}{N}) = S_t - \sum_{i=0}^{m} [\dfrac{1}{N} \sum_{t=1}^{N} P_i(\dfrac{t}{N}) S_t] P_i(\dfrac{t}{N})$$

因為 $\dfrac{S_{[Nr]}}{\sqrt{N}} \Rightarrow \omega W(r)$，$\dfrac{S_{[Nr]}^R}{\sqrt{N}}$ 的極限分佈為：
$$\dfrac{S_{[Nr]}^R}{\sqrt{N}} \Rightarrow \omega [W(r) - \sum_{i=0}^{m} P_i(r) \int_0^1 P_i(r) W(r) dr] = \omega W^R(r) \tag{11.16}$$

其中，$W^R(r)$ 為 $W(r)$ 在空間 $P_0(r), P_1(r), \cdots, P_m(r)$ 投影的剩餘。

$$W^R(r) = W(r) - \sum_{i=0}^{m} P_i(r) \int_0^1 P_i(r) W(r) dr \qquad (11.17)$$

根據定理 11.2，（11.14）式的極限分佈與確定性趨勢無關，如果其滿足迴歸殘差為 0 的話，此時可在無趨勢情況下討論極限分佈。在零假設下，令（11.11）式中 $b_k = 0$, $\rho = 1$, 有 $y_t = y_0 + \sum_{i=1}^{t} u_i = S_t$（令 $y_0 = 0$）。於是有：

定理 11.3：

$$\frac{1}{N}\sum_{t=1}^{N} y_{t-1}^R u_t \Rightarrow \frac{1}{2}\omega^2 (W^R(1))^2 - \frac{1}{2}\sigma_u^2 \qquad (11.18)$$

$$\frac{1}{N}\sum_{t=1}^{N} y_{t-1}^R \varepsilon_t \Rightarrow \frac{1}{2}\frac{\sigma_\varepsilon^2}{\varphi(1)}[(W^R(1))^2 - 1] \qquad (11.19)$$

$$\frac{1}{N^2}\sum_{t=1}^{N} (y_{t-1}^R)^2 \Rightarrow \omega^2 \int_0^1 (W^R(r))^2 dr \qquad (11.20)$$

證明如下：

單位根原假設下，有 $y_t^R = y_{t-1}^R + u_t$，兩邊平方再累加得到：$(y_N^R)^2 = (y_0^R)^2 + 2\sum_{t=1}^{N} y_{t-1}^R u_t + \sum_{t=1}^{N} u_t^2$。假設 $y_0 = 0$，有 $y_0^R = 0$，則 $\frac{1}{N}\sum_{t=1}^{N} y_{t-1}^R u_t = \frac{1}{2}[\frac{1}{N}(y_N^R)^2 - \frac{1}{N}\sum_{t=1}^{N} u_t^2] \Rightarrow \frac{1}{2}\omega^2 (W^R(1))^2 - \frac{1}{2}\sigma_u^2$，得到（11.18）式。

將 $u_t = \varphi(1)^{-1}\varepsilon_t + v_t - v_{t-1}$ 代入 $y_t^R = y_{t-1}^R + u_t$，整理得到：$y_t^R - v_t = y_{t-1}^R - v_{t-1} + \varphi(1)^{-1}\varepsilon_t$，兩邊平方累加，得到：$(y_N^R)^2 + v_N^2 = (y_0^R)^2 + v_0^2 + \varphi(1)^{-2}\sum_{t=1}^{N}\varepsilon_t^2 + 2\varphi(1)^{-1}\sum_{t=1}^{N} y_{t-1}^R \varepsilon_t + 2\varphi(1)^{-1}\sum_{t=1}^{N} v_{t-1}\varepsilon_t + 2(y_N^R v_N - y_0^R v_0)$，同樣假設 $y_0 = 0$，此時有 $y_0^R = 0$，上式兩邊同除以 N，考慮到 $v_N^2/N \Rightarrow 0$, $\frac{1}{N}\sum_{t=1}^{N} v_{t-1}\varepsilon_t \Rightarrow 0$, $\frac{1}{N} y_N^R v_N = \frac{1}{\sqrt{N}} y_N^R \frac{1}{\sqrt{N}} v_N \Rightarrow 0$, 上式變為：$\omega^2 (W^R(1))^2 = \varphi(1)^{-2}\sigma_\varepsilon^2 + 2\varphi(1)^{-1}\sum_{t=1}^{N} y_{t-1}^R \varepsilon_t$, 因 $\omega^2 = (\frac{\sigma_\varepsilon}{\varphi(1)})^2$，整理得到（11.19）式。

$\frac{1}{N^2}\sum_{t=1}^{N}(y_{t-1}^R)^2 = \frac{1}{N}\sum_{t=1}^{N}(y_{t-1}^R/\sqrt{N})^2 \Rightarrow \omega^2 \int_0^1 (W^R(r))^2 dr$，得到（11.20）式。

於是統計量 $N(\hat\rho - 1)$ 的極限分佈很容易求出：

$$N(\hat\rho - 1) = \frac{\frac{1}{N}\sum_{t=1}^{N} y_{t-1}^R u_t}{\frac{1}{N^2}\sum_{t=1}^{N}(y_{t-1}^R)^2} \Rightarrow \frac{\frac{1}{2}\omega^2 (W^R(1))^2 - \frac{1}{2}\sigma_u^2}{\omega^2 \int_0^1 (W^R(r))^2 dr}$$

同樣，t 統計量的極限分佈為：

$$t_\rho = \frac{\hat{\rho}-1}{\hat{\sigma}_\rho} = \frac{\frac{1}{N}\sum_{t=1}^{N} y_{t-1}^R u_t}{\hat{\sigma}_u [\frac{1}{N^2}\sum_{t=1}^{N}(y_{t-1}^R)^2]^{1/2}} \Rightarrow \frac{\frac{1}{2}\omega^2 (W^R(1))^2 - \frac{1}{2}\sigma_u^2}{\sigma_u [\omega^2 \int_0^1 (W^R(r))^2 dr]^{1/2}}$$

由於存在多餘參數，需要按照 PP 檢驗類似的方式，進行統計量調整：

$$N(\hat{\rho}-1) - \frac{1}{2}\frac{\omega^2-\sigma_u^2}{\frac{1}{N^2}\sum_{t=1}^{N}(y_{t-1}^R)^2} \Rightarrow \frac{\frac{1}{2}(W^R(1))^2 - \frac{1}{2}}{\int_0^1 (W^R(r))^2 dr} \quad (11.21)$$

$$\frac{\hat{\sigma}_u}{\omega}t_\rho - \frac{1}{2}\frac{\omega^2-\sigma_u^2}{\omega[\frac{1}{N^2}\sum_{t=1}^{N}(y_{t-1}^R)^2]^{1/2}} \Rightarrow \frac{\frac{1}{2}[(W^R(1))^2-1]}{[\int_0^1 (W^R(r))^2 dr]^{1/2}} \quad (11.22)$$

這樣就消去了多餘參數。我們也可以通過調整迴歸估計式來消除多餘參數，調整的迴歸估計式為：

$$y_t^R = \rho y_{t-1}^R + \sum_{j=1}^{p} \varphi_j u_{t-j} + \varepsilon_t$$

進行 OLS 估計，得到估計式：

$$y_t^R = \hat{\rho} y_{t-1}^R + \sum_{j=1}^{p} \hat{\varphi}_j u_{t-j} + e_t$$

兩式相減得到：

$$\varepsilon_t - e_t = (\hat{\rho}-\rho) y_{t-1}^R + \sum_{j=1}^{p}(\hat{\varphi}_j - \varphi_j) u_{t-j}$$

注意最小平方估計必然滿足 $\sum_{t=1}^{N} e_t u_{t-j} = 0$，$\sum_{t=1}^{N} e_t y_{t-1}^R = 0$，於是有：

$$\frac{1}{N}\sum_{t=1}^{N}\varepsilon_t y_{t-1}^R = N(\hat{\rho}-\rho)\frac{1}{N^2}\sum_{t=1}^{N}(y_{t-1}^R)^2 + \sum_{j=1}^{p}[(\hat{\varphi}_j - \varphi_j)\frac{1}{N}\sum_{t=1}^{N} y_{t-1}^R u_{t-j}]$$

$$\frac{1}{\sqrt{N}}\sum_{t=1}^{N}\varepsilon_t u_{t-j} = N(\hat{\rho}-\rho)\frac{1}{N\sqrt{N}}\sum_{t=1}^{N} y_{t-1}^R u_{t-j} + \sum_{j=1}^{p}[(\hat{\varphi}_j - \varphi_j)\frac{1}{\sqrt{N}}\sum_{t=1}^{N} u_{t-j} u_{t-j}]$$

由於 OLS 估計必然有 $(\hat{\varphi}_j - \varphi_j) \Rightarrow 0$，於是：

$$N(\hat{\rho}-1) = \frac{\frac{1}{N}\sum_{t=1}^{N}\varepsilon_t y_{t-1}^R}{\frac{1}{N^2}\sum_{t=1}^{N}(y_{t-1}^R)^2} \Rightarrow \frac{\frac{1}{2}\frac{\sigma_\varepsilon^2}{\varphi(1)}[(W^R(1))^2-1]}{(\frac{\sigma_\varepsilon}{\varphi(1)})^2 \int_0^1 [W^R(r)]^2 dr}$$

$$= \frac{\varphi(1)\frac{1}{2}[(W^R(1))^2-1]}{\int_0^1 [W^R(r)]^2 dr}$$

於是統計量 $\dfrac{N(\rho-1)}{\varphi(1)}$ 消去了多餘參數。

我們也可以直接按照漢密爾頓《時間序列分析》一書中627頁開始的方法進行類似的計算討論極限分佈，注意此處無常數項，得到：

$$\frac{N(\rho-1)}{\varphi(1)} = \frac{\frac{1}{2}[(W^R(1))^2 - 1]}{\int_0^1 [W^R(r)]^2 dr} \qquad (11.23)$$

$$t_T = \frac{(\rho-1)}{\hat{\sigma}_\rho} = \frac{\frac{1}{2}[(W^R(1))^2 - 1]}{(\int_0^1 [W^R(r)]^2 dr)^{1/2}} \qquad (11.24)$$

11.3.3 檢驗臨界值

非線性趨勢單位根檢驗可採取這樣的策略：先對待檢序列進行差分，差分後序列用正交多項式逼近法去除確定性趨勢，得到殘差的求和序列，最後用遞歸均值調整法（RMA，算法介紹見2.1.2節及11.2.3節）進行單位根檢驗，得到不同樣本長度和顯著水平下的臨界值如表11.1所示，其中m為正交多項式的最高次數。

表 11.1　不同樣本數和顯著水平下的RMA單位根檢驗臨界值

m	顯著水平	200	400	600	800	1,000
1	0.01	-3.41	-3.36	-3.36	-3.35	-3.35
1	0.05	-2.79	-2.78	-2.78	-2.78	-2.77
1	0.1	-2.47	-2.47	-2.47	-2.47	-2.47
2	0.01	-3.82	-3.82	-3.82	-3.81	-3.8
2	0.05	-3.27	-3.27	-3.27	-3.26	-3.26
2	0.1	-2.97	-2.97	-2.97	-2.96	-2.96
3	0.01	-4.25	-4.24	-4.24	-4.24	-4.23
3	0.05	-3.69	-3.69	-3.68	-3.68	-3.66
3	0.1	-3.4	-3.4	-3.4	-3.38	-3.36
4	0.01	-4.63	-4.63	-4.63	-4.62	-4.6
4	0.05	-4.08	-4.05	-4.04	-4.03	-4.03
4	0.1	-3.76	-3.76	-3.76	-3.75	-3.75
5	0.01	-4.95	-4.92	-4.92	-4.92	-4.9
5	0.05	-4.39	-4.37	-4.36	-4.35	-4.35
5	0.1	-4.1	-4.07	-4.07	-4.06	-4.06

表11.1(續)

m	顯著水平	200	400	600	800	1,000
6	0.01	−5.28	−5.23	−5.22	−5.22	−5.22
6	0.05	−4.68	−4.66	−4.65	−4.65	−4.65
6	0.1	−4.41	−4.37	−4.36	−4.36	−4.36
7	0.01	−5.57	−5.53	−5.52	−5.5	−5.48
7	0.05	−5.00	−4.95	−4.94	−4.92	−4.92
7	0.1	−4.69	−4.66	−4.65	−4.64	−4.64
8	0.01	−5.88	−5.75	−5.73	−5.73	−5.72
8	0.05	−5.29	−5.23	−5.18	−5.18	−5.18
8	0.1	−4.98	−4.93	−4.91	−4.89	−4.88
9	0.01	−6.14	−6.01	−5.99	−5.99	−5.94
9	0.05	−5.55	−5.47	−5.42	−5.42	−5.42
9	0.1	−5.23	−5.18	−5.15	−5.15	−5.15
10	0.01	−6.32	−6.23	−6.2	−6.19	−6.19
10	0.05	−5.81	−5.65	−5.64	−5.64	−5.63
10	0.1	−5.51	−5.40	−5.38	−5.36	−5.33

可以看出，同一樣本長度和顯著水平下，隨著 m 的增加，臨界值迅速降低，向負軸的左邊偏移。

11.4 確定性趨勢為多項式時單位根檢驗的蒙特卡羅仿真

11.4.1 數據生成過程

考慮多項式時間趨勢序列 $Y_t = S_t + \mu_t$，其中 S_t 為時間的多項式函數，μ_t 為隨機干擾項，假設為 AR（1）過程：$\mu_t = \beta\mu_{t-1} + e_t$，其中 e_t 是獨立同分佈的標準正態分佈，$\mu_0 = 0$。仿真研究了 $\beta = 1$（存在單位根）以及 $\beta = 0.9, 0.8, 0.7, 0.6$（趨勢平穩）的各種情況。

仿真研究的各種趨勢包括：

0 次（無趨勢）趨勢，$S_t = 0$；

1 次（線性）趨勢，$S_t = 0.35(t + 100)$；

2 次趨勢，$S_t = 0.002t^2 + 0.08t - 4$；

3 次趨勢，$S_t = 0.000,02t^3 - 0.01t^2 + 5t - 4$。

其中 $t = 1, 2, 3, \cdots, n$，n 為序列長度，取 200、400、600、800、1,000 進

行了仿真研究。

檢驗中先對原始序列進行差分，再用正交多項式逼近法去除趨勢，再對殘差序列求和，最後對求和得到的序列進行 RMA 單位根檢驗。差分的目的是降低一次時間多項式的次數，當然不差分也是可以的。

11.4.2　殘差項無序列相關時的檢驗水平與功效

假設 e_t 是獨立同分佈的標準正態分佈，我們分別對 0 次無趨勢、1 次線性趨勢、2 次平方趨勢、3 次立方趨勢進行仿真，每個檢驗重複 2,000 次實驗，獲得各種情況下的檢驗功效如表 11.2、表 11.3 所示，其中選取的檢驗水平為 5%，m 為正交多項式的最高次數，β 為相關係數，為 1 時是單位根情形，小於 1 時為平穩情形，所用的樣本長度分別為 200、400、600、800、1,000。

表 11.2　無趨勢與線性趨勢下不同 m 逼近時的檢驗功效（5%顯著水平）

		0 次趨勢					1 次趨勢				
m	β	200	400	600	800	1,000	200	400	600	800	1,000
1	1	0.04	0.06	0.05	0.04	0.04	0.06	0.06	0.05	0.06	0.05
1	0.9	0.58	0.99	1.00	1.00	1.00	0.59	0.99	1.00	1.00	1.00
1	0.8	0.98	1.00	1.00	1.00	1.00	0.98	1.00	1.00	1.00	1.00
2	1	0.05	0.05	0.04	0.06	0.06	0.05	0.04	0.05	0.05	0.04
2	0.9	0.38	0.97	1.00	1.00	1.00	0.41	0.97	1.00	1.00	1.00
2	0.8	0.97	1.00	1.00	1.00	1.00	0.97	1.00	1.00	1.00	1.00
3	1	0.04	0.05	0.04	0.04	0.06	0.06	0.05	0.06	0.05	0.05
3	0.9	0.29	0.92	1.00	1.00	1.00	0.31	0.90	1.00	1.00	1.00
3	0.8	0.91	1.00	1.00	1.00	1.00	0.91	1.00	1.00	1.00	1.00
4	1	0.04	0.06	0.05	0.04	0.05	0.05	0.05	0.05	0.05	0.06
4	0.9	0.26	0.84	1.00	1.00	1.00	0.25	0.85	1.00	1.00	1.00
4	0.8	0.86	1.00	1.00	1.00	1.00	0.85	1.00	1.00	1.00	1.00
5	1	0.05	0.06	0.06	0.05	0.05	0.05	0.06	0.04	0.04	0.06
5	0.9	0.20	0.75	0.99	1.00	1.00	0.20	0.75	0.99	1.00	1.00
5	0.8	0.79	1.00	1.00	1.00	1.00	0.78	1.00	1.00	1.00	1.00
6	1	0.05	0.05	0.05	0.05	0.06	0.05	0.05	0.05	0.06	0.04
6	0.9	0.20	0.69	0.98	1.00	1.00	0.16	0.71	0.98	1.00	1.00
6	0.8	0.66	1.00	1.00	1.00	1.00	0.68	1.00	1.00	1.00	1.00

表 11.3　　　　2 次與 3 次趨勢下不同 m 逼近時的檢驗功效

m	β	2 次趨勢					3 次趨勢				
		200	400	600	800	1,000	200	400	600	800	1,000
1	1	0.05	0.06	0.05	0.04	0.05	0.00	0.00	0.00	0.00	0.00
1	0.9	0.57	0.98	1.00	1.00	1.00	0.00	0.00	0.00	0.00	0.00
1	0.8	0.98	1.00	1.00	1.00	1.00	0.00	0.00	0.00	0.00	0.00
2	1	0.04	0.06	0.04	0.05	0.06	0.05	0.04	0.04	0.05	0.05
2	0.9	0.44	0.96	1.00	1.00	1.00	0.42	0.97	1.00	1.00	1.00
2	0.8	0.96	1.00	1.00	1.00	1.00	0.96	1.00	1.00	1.00	1.00
3	1	0.07	0.04	0.06	0.05	0.05	0.05	0.06	0.06	0.04	0.05
3	0.9	0.32	0.92	1.00	1.00	1.00	0.32	0.90	1.00	1.00	1.00
3	0.8	0.91	1.00	1.00	1.00	1.00	0.92	1.00	1.00	1.00	1.00
4	1	0.06	0.05	0.04	0.06	0.05	0.06	0.05	0.05	0.05	0.05
4	0.9	0.26	0.87	1.00	1.00	1.00	0.24	0.85	0.99	1.00	1.00
4	0.8	0.85	1.00	1.00	1.00	1.00	0.86	1.00	1.00	1.00	1.00
5	1	0.07	0.05	0.06	0.05	0.05	0.05	0.05	0.06	0.04	0.05
5	0.9	0.20	0.75	0.99	1.00	1.00	0.22	0.76	0.99	1.00	1.00
5	0.8	0.80	1.00	1.00	1.00	1.00	0.79	1.00	1.00	1.00	1.00
6	1	0.04	0.06	0.05	0.06	0.04	0.05	0.04	0.06	0.05	0.05
6	0.9	0.16	0.69	0.97	1.00	1.00	0.17	0.69	0.97	1.00	1.00
6	0.8	0.69	1.00	1.00	1.00	1.00	0.67	1.00	1.00	1.00	1.00

　　從表 11.2、表 11.3 中可以看出，用 1 次多項式（m = 1）逼近 3 次多項式（差分後實際為 2 次）將導致檢驗失敗，檢驗將把平穩與單位根過程均判斷為單位根過程，而不管樣本數為多大。其他情況，只要滿足逼近多項式的最高次數等於或高於趨勢的最高次數（注意檢驗中先對趨勢進行差分，相當於降低了一次趨勢的最高次數），將得到較好的檢驗結果。

　　在存在單位根的情況下，對不同的樣本大小，各種逼近方法（只要滿足逼近多項式的最高次數等於或高於趨勢的最高次數加 1）的檢驗功效都接近於設定的顯著水平 5%，這說明不存在明顯的尺度扭曲，不同 β 值下的檢驗功效的比較是有意義的。

　　對同一個趨勢和正交逼近多項式，在同樣的樣本大小下，隨著 β 從 1 逐步下降，檢驗功效迅速增加，這是符合預期的；而如果 β 保持不變時，隨著樣本數的增加，檢驗功效也逐步增加。

　　對確定的帶趨勢時間序列，逼近多項式的最高次數與多項式趨勢的最高次數相同時，將獲得最佳檢驗結果。逼近多項式的次數過低，將導致檢驗完全失

敗。而如果逼近多項式過高的話，雖然檢驗水平不會有太多變化，但檢驗功效也將逐步降低。如趨勢多項式為 2 次、樣本數為 200 且 β 為 0.9 時，如果 m = 1，檢驗功效為 0.57；如果 m = 6，檢驗功效將降低到 0.16，下降是非常顯著的。可見，估計趨勢項的「正確」次數，對檢驗成敗非常重要。

11.5 階數的確定方法

11.5.1 單位根過程通常的 t 檢驗失效

單位根假設下，(11.10) 式、(11.11) 式中各時間項系數顯著性的 t 檢驗不是平穩假設下的 t 分佈，而是維納過程的複雜泛函，其顯著性判斷很困難。比如 μ_t 為標準正態分佈，$Y_t = \mu_t$，按照式 $Y_t = \sum_{i=0}^{p} a_i t^i + \mu_t$ 進行迴歸，其中 $p = 7$。各時間項系數的估計值如下：

	估計值	標準方差	t 檢驗值	Pr (>|t|)
截距項	-3.844e+00	1.012e+00	-3.799	0.000,169
t1	6.886e-01	9.098e-02	7.568	2.73e-13
t2	-2.158e-02	2.619e-03	-8.238	2.64e-15
t3	2.301e-04	3.362e-05	6.845	2.97e-11
t4	-1.246e-06	2.214e-07	-5.629	3.45e-08
t5	3.748e-09	7.783e-10	4.816	2.09e-06
t6	-5.984e-12	1.388e-12	-4.311	2.06e-05
t7	3.948e-15	9.865e-16	4.002	7.52e-05

可以看出，通常的 t 檢驗對所有的系數估計檢驗全部顯著，但真實的情況應該全部不顯著。

11.5.2 最高階 p 的確定方法

對單位根過程而言，對式 (11.10) 進行差分，得到 $\Delta y_t = \sum_{i=0}^{p-1} c_i t^i + e_t$。此時為平穩過程，我們可以用通常的 t 檢驗或者 F 檢驗對時間項系數 c_i 的顯著性進行檢驗。由此可得到最高階 p 的確定方法，設檢驗迴歸式為：

$$\Delta y_t = \sum_{i=0}^{p-1} c_i P_i(t) + e_t \quad (11.25)$$

我們先選擇盡量大的階數 p 對式 (11.25) 進行迴歸，然後用 t 檢驗法檢驗最高階系數的顯著性，如果顯著，就得到所求的 p；如果不顯著，去掉最高次時間項，然後對式 (11.25) 重新進行迴歸，檢驗迴歸式中最高階的顯著

性，如果顯著，就得到所求的 p；重複，直到顯著為止，如果所有的系數都不顯著，則原序列不帶趨勢，$p = 0$。

11.6 任意非線性趨勢的檢驗仿真

考慮任意非線性趨勢序列 $Y_t = S_t + \mu_t$，其中 S_t 為時間的非線性函數，μ_t 為隨機干擾項，同樣假設為 AR（1）過程：$\mu_t = \beta\mu_{t-1} + e_t$，其中 e_t 是獨立同分佈的標準正態分佈，$\mu_0 = 0$。仿真研究 $\beta = 1$ 的單位根情形與 $\beta = 0.9$、0.8、0.7、0.6 等各種趨勢平穩情形。

仿真研究的非線性趨勢包括：平方根趨勢，$S_t = 10(t+100)^{0.5}$；對數趨勢，$S_t = 150\log(t+300)$；結構突變分段線性趨勢，當 $t \in [1, n/2]$ 時，$S_t = 150 - 0.1n + 0.45t$，$t \in [n/2, n]$ 時，$S_t = 150 + 0.25t$，在中間突變並保持連續。其中 $t = 1, 2, 3, \cdots, n$，n 為樣本長度，取 200、400、600、800、1,000 進行仿真研究。

檢驗中先對原始序列進行差分，再用正交多項式逼近法去除趨勢，再對剩下的殘差做序列求和，最後對求和得到的序列進行 RMA 單位根檢驗。檢驗功效如表 11.4、表 11.5 所示。

表 11.4　　平方根與對數趨勢下不同次數逼近的檢驗功效

		平方根趨勢					對數趨勢				
m	β	200	400	600	800	1,000	200	400	600	800	1,000
1	1	0.04	0.05	0.04	0.04	0.03	0.06	0.04	0.04	0.03	0.03
1	0.9	0.55	0.89	0.89	0.79	0.51	0.57	0.94	0.93	0.75	0.23
1	0.8	0.97	1.00	1.00	0.98	0.84	0.98	1.00	1.00	0.97	0.49
2	1	0.05	0.04	0.05	0.06	0.04	0.05	0.04	0.04	0.05	0.04
2	0.9	0.40	0.94	1.00	1.00	1.00	0.41	0.96	1.00	1.00	1.00
2	0.8	0.96	1.00	1.00	1.00	1.00	0.96	1.00	1.00	1.00	1.00
3	1	0.04	0.05	0.06	0.05	0.05	0.05	0.04	0.05	0.06	0.05
3	0.9	0.30	0.92	1.00	1.00	1.00	0.30	0.91	1.00	1.00	1.00
3	0.8	0.89	1.00	1.00	1.00	1.00	0.91	1.00	1.00	1.00	1.00
4	1	0.06	0.05	0.05	0.05	0.07	0.07	0.04	0.05	0.05	0.06
4	0.9	0.25	0.85	0.99	1.00	1.00	0.26	0.84	1.00	1.00	1.00
4	0.8	0.87	1.00	1.00	1.00	1.00	0.85	1.00	1.00	1.00	1.00
5	1	0.04	0.04	0.04	0.05	0.05	0.06	0.06	0.04	0.05	0.04
5	0.9	0.21	0.75	0.98	1.00	1.00	0.21	0.74	0.99	1.00	1.00
5	0.8	0.78	1.00	1.00	1.00	1.00	0.78	1.00	1.00	1.00	1.00
6	1	0.04	0.05	0.04	0.04	0.05	0.05	0.05	0.06	0.04	0.03
6	0.9	0.18	0.68	0.98	1.00	1.00	0.16	0.70	0.99	1.00	1.00
6	0.8	0.69	1.00	1.00	1.00	1.00	0.71	1.00	1.00	1.00	1.00

表 11.5　　結構變化趨勢下不同次數迴歸的檢驗功效

結構變化趨勢

m	β	200	400	600	800	1,000
1	1	0.05	0.04	0.03	0.02	0.03
1	0.9	0.38	0.72	0.78	0.72	0.46
1	0.8	0.90	0.99	0.99	0.97	0.91
2	1	0.04	0.03	0.03	0.02	0.01
2	0.9	0.25	0.45	0.45	0.22	0.08
2	0.8	0.75	0.92	0.89	0.68	0.26
3	1	0.06	0.05	0.04	0.04	0.03
3	0.9	0.28	0.76	0.95	0.99	1.00
3	0.8	0.87	1.00	1.00	1.00	1.00
4	1	0.05	0.04	0.03	0.03	0.04
4	0.9	0.24	0.69	0.91	0.96	0.98
4	0.8	0.77	1.00	1.00	1.00	1.00
5	1	0.06	0.03	0.04	0.04	0.04
5	0.9	0.20	0.68	0.95	0.99	1.00
5	0.8	0.74	1.00	1.00	1.00	1.00
6	1	0.04	0.04	0.03	0.04	0.03
6	0.9	0.15	0.57	0.89	0.99	1.00
6	0.8	0.64	1.00	1.00	1.00	1.00

　　從表11.4、表11.5中可以看出，非多項式趨勢與多項式趨勢顯示出不同的特徵。如不同樣本長度的最佳逼近次數可能不同，如樣本長度為200時，平方根、對數與結構變化的最佳逼近次數都是2次；而對樣本長度為400而言，平方根與對數趨勢的最佳逼近次數為3次，而結構變化為4次。多項式趨勢的最佳逼近次數是唯一的，而非多項式趨勢可能有多個最佳逼近次數。如樣本數為600或800時，平方根、對數的最佳逼近次數可能為3、4或5，而結構變化的最佳逼近次數為4或6。

　　對結構變化而言，3次多項式逼近的效果則很差。

　　對同一個趨勢和正交逼近多項式，在同樣的樣本大小下，隨著β從1逐步下降，檢驗功效迅速增加，這是符合預期的；而如果β保持不變時，隨著樣本數的增加，檢驗功效也逐步增加。

11.7 殘差存在序列相關的檢驗水平與功效仿真

設 $\mu_t = \beta\mu_{t-1} + e_t$，$e_t = \rho e_{t-1} + \varepsilon_t$，其中 ε_t 為標準正態分佈，樣本數為 200。在 5% 的顯著水平下，分別對無趨勢、線性趨勢、平方根趨勢、二次趨勢、對數趨勢、結構突變趨勢以及波動趨勢進行仿真，每個檢驗重複 2,000 次實驗，獲得各種情況下的檢驗功效（即不存在單位根的概率）如表 11.6 所示。

表 11.6 殘差為 AR1 時的檢驗水平與功效（N = 200，檢驗水平為 5%）

m	β	ρ	無趨勢	線性	平方根	對數	平方	結構變化	波動
1	1	0.6	0.05	0.05	0.05	0.05	0.05	0.05	0.05
2	1	0.6	0.05	0.05	0.05	0.05	0.05	0.05	0.06
3	1	0.6	0.06	0.06	0.06	0.06	0.06	0.06	0.06
4	1	0.6	0.05	0.05	0.05	0.05	0.05	0.05	0.05
1	0.9	0.6	0.44	0.44	0.44	0.44	0.44	0.38	0.45
2	0.9	0.6	0.29	0.29	0.29	0.29	0.29	0.29	0.30
3	0.9	0.6	0.23	0.23	0.23	0.23	0.23	0.22	0.22
4	0.9	0.6	0.19	0.19	0.19	0.19	0.19	0.17	0.18
1	1	0.4	0.05	0.05	0.05	0.05	0.05	0.05	0.05
2	1	0.4	0.05	0.05	0.05	0.05	0.05	0.04	0.05
3	1	0.4	0.06	0.06	0.06	0.06	0.06	0.06	0.06
4	1	0.4	0.05	0.05	0.05	0.05	0.05	0.04	0.04
1	0.9	0.4	0.46	0.46	0.44	0.45	0.46	0.32	0.45
2	0.9	0.4	0.35	0.35	0.35	0.35	0.35	0.32	0.33
3	0.9	0.4	0.25	0.25	0.25	0.25	0.25	0.24	0.23
4	0.9	0.4	0.20	0.20	0.20	0.20	0.20	0.20	0.16
1	1	-0.4	0.04	0.04	0.04	0.04	0.04	0.03	0.03
2	1	-0.4	0.05	0.05	0.05	0.05	0.05	0.04	0.02
3	1	-0.4	0.05	0.05	0.05	0.05	0.05	0.03	0.01
4	1	-0.4	0.03	0.03	0.03	0.03	0.03	0.03	0.01
1	0.9	-0.4	0.52	0.52	0.49	0.51	0.52	0.08	0.32
2	0.9	-0.4	0.35	0.35	0.35	0.35	0.35	0.28	0.17
3	0.9	-0.4	0.30	0.30	0.30	0.30	0.30	0.23	0.10
4	0.9	-0.4	0.19	0.19	0.19	0.19	0.19	0.16	0.05
1	1	-0.6	0.05	0.05	0.04	0.04	0.05	0.02	0.02

表11.6(續)

m	β	ρ	無趨勢	線性	平方根	對數	平方	結構變化	波動
2	1	-0.6	0.04	0.04	0.04	0.04	0.04	0.04	0.00
3	1	-0.6	0.05	0.05	0.05	0.05	0.05	0.04	0.01
4	1	-0.6	0.04	0.04	0.04	0.04	0.04	0.03	0.00
1	0.9	-0.6	0.49	0.49	0.46	0.48	0.49	0.05	0.25
2	0.9	-0.6	0.34	0.34	0.34	0.34	0.34	0.24	0.13
3	0.9	-0.6	0.30	0.30	0.30	0.30	0.30	0.20	0.06
4	0.9	-0.6	0.20	0.20	0.20	0.20	0.20	0.15	0.03

仿真研究的各種趨勢包括：無趨勢，$S_t = 0$；線性趨勢，$S_t = 0.35(t + 100)$；平方根趨勢，$S_t = 10(t + 100)^{0.5}$；二次趨勢，$S_t = 0.000,7(t + 100)^2$；對數趨勢，$S_t = 150\log(t + 300)$；結構突變分段線性趨勢，當 $t \in [1, n/2]$ 時，$S_t = 150 - 0.1n + 0.45t$，$t \in [n/2, n]$ 時，$S_t = 150 + 0.25t$，在中間突變並保持連續；波動趨勢，$S_t = 0.35t + \sin(0.2t)$。

設 $\mu_t = \beta\mu_{t-1} + e_t$，殘差項為 MA(1) 過程：$e_t = \varepsilon_t + \rho\varepsilon_{t-1}$，其中 ε_t 為標準正態分佈，樣本數為200。在5%的顯著水平下，我們分別對各種趨勢進行仿真，每個檢驗重複2,000次實驗，獲得各種情況下的檢驗功效如表11.7所示。

表11.7 殘差為MA1時的檢驗水平與功效（N=200，檢驗水平為5%）

m	β	ρ	無趨勢	線性	平方根	對數	平方	結構變化	波動
1	1	0.6	0.02	0.02	0.03	0.02	0.02	0.03	0.03
2	1	0.6	0.03	0.03	0.03	0.03	0.03	0.02	0.03
3	1	0.6	0.03	0.03	0.03	0.03	0.03	0.03	0.03
4	1	0.6	0.03	0.03	0.03	0.03	0.03	0.03	0.04
1	0.9	0.6	0.17	0.17	0.16	0.17	0.17	0.10	0.21
2	0.9	0.6	0.11	0.11	0.10	0.11	0.11	0.09	0.16
3	0.9	0.6	0.08	0.08	0.08	0.08	0.08	0.07	0.12
4	0.9	0.6	0.06	0.06	0.06	0.06	0.06	0.05	0.09
1	1	0.4	0.03	0.03	0.02	0.02	0.03	0.02	0.04
2	1	0.4	0.04	0.04	0.04	0.04	0.04	0.04	0.05
3	1	0.4	0.02	0.02	0.02	0.02	0.02	0.02	0.05
4	1	0.4	0.03	0.03	0.03	0.03	0.03	0.03	0.04
1	0.9	0.4	0.15	0.15	0.16	0.16	0.15	0.09	0.23
2	0.9	0.4	0.10	0.10	0.10	0.10	0.10	0.10	0.17
3	0.9	0.4	0.07	0.07	0.07	0.07	0.07	0.07	0.11
4	0.9	0.4	0.04	0.04	0.04	0.04	0.04	0.03	0.09

表11.7(續)

m	β	ρ	無趨勢	線性	平方根	對數	平方	結構變化	波動
1	1	-0.4	0.03	0.03	0.03	0.03	0.03	0.01	0.12
2	1	-0.4	0.03	0.03	0.03	0.03	0.03	0.03	0.15
3	1	-0.4	0.02	0.02	0.02	0.02	0.02	0.02	0.15
4	1	-0.4	0.03	0.03	0.03	0.03	0.03	0.02	0.16
1	0.9	-0.4	0.15	0.15	0.12	0.14	0.15	0.01	0.44
2	0.9	-0.4	0.11	0.11	0.11	0.11	0.11	0.08	0.40
3	0.9	-0.4	0.08	0.08	0.08	0.08	0.08	0.05	0.34
4	0.9	-0.4	0.05	0.05	0.06	0.05	0.05	0.04	0.27
1	1	-0.6	0.02	0.02	0.02	0.02	0.02	0.01	0.27
2	1	-0.6	0.03	0.03	0.03	0.03	0.03	0.02	0.28
3	1	-0.6	0.02	0.02	0.02	0.02	0.02	0.02	0.28
4	1	-0.6	0.03	0.03	0.03	0.03	0.03	0.02	0.28
1	0.9	-0.6	0.13	0.13	0.10	0.12	0.13	0.00	0.60
2	0.9	-0.6	0.08	0.08	0.09	0.09	0.08	0.02	0.55
3	0.9	-0.6	0.05	0.05	0.05	0.05	0.05	0.03	0.47
4	0.9	-0.6	0.04	0.04	0.04	0.04	0.04	0.03	0.44

仿真結果表明，在殘差項存在 MA（1）模式的相關時，就檢驗水平而言，波動趨勢在 ρ 為負值時，將存在一定的水平扭曲，其他情況下檢驗水平沒有扭曲。

11.8 小結

單位根檢驗分為無趨勢、線性趨勢與非線性趨勢三種情形。無趨勢相當於無漂移的隨機漫步過程，線性趨勢相當於漂移速度不變的隨機漫步過程，而非線性趨勢相當於漂移速度是變化的。統計軟件中標準的 ADF 或 PP 單位根檢驗法對漂移速度變化的單位根過程檢驗無能為力。

本章提出用正交多項式逼近任意線性、非線性的確定性時間趨勢，然後對殘差進行單位根檢驗的方法，推導了正交多項式的逼近性質，研究了這種單位根檢驗統計量的極限分佈，並提出了正交多項式最高階數的確定方法，仿真研究了殘差相關與不相關時的檢驗功效。結果表明，檢驗方法是有效的。只要選擇合適的正交多項式階數，對多項式趨勢的逼近將是無誤差的，而對非多項式趨勢逼近的誤差也可以很小，從而得到正確的單位根檢驗結果。

12 基於奇異值分解去勢的非特定趨勢序列單位根檢驗法

本章提出 SVD-RMA 含趨勢單位根檢驗法，基於奇異值分解將時間序列的趨勢項與干擾項分離，然後用遞歸均值調整法對干擾項進行單位根檢驗。仿真實驗表明，SVD-RMA 法對無趨勢、線性與非線性趨勢甚至包含結構突變過程的檢驗功效都不錯，對殘差項存在序列相關時的檢驗水平和功效也是令人滿意的。

本章第一部分為引言，第二部分詳細介紹 SVD-RMA 算法的具體實現，第三部分提供了 SVD-RMA 檢驗的不同樣本長度和檢驗水平的臨界值，第四部分提供了詳細的仿真結果，第五部分為小結。

12.1 引言

在時間序列的計量分析中，不管是多變量的迴歸分析，還是用 ARMA 模型來描述單個時間序列，平穩性要求都是一個基本前提。當然，經濟數據時間序列常常有一個隨時間不斷增長的確定性趨勢，顯示出非平穩性。但如果去掉趨勢項後的剩餘項是平穩的，則稱為趨勢平穩過程；否則稱為差分平穩過程，也就是所謂的單位根過程。

平穩性的檢驗非常重要，但到目前還是沒有完全解決。大部分文獻在實證分析中都使用 ADF 方法做單位根檢驗，但 ADF 恰當的適用範圍較窄，通常只對大樣本線性趨勢適用，其檢驗功效也較低；PP 檢驗的檢驗功效較高，但對非線性趨勢基本上也無能為力。ADF 與 PP 檢驗對數據生成過程敏感，應用於非線性趨勢情形的檢驗，結果可能存在疑問，甚至得出完全錯誤的結論。眾所周知的例子如 Nelson 與 Plosser 在 1982 年用 ADF 方法檢驗 14 個美國宏觀經濟數據，發現存在 13 個單位根過程；但 Perron 在 1989 年引入結構變點這種非線性模型後，發現真正的單位根過程只有 3 個。

實際經濟數據很難令人信服地假設為是線性趨勢的。當然，我們可以假設趨勢是平方根的、多項式的、對數的、分段線性的等各種非線性模型，然後分別用 ADF 或者 PP 檢驗針對每種情況進行單位根檢驗的研究，但由於事前並不知道趨勢形式，這種方法無疑是繁雜而缺少針對性的。

本章提出一種新的單位根檢驗算法（SVD-RMA 法），可以一致地處理線性與各種非線性趨勢的單位根檢驗。算法通過奇異值分解（SVD）估計趨勢項，剩餘項用遞歸均值調整（RMA）後的 DF 算法來進行單位根檢驗。因為對趨勢的估計使用一種非參數的方法，不需要對趨勢的線性或非線性的具體形式進行假設。

本章研究的數據模型，假設時間序列 Y_t 由趨勢項 S_t 與干擾項 μ_t 構成：

$$Y_t = S_t + \mu_t \tag{12.1}$$

其中 S_t 為確定性時間趨勢項，可能為時間的線性或者各種非線性形式，μ_t 為隨機干擾項，假設為一階自迴歸模型：$\mu_t - \mu = \rho(\mu_{t-1} - \mu) + e_t$，其中 e_t 是均值為 0 的平穩過程。則如果 $|\rho| < 1$，Y_t 是趨勢平穩的；若 $\rho = 1$，則存在單位根。

蒙特卡羅仿真實驗表明，這種單位根檢驗方法對線性趨勢與各種非線性趨勢都可以做出很好的檢驗，檢驗功效也比較理想。比如，在 250 個樣本數，$\rho = 0.8$ 時，SVD-RMA 法對線性趨勢、平方根趨勢、二次趨勢、對數趨勢甚至結構突變的分段線性趨勢等各種情況的檢驗功效都超過 93.8%，而傳統的 ADF 與 PP 檢驗除了對線性趨勢檢驗功效較高外，對其他非線性趨勢檢驗功效最好時也沒超過 40%。

12.2 SVD-RMA 單位根檢驗算法

對矩陣進行奇異值分解，可以將其分解到不同的正交空間上，很好地去除矩陣行、列兩方向的相關性與共線性（張賢達，1995）。本章算法利用奇異值分解的良好性質來處理時間序列，但需先將一維序列二維矩陣化。

12.2.1 一維時間序列的二維矩陣化

假如時間序列為 $x_1, x_2, \cdots, x_n$，令 $m = \left[\dfrac{n+1}{2}\right]$，[ ] 表示取整，$k = n - m + 1$。定義矩陣：

$$X = (x_{ij})_{m \times k} = \begin{pmatrix} x_1 & x_2 & \cdots & x_k \\ x_2 & x_3 & \cdots & x_{k+1} \\ \vdots & \vdots & \ddots & \vdots \\ x_m & x_{m+1} & \cdots & x_n \end{pmatrix} \tag{12.2}$$

其中 $x_{ij} = x_p$，滿足 $p = i + j - 1$。

這樣我們就把一維時間序列轉換為了二維矩陣，從而可以利用 SVD 的良好性質對時間序列進行處理。反過來，將矩陣中對應的數值取出，也容易從二維矩陣中恢復一維時間序列。可以看出，從矩陣 X 中恢復時間序列 $x_1, x_2, \cdots, x_n$ 時，同一個 p 值可能對應不同的 (i, j) 對，此時可對不同 (i, j) 位置的 x_{ij} 求平均來恢復 x_p。

如果 n 為奇數，$m = k = (n + 1)/2$，X 將為一個對稱實矩陣；如果 n 為偶數，$m = n/2$，$k = m + 1$，除了多出最後一列外，X 剩餘部分也是一個對稱實矩陣。

12.2.2 奇異值分解

設 X 為 $m \times k$ 維實數矩陣，滿足 $m \leq k$，行列相同時必為對稱矩陣，則按照奇異值分解（Singular Value Decomposition）理論，分別存在一個 $m \times m$ 矩陣 U 和 $k \times k$ 矩陣 V，使得：

$$X = U \Lambda V^T \tag{12.3}$$

其中 U、V 為單位正交矩陣，滿足 $UU^T = E_{m \times m}$，$VV^T = E_{k \times k}$，Λ 為 $m \times k$ 維對角矩陣，其主對角元素非負，並且按照下列順序排列：$\lambda_{11} \geq \lambda_{22} \geq \cdots \geq \lambda_{mm} \geq 0$，其他元素全為 0。

在奇異值分解中，因矩陣 Λ 非對角元素全為 0，按對角展開，把非 0 元素乘出來，有：

$$X = \sum_{i=1}^{m} \lambda_{ii} u_i v_i^T \tag{12.4}$$

其中 u_i 為矩陣 U 的第 i 個列向量（$m \times 1$），v_i 為矩陣 V 的第 i 個列向量（$k \times 1$）。令 $X_i = \lambda_{ii} u_i v_i^T$，因 u_i 與 v_i 為單位向量，X_i 矩陣中每個元素的大小將主要由奇異值 λ_{ii} 決定。並且有：

$$X = \sum_{i=1}^{m} X_i \tag{12.5}$$

也就是說，原始序列 $m \times k$ 維矩陣 X 分解為了 m 個 $m \times k$ 維分量矩陣 X_i 之和。因為分量矩陣中每個元素的大小將主要由奇異值大小決定，顯然大的奇異值對應的 X_i 分量矩陣決定了模型中趨勢的主要成分，小的奇異值對應的 X_i 分量決定了統計上的隨機成分。計算表明，對無趨勢序列而言，奇異值序列 λ_{ii} 將緩慢下降；而對趨勢序列而言，前面幾個奇異值遠大於後面的奇異值，奇異值序列陡降後緩慢下降。

我們可以取前面幾個特徵值對應的分量矩陣來估計序列的趨勢部分。在本算法中，用前面最大的兩個奇異值來估計趨勢，即取 $X_1 + X_2$ 為趨勢部分的估計值，則 $X - (X_1 + X_2)$ 為剩餘項部分的估計值，即干擾項 μ_t 的估計值。

12.2.3 遞歸均值調整單位根檢驗原理

考慮 AR（1）時間序列模型 $y_t - \mu = \rho(y_{t-1} - \mu) + e_t$，$t=1,2,\cdots,n$。在 DF 檢驗中，用普通最小二乘法估計相關係數 ρ，但因為自變量與誤差項是相關的，估計是有偏的，並且估計量的分佈也存在嚴重的左偏，當其趨於 1（單位根情形）時，左偏變得更加嚴重，從而影響了 DF 單位根檢驗的功效。為了改善檢驗功效，申和索（Shin，So，2001）等人提出使用遞歸均值調整（Recursive Mean Adjustment）的方法來改善迴歸系數的估計，從而改善了 ρ 的估計，進而改善了 DF 檢驗的功效。

RMA 檢驗法的檢驗統計量為：

$$\hat{\tau}_r = \frac{(\hat{\rho}_r - 1)}{se(\hat{\rho}_r)} = \frac{\hat{\rho}_r - 1}{\hat{\sigma}_r} \left[\sum_{t=2}^{n} (y_{t-1} - \overline{y_{t-1}})^2 \right]^{0.5} \qquad (12.6)$$

其中相關係數 ρ 的估計值為：

$$\hat{\rho}_r = \frac{\sum_{t=2}^{n} (y_t - \overline{y_{t-1}})(y_{t-1} - \overline{y_{t-1}})}{\sum_{t=2}^{n} (y_{t-1} - \overline{y_{t-1}})^2} \qquad (12.7)$$

誤差項的方差估計為：

$$\hat{\sigma}_r^2 = \frac{1}{n-2} \sum_{t=2}^{n} \left[(y_t - \overline{y_{t-1}}) - \hat{\rho}_r (y_{t-1} - \overline{y_{t-1}}) \right]^2 \qquad (12.8)$$

其中按時間遞歸調整的均值計算公式為：

$$\overline{y_{t-1}} = \frac{1}{t-1} \sum_{i=1}^{t-1} y_i \qquad (12.9)$$

此方法與普通 DF 的唯一區別是用遞歸調整的均值取代所有樣本的均值，從而獲得相關係數估計和檢驗功效的改善。

12.2.4 SVD-RMA 單位根檢驗方法

本章提出的 SVD-RMA 單位根檢驗算法，先將一維時間序列按公式（12.2）轉換為二維矩陣，然後進行奇異值分解（SVD），取前面最大的兩個奇異值對應的分量矩陣來估計時間趨勢項，剩餘部分為無趨勢剩餘項 μ_t 的估計，然後對剩餘部分應用 RMA 方法進行無趨勢單位根檢驗。

12.3 SVD-RMA 單位根檢驗的臨界值

12.3.1 不同趨勢時單位根檢驗統計量分佈幾乎重疊

考慮時間趨勢序列 $Y_t = S_t + \mu_t$，其中 S_t 分別包括無趨勢、線性趨勢、平方根趨勢、二次趨勢、對數趨勢與結構突變分段線性趨勢。μ_t 為隨機干擾項，假設為單位根過程：$\mu_t = \mu_{t-1} + e_t$，e_t 是獨立同分佈的標準正態分佈 $N(0,1)$。

在樣本數為 400 的情況下，我們用 SVD 去除趨勢，然後用 RMA 進行單位根檢驗，重複 2,000 次得到不同趨勢檢驗統計量的概率分佈，如圖 12.1 所示。

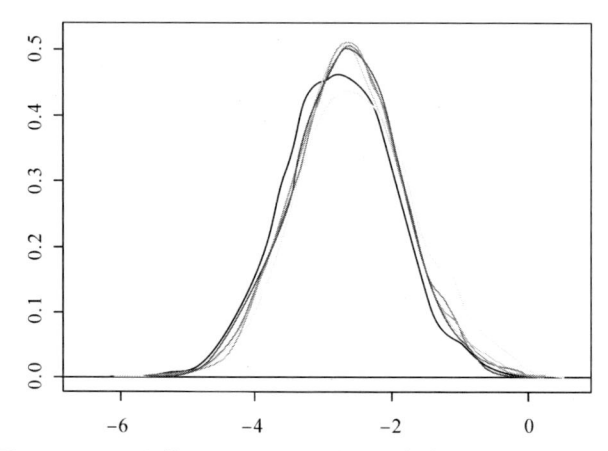

圖 12.1　不同趨勢下 SVD-RMA 單位根檢驗統計量的概率分佈

可以看出，不同趨勢下 SVD-RMA 單位根統計量的概率分佈曲線大致是重疊的，特別是線性趨勢、平方根趨勢、二次趨勢、對數趨勢幾乎完全重疊，結構突變趨勢在左邊也重疊得很好，說明它們在不同的顯著水平下都有接近相同的臨界值。當然無趨勢序列的統計量概率分佈曲線略微左偏，據此得出的臨界值應用於其他趨勢曲線時，將導致檢驗水平略低於設定的檢驗水平，檢驗功效也要略低於更理想的情況。但這個問題並不嚴重，首先，分佈曲線雖然沒完全重疊，但相隔並不遠，得到的臨界值差別不大；其次，臨界值略為左偏只是導致檢驗水平降低，檢驗更加保守而已；最後，我們也可以直接對線性趨勢仿真來獲得帶趨勢時的臨界值，這樣可以對帶趨勢情形的檢驗獲得更好的檢驗功效，但對無趨勢時可能會有小小的檢驗水平扭曲。

12.3.2　SVD-RMA 的單位根檢驗臨界值

利用數據生成過程：$\mu_t = \mu_{t-1} + e_t$，$e_t \in IIN(0,1)$，$\mu_0 = 0$，在不同的時間長

度下分別生成帶單位根隨機序列，然後按照 SVD-RMA 算法計算檢驗統計量，進行 10,000 次重複，得到了 SVD-RMA 的單位根檢驗在不同樣本數和顯著水平下的檢驗臨界值，如表 12.1 所示。如在 5% 的顯著水平下，樣本數為 25，50，100，250 的臨界值分別為 -4.56，-4.357，-4.229，-4.147。

表 12.1　不同樣本數和顯著水平下的 SVD-RMA 單位根檢驗臨界值

顯著水平	n=25	n=50	n=100	n=200	n=250	n=500	n=1,000
1%	-5.438	-5.010	-4.880	-4.700	-4.732	-4.681	-4.660
2%	-5.063	-4.748	-4.632	-4.497	-4.493	-4.464	-4.426
3%	-4.850	-4.579	-4.476	-4.372	-4.340	-4.317	-4.263
4%	-4.700	-4.452	-4.338	-4.256	-4.239	-4.211	-4.153
5%	-4.560	-4.357	-4.229	-4.165	-4.147	-4.122	-4.071
6%	-4.451	-4.257	-4.146	-4.095	-4.069	-4.044	-3.988
7%	-4.364	-4.176	-4.081	-4.030	-3.998	-3.982	-3.929
8%	-4.288	-4.104	-4.028	-3.968	-3.946	-3.932	-3.866
9%	-4.207	-4.045	-3.979	-3.918	-3.896	-3.883	-3.821
10%	-4.140	-3.970	-3.933	-3.869	-3.847	-3.840	-3.775

可以看出，隨著樣本數的增加，不同顯著水平下的臨界值先快速下降，然後保持緩慢下降趨勢至極限值。

12.4　蒙特卡羅仿真

12.4.1　數據生成過程

考慮時間趨勢序列 $Y_t = S_t + \mu_t$，其中 S_t 為線性或者各種非線性趨勢函數，μ_t 為隨機干擾項，考慮 AR（1）過程，$\mu_t - \mu = \rho(\mu_{t-1} - \mu) + e_t$，其中 e_t 是獨立同分佈的正態分佈 $N(0, \delta^2)$，$\mu = 0$。本章仿真研究了 $\rho = 1$（Y_t 存在單位根）以及 $\rho = 0.95, 0.9, 0.8, 0.7, 0.6, 0.5$（趨勢平穩）的各種情況。

仿真研究的各種趨勢包括：

線性趨勢，$S_t = 0.35(t + 100)$；

平方根趨勢，$S_t = 10(t + 100)^{0.5}$；

二次趨勢，$S_t = 0.000\,7(t + 100)^2$；

對數趨勢，$S_t = 150\log(t + 300)$；

結構突變分段線性趨勢，當 $t \in [1, n/2]$ 時，$S_t = 150 - 0.1n + 0.45t$，$t \in$

$[n/2, n]$ 時，$S_t = 150 + 0.25t$，在中間突變並保持連續。

其中 $t = 1, 2, 3, \cdots, n$，n 為序列長度，我們取 25，50，100，250 進行了仿真研究。

12.4.2 殘差項無相關時 SVD-RMA 單位根檢驗的檢驗水平及功效

取 e_t 為標準正態分佈，我們分別對 $\rho = 1$，0.95，0.9，0.8，0.7，0.6，0.5，n 取 25，50，100，250 下的各種趨勢進行了仿真研究。零假設為：$H_0: \rho = 1$，備擇假設為：$H_1: \rho < 1$。在 5% 的顯著水平下，各自的臨界值分別取 −4.56，−4.357，−4.229，−4.147。我們分別對無趨勢、線性趨勢、平方根趨勢、二次趨勢、對數趨勢以及結構突變趨勢進行仿真，每個檢驗重複 1,000 次，獲得各種情況下的檢驗功效（即不存在單位根的概率）如表 12.2、表 12.3 所示。

其中 ADF 與 PP 檢驗的結果是應用 R 統計軟件獲得的。

表 12.2　各種趨勢下不同檢驗方法的檢驗功效（Power）（一）

n	ρ	線性趨勢			平方根趨勢			二次趨勢		
		ADF	PP	SVD-RMA	ADF	PP	SVD-RMA	ADF	PP	SVD-RMA
25	1	4.6	3.3	4.2	5.2	2.9	2.9	4.8	3.6	4.2
25	0.95	4.5	4.1	3.4	4.7	3.5	3.4	3.7	3.4	4.8
25	0.9	6.7	5.2	3.9	4	6.1	3.8	4.4	4.9	3.7
25	0.8	5.6	7.9	5.9	5.9	7	4.9	5.4	7.3	5
25	0.7	7	10	7.1	6.3	10.1	5.8	7.8	12.1	6.2
25	0.6	9.6	19.1	11.2	8.7	18.6	8.2	9.5	20	8
25	0.5	10.7	29.7	13.9	12.1	28.7	13.4	11.1	30.8	13.1
50	1	4.5	5.6	3.8	4.5	5	3.8	4.1	4.6	3.3
50	0.95	5.1	6.7	4.5	6.1	7.3	4.5	5.7	7.4	4.2
50	0.9	6.2	10.2	5.8	6.1	9.5	6.3	6.9	9	4.8
50	0.8	8.8	23.5	12.3	9.5	25.4	12.7	10.3	26.5	14.2
50	0.7	18	49.9	26	16.4	50.3	25.3	16.4	51.3	27.1
50	0.6	22	77.5	48.8	23.9	76.8	44.1	19	76.7	51.5
50	0.5	28.1	93.4	67.5	28.8	90.8	69	27.2	92.2	68.7
100	1	4.6	5.3	4	5	6	3.7	3.4	5.6	3.6
100	0.95	5.5	10.2	5.7	6.1	10.6	5.7	6.7	11.3	5.6
100	0.9	11.8	25.7	10.9	11.6	23.5	13.2	9.3	23.9	13.1
100	0.8	31.7	75.1	39.1	21.5	60.7	38.9	20.9	62.4	45
100	0.7	48.4	99.3	76	32.1	89.7	76.5	30.6	88.2	81.3
100	0.6	62.1	100	96.1	34.2	97.7	96.2	32.8	97.1	97.2
100	0.5	76.1	100	99.8	39.5	99.9	99.7	36	99.8	99.8

表12.2(續)

n	ρ	線性趨勢			平方根趨勢			二次趨勢		
		ADF	PP	SVD-RMA	ADF	PP	SVD-RMA	ADF	PP	SVD-RMA
250	1	4.4	5.8	3.9	5.1	5.6	2.7	2.7	2.4	4.3
250	0.95	19.3	38.2	13.6	8.1	10.3	13.1	1.5	1.2	12.6
250	0.9	54	90.6	46.6	12.4	22.4	45.5	0.2	0.2	47.8
250	0.8	90.6	100	99.5	5.9	38.5	99.2	0	0	99.4
250	0.7	98.3	100	100	1.8	51.6	100	0	0	100
250	0.6	99.9	100	100	0.8	65.7	100	0	0	100
250	0.5	100	100	100	0	76.2	100	0	0	100

表12.2 對應線性趨勢、平方根趨勢與二次趨勢的情形，表12.3 對應對數趨勢與結構突變趨勢的情形。

表12.3　各種趨勢下不同檢驗方法的檢驗功效（Power）（二）

n	ρ	對數趨勢			結構突變		
		ADF	PP	SVD-RMA	ADF	PP	SVD-RMA
25	1	3.2	4.3	3.8	4.8	3.9	2.7
25	0.95	5.2	4	5.3	3.7	4.5	4.1
25	0.9	3.9	4.4	3.2	4.4	4.5	3.6
25	0.8	5.7	8.4	4.9	5.4	5.5	4.5
25	0.7	7.9	14.3	7.1	7.8	9.9	6.6
25	0.6	8.6	19.9	9.8	9.5	15.3	11.6
25	0.5	11.8	29.6	13.9	11.1	24.4	14.1
50	1	5.1	6.1	4.1	4.1	3.5	5.3
50	0.95	4.4	7.5	4.4	5.7	3.9	3.4
50	0.9	7.5	10.5	5.7	6.9	6.8	5.7
50	0.8	11.9	25.5	14.4	10.3	13.2	9.4
50	0.7	15.3	50	27.4	16.4	20.9	19.8
50	0.6	24.8	75.4	46	19	32.2	35.6
50	0.5	28.6	92.6	69	27.2	43.2	59.7
100	1	3.6	5.7	3.3	3.4	5.1	2.5
100	0.95	6.7	10.7	5.8	6.7	5.5	4.2
100	0.9	10.9	24	12.8	9.3	7.8	8.8
100	0.8	26.1	66.5	43.9	20.9	9.8	26.6
100	0.7	34.3	92.1	81	30.6	10.1	61.7
100	0.6	41	98.9	97.6	32.8	12.8	89.5
100	0.5	43.1	100	99.9	36	18.9	99.2
250	1	4	3.2	3.7	2.7	3.8	3.1

表12.3(續)

n	ρ	對數趨勢			結構突變		
		ADF	PP	SVD-RMA	ADF	PP	SVD-RMA
250	0.95	8.5	9.8	14.1	1.5	0.8	8
250	0.9	7.2	16.5	50.9	0.2	0	31.6
250	0.8	3	25.4	99.7	0	0	93.8
250	0.7	0.4	31	100	0	0	99.9
250	0.6	0	38.9	100	0	0	100
250	0.5	0.2	52.6	100	0	0	100

　　從表12.2與表12.3中可以看出，在存在單位根（$\rho=1$）的情況下，對不同的樣本大小，各種檢驗方法對各種線性與非線性趨勢的檢驗功效都接近於設定的顯著水平5%，即將單位根過程判斷為不存在單位根的概率接近5%，說明不存在明顯的尺度扭曲，對不同 ρ 值下的檢驗功效的比較是有意義的。特別是對SVD-RMA檢驗法而言，仿真結果沒有明顯的尺度扭曲，表明不同趨勢序列使用SVD去勢後使用同樣的臨界值表進行RMA檢驗是合理的，這也間接說明SVD的去勢效果良好。

　　在樣本數為25時，如果 ρ 不低於0.5，ADF、PP、SVD-RMA檢驗的檢驗功效都不高。如果將檢驗功效低於50%認為不能正常使用的話（此時大部分平穩過程將被看作存在單位根），樣本數為25時，幾種檢驗都不能很好工作。在 $\rho \geq 0.95$ 時，即使樣本數較大，也容易被判斷為存在單位根。

　　對同一個趨勢，在同樣的樣本大小下，隨著 ρ 從1逐步下降，各種方法的檢驗功效都迅速增加，這是符合預期的（後面的仿真實驗表明，這樣的結論也不是絕對的，可能存在例外的情況）。

　　對同一個趨勢，在 ρ 保持不變時，隨著樣本數的增加，檢驗功效按理應該保持增加趨勢。線性趨勢下各檢驗方法確實遵循這個規律，各種非線性趨勢下的SVD-RMA檢驗法符合這樣的規律，但對ADF與PP檢驗法而言，在非線性趨勢情況下並沒有這種規律，如對二次趨勢而言，在 $\rho=0.7$ 的情況下，ADF與PP在100個樣本數時的檢驗功效分別為30.6%、88.2%，但在250個樣本數的情況下，檢驗功效都降低為0。這種情況的原因是干擾項方差對趨勢項方差的相對大小影響到檢驗功效，事實上，ADF與PP對非線性趨勢序列的檢驗能力嚴重依賴於序列趨勢部分與干擾部分方差的相對大小，後者相對越大，檢驗功效越大（劉田，2008）。在樣本數增加時，趨勢部分方差增加，但干擾部分方差保持不變，故而檢驗功效變小。

　　ADF只對線性趨勢可用，並且只在樣本數較大和 ρ 較小時，才有好的檢驗功效。如樣本數為100，$\rho=0.7$ 時，檢驗功效也只有48.4%。ADF檢驗對其他非線性趨勢檢驗功效都低到沒法應用的地步。

PP檢驗對線性趨勢效果良好，並對部分非線性趨勢在一定條件下具有檢驗能力，但在多數情況下對非線性趨勢檢驗結果糟糕。如對二次趨勢與結構變化序列，即使在250個樣本數，$\rho=0.5$的情況下，其檢驗功效都是0，將全部判斷為存在單位根。

在樣本數較大或相關係數稍小時，SVD-RMA對各種線性與非線性趨勢的檢驗功效都很好。比如在250個樣本數，$\rho=0.8$的情況下，SVD-RMA法對線性趨勢、平方根趨勢、二次趨勢、對數趨勢甚至結構突變的分段線性趨勢等各種情況的檢驗功效都超過93.8%；在100個樣本數，$\rho=0.7$的情況下，SVD-RMA法的檢驗功效最低也有61.7%。

12.4.3 干擾項方差變化對檢驗功效的影響

仿真試驗表明（劉田，2008），對非線性趨勢序列的單位根檢驗而言，干擾項方差與趨勢項方差的相對大小會顯著影響檢驗結果和功效，如果干擾項相對方差很大，ADF與PP檢驗也可對非線性趨勢做出正確的檢驗。此時干擾項將趨勢淹沒，接近於無趨勢序列，所以從直觀上是容易理解的。

為了驗證趨勢項與干擾項方差相對大小對各種檢驗方法檢驗功效的影響，我們固定序列長度為250，在$\rho=0.6$、0.8兩種情況下，讓各趨勢項保持不變，干擾項$\mu_t=\rho\mu_{t-1}+e_t$中，誤差項e_t是獨立同分佈的正態分佈$N(0,\delta^2)$，讓δ從0.1增加到3.5，每次增加0.1，每個方差各做1,000次仿真實驗，計算不同檢驗方法的檢驗功效，可以得到不同趨勢下檢驗功效隨δ的變化情況。檢驗結果如圖12.2至圖12.6所示。

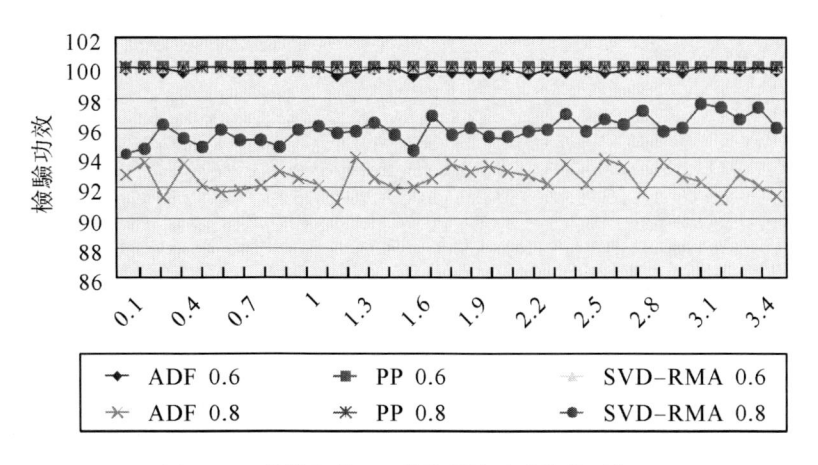

圖12.2 線性趨勢下δ變化對檢驗功效的影響

線性趨勢下，三種檢驗方法的檢驗功效都比較理想，並且不隨干擾項方差的變化而變化。在干擾項相關性較小（$\rho=0.6$）時，三種檢驗方法的檢驗功

效均接近 100%。在干擾項相關性較強（$\rho=0.8$）時，三種檢驗方法的檢驗功效均比較理想，但 PP 檢驗的功效略好於 SVD-RMA 檢驗，而 SVD-RMA 的檢驗功效好於 ADF 檢驗。

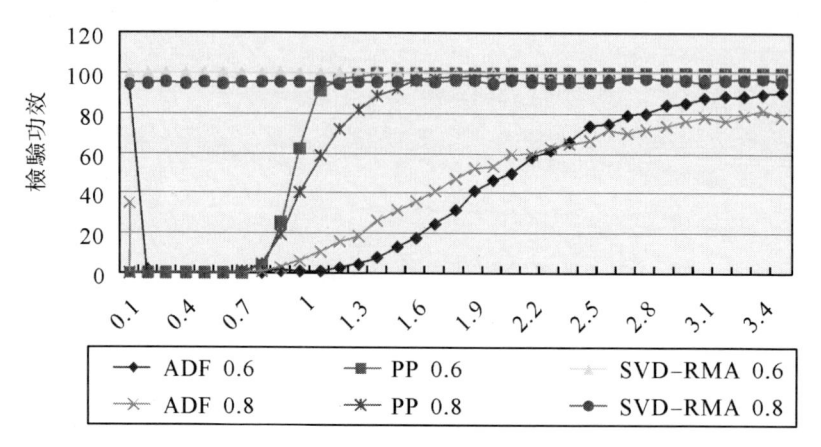

圖 12.3　平方根趨勢 δ 變化對檢驗功效的影響

平方根趨勢下，趨勢項的標準方差為 24.77。SVD-RMA 檢驗的檢驗功效理想，並且基本不隨 δ 的變化而改變。ADF 在 $\delta>2$ 時檢驗功效大於 50%，才勉強可用；有趣的是，在部分方差區間，相關係數較大時檢驗功效也比較大，其原因是此時干擾項方差也較大，這再次說明干擾項方差對檢驗功效的重大影響；當然在 $\delta \leqslant 0.1$ 時，其檢驗功效也比較高。PP 檢驗的功效在 $\delta>1$ 時超過 50%，並且隨 δ 的增加而快速增加。在 δ 較小的區間，ADF 與 PP 的檢驗功效接近於 0，表明它們完全失去檢驗能力，而此時 SVD-RMA 的檢驗能力沒有削弱。

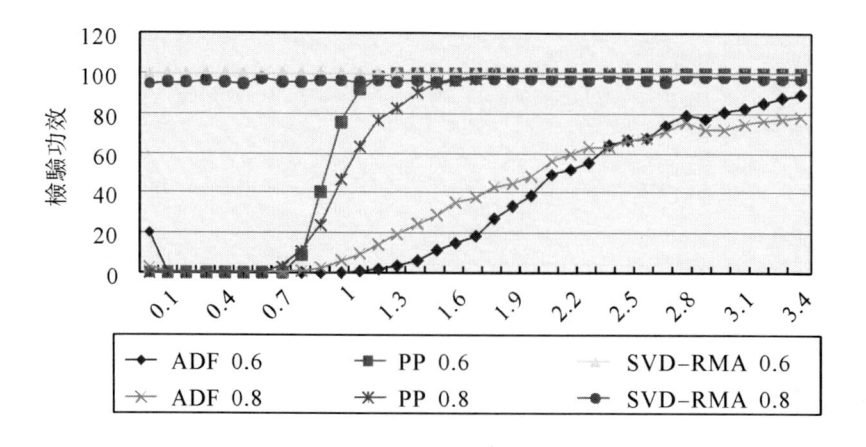

圖 12.4　對數趨勢下 δ 變化對檢驗功效的影響

對數趨勢下，趨勢項的標準方差為 26.03。SVD-RMA 檢驗的檢驗功效理想，並且基本不隨 δ 的變化而改變。ADF 在 $\delta > 2.2$ 時檢驗功效大於 50%，才勉強可用，在部分方差區間，同樣有相關係數較大時檢驗功效也較大的現象。PP 檢驗的功效在 $\delta > 1.1$ 時超過 50%，並且隨 δ 的增加而快速增加。同樣，在 δ 較小的區間，ADF 與 PP 檢驗完全失去檢驗能力，而 SVD-RMA 的檢驗能力沒有削弱。

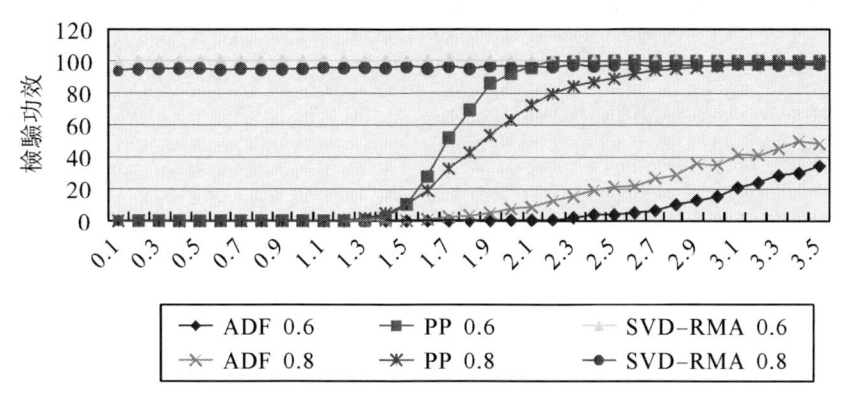

圖 12.5　二次趨勢下 δ 變化對檢驗功效的影響

二次趨勢下，趨勢項的標準方差為 23.06。SVD-RMA 檢驗的檢驗功效理想，並且基本不隨 δ 的變化而改變。ADF 在 $\delta < 3.5$ 時檢驗功效低於 50%，相關係數較大時檢驗功效也比較大。PP 檢驗的功效在 $\delta > 1.8$ 時超過 50%，並且隨 δ 的增加而增加。

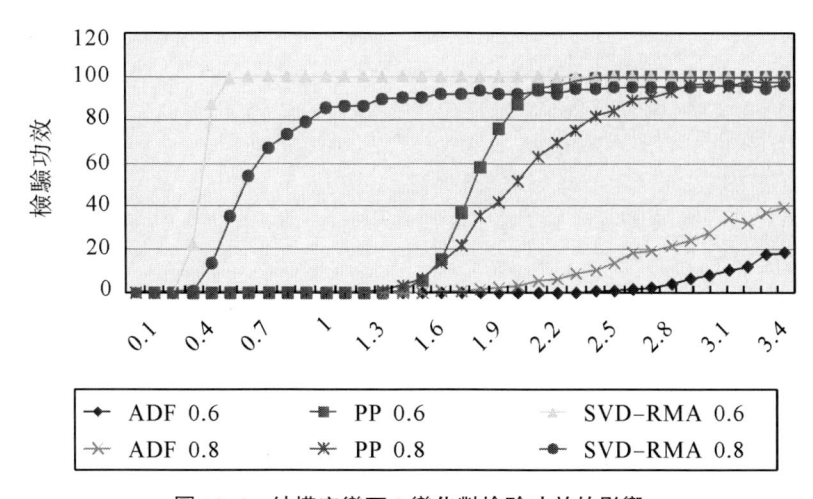

圖 12.6　結構突變下 δ 變化對檢驗功效的影響

對結構突變模型而言，趨勢項的標準方差為 25.52。在 $\delta > 0.4$（相關係數為 0.6）或者 $\delta > 0.6$（相關係數為 0.8）時，SVD-RMA 檢驗的檢驗功效理想，並且基本不隨 δ 的變化而改變，方差很小時，SVD-RMA 的檢驗功效也較低。ADF 在 $\delta < 3.5$ 時檢驗功效都低於 40%，相關係數較大時檢驗功效也比較大。PP 檢驗的功效在 $\delta > 2$ 時超過 50%，並且隨 δ 的增加而迅速增加。

12.4.4　殘差項相關時 SVD-RMA 單位根檢驗的檢驗水平及功效

設時間趨勢序列 $Y_t = S_t + \mu_t$，其中 $\mu_t = \beta\mu_{t-1} + e_t$。殘差項 e_t 存在 AR 或 MA 序列相關。仿真研究的各種趨勢包括：

無趨勢，$S_t = 0$；

線性趨勢，$S_t = 0.35(t + 100)$；

平方根趨勢，$S_t = 10(t + 100)^{0.5}$；

二次趨勢，$S_t = 0.000,7(t + 100)^2$；

對數趨勢，$S_t = 150\log(t + 300)$；

結構突變分段線性趨勢，當 $t \in [1, n/2]$ 時，$S_t = 150 - 0.1n + 0.45t$，$t \in [n/2, n]$ 時，$S_t = 150 + 0.25t$，在中間突變並保持連續；

波動趨勢，$S_t = 0.35t + \sin(0.2t)$。

若 $e_t = \rho e_{t-1} + \varepsilon_t$，其中 ε_t 為標準正態分佈，樣本數為 400。在 5% 的顯著水平下，分別對各種趨勢情形進行仿真，每個重複 1,000 次實驗，獲得各種情況下的檢驗功效如表 12.4 所示。

表 12.4　各種趨勢下殘差項為 AR(1) 的 SVD-RMA 檢驗水平與功效（樣本數 400）

β	ρ	無趨勢	線性	平方根	對數	平方	結構變化	波動
1	0.6	0.05	0.04	0.04	0.04	0.04	0.03	0.05
0.9	0.6	0.89	0.75	0.75	0.79	0.75	0.77	0.74
0.8	0.6	1.00	1.00	0.99	1.00	1.00	0.99	1.00
1	0.4	0.05	0.04	0.04	0.04	0.03	0.04	0.04
0.9	0.4	0.94	0.80	0.80	0.82	0.79	0.78	0.79
0.8	0.4	1.00	1.00	1.00	1.00	1.00	1.00	1.00
1	0.2	0.05	0.04	0.04	0.04	0.04	0.04	0.03
0.9	0.2	0.96	0.86	0.87	0.88	0.85	0.83	0.83
0.8	0.2	1.00	1.00	1.00	1.00	1.00	1.00	1.00
1	0	0.05	0.03	0.03	0.04	0.03	0.03	0.02
0.9	0	0.95	0.85	0.86	0.86	0.85	0.83	0.77
0.8	0	1.00	1.00	1.00	1.00	1.00	1.00	1.00
1	-0.2	0.05	0.04	0.04	0.04	0.03	0.05	0.02
0.9	-0.2	0.98	0.89	0.89	0.89	0.89	0.86	0.76

表12.4(續)

β	ρ	無趨勢	線性	平方根	對數	平方	結構變化	波動
0.8	−0.2	1.00	1.00	1.00	1.00	1.00	1.00	1.00
1	−0.4	0.04	0.04	0.03	0.04	0.03	0.04	0.02
0.9	−0.4	0.98	0.88	0.89	0.89	0.87	0.82	0.69
0.8	−0.4	1.00	1.00	1.00	1.00	1.00	1.00	1.00
1	−0.6	0.05	0.04	0.04	0.04	0.04	0.03	0.01
0.9	−0.6	0.99	0.89	0.89	0.89	0.88	0.82	0.59
0.8	−0.6	1.00	1.00	1.00	1.00	1.00	1.00	1.00

仿真結果表明，在殘差項存在 AR（1）模式的相關時，SVD-RMA 檢驗依然有效而穩健，檢驗水平沒有扭曲，檢驗功效也不錯。對包括結構突變在內的各種趨勢都可以做出很好的檢驗。對同一 ρ 值，隨著 β 的下降，各種趨勢的檢驗功效都增加。對同一 β 值，隨著 ρ 從正到負的逐步下降，各種趨勢下的檢驗功效基本上也增加；只有波動趨勢例外，在 ρ 值為負時，ρ 的下降將導致功效的下降。

設 $\mu_t = \beta\mu_{t-1} + e_t$，殘差項為 MA（1）過程：$e_t = \varepsilon_t + \rho\varepsilon_{t-1}$，其中 ε_t 為標準正態分佈，樣本數為 400。在 5% 的顯著水平下，分別對無趨勢、線性趨勢、平方根趨勢、二次趨勢、對數趨勢、結構突變趨勢以及波動趨勢進行仿真，每個檢驗重複 1,000 次實驗，獲得各種情況下的檢驗功效如表 12.5 所示。

表 12.5　各種趨勢下殘差項為 MA（1）的檢驗水平與功效（樣本數 400）

β	ρ	無趨勢	線性	平方根	對數	平方	結構變化	波動
1	0.6	0.03	0.02	0.02	0.02	0.02	0.02	0.04
0.9	0.6	0.53	0.40	0.40	0.41	0.39	0.40	0.53
0.8	0.6	0.78	0.80	0.80	0.80	0.79	0.75	0.89
1	0.4	0.03	0.02	0.03	0.02	0.02	0.02	0.05
0.9	0.4	0.53	0.40	0.41	0.41	0.38	0.39	0.56
0.8	0.4	0.80	0.83	0.83	0.84	0.82	0.79	0.93
1	0.2	0.05	0.03	0.03	0.03	0.03	0.03	0.07
0.9	0.2	0.54	0.41	0.41	0.42	0.38	0.39	0.60
0.8	0.2	0.83	0.80	0.81	0.81	0.80	0.75	0.95
1	0	0.04	0.03	0.01	0.02	0.03	0.02	0.08
0.9	0	0.58	0.44	0.43	0.43	0.43	0.39	0.72
0.8	0	0.84	0.83	0.83	0.83	0.82	0.72	0.97
1	−0.2	0.03	0.02	0.03	0.02	0.02	0.02	0.10
0.9	−0.2	0.60	0.45	0.45	0.46	0.43	0.38	0.80
0.8	−0.2	0.85	0.87	0.87	0.87	0.84	0.74	0.99
1	−0.4	0.03	0.02	0.02	0.02	0.02	0.02	0.21

表12.5(續)

β	ρ	無趨勢	線性	平方根	對數	平方	結構變化	波動
0.9	-0.4	0.60	0.46	0.46	0.47	0.41	0.34	0.92
0.8	-0.4	0.91	0.91	0.91	0.91	0.88	0.67	1.00
1	-0.6	0.04	0.03	0.03	0.03	0.03	0.02	0.47
0.9	-0.6	0.70	0.55	0.55	0.56	0.50	0.30	0.99
0.8	-0.6	0.94	0.94	0.94	0.94	0.90	0.51	1.00

仿真結果表明，在殘差項存在 MA（1）模式的相關時，就檢驗水平而言，波動趨勢在 ρ 為負值時，SVD-RMA 檢驗法存在一定的水平扭曲，其他趨勢的檢驗依然有效而穩健，檢驗水平沒有扭曲，檢驗功效比 AR（1）時略差。

對同一 ρ 值，隨著 β 的下降，各種趨勢的檢驗功效都增加。對同一 β 值，隨著 ρ 從正到負的逐步下降，各種趨勢下的檢驗功效基本上也增加。

12.5 小結

本章通過蒙特卡羅實驗表明，傳統 ADF 檢驗與 PP 檢驗對線性趨勢或無趨勢平穩過程可以做出好的單位根檢驗判斷。但因為它們通常都是線性趨勢假設，對非線性趨勢而言，如平方根趨勢、二次趨勢、對數趨勢、分段線性的結構突變趨勢等，ADF 檢驗與 PP 檢驗只在誤差項方差相對很大時，才能得出正確的檢驗結果；通常情況下它們趨向於將平穩過程判斷為存在單位根，得出錯誤的檢驗結論。

本章提出的 SVD-RMA 單位根檢驗算法，基於奇異值分解（SVD）將時間序列的趨勢項與干擾項分離，然後用遞歸均值調整（RMA）法對干擾項進行單位根檢驗。這是一種非參數去勢方法，可以用同樣的方法對線性趨勢與非線性趨勢序列進行處理。仿真實驗表明，SVD-RMA 法對線性趨勢、平方根趨勢、二次趨勢、對數趨勢的檢驗效果都很好，檢驗功效不隨誤差項方差變化而改變。對結構變化序列而言，只要誤差項方差不是特別小，檢驗功效也很高。如果誤差項方差相對於趨勢項而言特別小，此時誤差項的影響忽略不計，時間序列將基本上只有確定性趨勢部分了。

對非線性趨勢序列的單位根檢驗而言，干擾項方差的相對大小對檢驗功效有重要影響，隨著誤差項方差的增加，檢驗功效快速增長。如果認為檢驗功效高於 50% 的檢驗方法才可用的話，仿真實驗表明，趨勢項與誤差項標準方差之比小於 42 倍時，非線性趨勢過程可以使用 SVD-RMA 檢驗；小於 12 倍時，可以使用 PP 檢驗；小於 4 倍時，可以使用 ADF 檢驗。

13 基於局部多項式擬合去勢的非特定趨勢序列單位根檢驗法

本章提出用局部加權多項式迴歸的方法來去除確定性趨勢，不用考慮趨勢的具體形式及設定問題，然後對殘差進行單位根檢驗的方法。本章介紹了局部多項式迴歸的性質，研究了基於 VR 檢驗的統計量的極限分佈，仿真研究了窗寬的選擇問題，以及殘差相關與不相關時的檢驗水平與檢驗功效。結果表明，檢驗方法是有效的。

13.1 引言

本章繼續研究包含確定性趨勢序列，特別是非線性趨勢序列單位根的檢驗問題。

帶趨勢序列單位根檢驗的核心是確定性趨勢的分離和去除，去除趨勢後的剩餘部分用傳統的無趨勢單位根檢驗方法檢驗就可以了，如 RMA、差分序列的長短時方差比（VR）等檢驗方法。

本章研究的方法可以對無趨勢、線性或非線性確定性趨勢下的時間序列進行單位根檢驗，並且不用考慮趨勢的具體形式及設定問題。本章利用局部多項式迴歸這種非參數方法來去除確定性趨勢，然後對得到的殘差進行單位根檢驗。本章對局部加權多項式迴歸的性質做了簡要推導與分析，研究了對殘差進行 VR 檢驗的統計量的極限分佈，並用仿真的方法研究了在殘差相關與不相關兩種情況下的檢驗功效。仿真結果表明，檢驗方法是實用的，可以對非線性趨勢序列得到有效的檢驗結果。

13.2　局部加權多項式擬合去勢算法原理

13.2.1　Nadaraya-Watson 估計及其性質

假設 $t \in \{1, 2, \cdots, n\}$，$x = \{1/n, 2/n, \cdots, 1\}$，有觀測值 $\{y_1, y_2, \cdots, y_n\}$，現在用觀測值 y_j 的線性組合來估計在 i 處的實際值 $m(i)$，估計式 $m(i) = \sum_{j=1}^{n} w_j(i) y_j$，不同的觀測值賦予不同的加權系數。其中的權函數，或稱核函數為：

$$w_j(i) = \frac{\frac{1}{h} K(\frac{j-i}{h})}{\sum_{j=1}^{n} \frac{1}{h} K(\frac{j-i}{h})} \quad (13.1)$$

這就是所謂的 Nadaraya-Watson 估計。其實質是用觀測點前後的觀測值的加權平均來作觀測點的估計值，這種思路和方法在金融、證券等多個領域有廣泛應用，如資本市場應用非常廣泛的價格移動平均線。

一般採用在原點有單峰的概率密度函數作權函數，常用的權函數如表 13.1 所示。

表 13.1　　　　　　　　　　常用的權函數

名稱	權函數
均勻核	$K(u) = \begin{cases} 0.5 & -1 \leq u \leq 1 \\ 0 & \text{其他} \end{cases}$
三角形核	$K(u) = (1 - |u|)_+$
Epanechikov 核	$K(u) = 0.75(1 - u^2)_+$
四次核	$K(u) = \frac{15}{16}((1 - |u|^2)_+)^2$
六次方核	$K(u) = \frac{70}{81}((1 - |u|^3)_+)^2$
高斯核	$K(u) = \frac{1}{\sqrt{2\pi}} e^{-\frac{u^2}{2}}$
餘弦核	$K(u) = \begin{cases} \frac{1}{2}\cos(u), & \text{當 } |u| \leq \frac{\pi}{2} \\ 0, & \text{其他} \end{cases}$

在式（13.1）中，對任意 i，權函數顯然滿足：$\sum_{j=1}^{n} w_j(i) = 1$。這是對權函數的基本要求，通常還要求權函數滿足對稱性、連續性及有界性。概率密度函數常常滿足這些要求。

當窗寬 h 趨於 0 時，有 $w_j(i) = \begin{cases} 1, & i = j \\ 0, & i \neq j \end{cases}$，則 i 處的估計值 $m(i) = y_i$，為該點的觀測值。當窗寬 h 趨於無窮時，$w_j(i) = \dfrac{1}{n}$，則每一點的估計值均為觀測值的樣本均值。

對均勻核而言，窗寬為 h（假設其為整數）時，i 處的估計值為：

$$m(i) = \frac{1}{2h+1} \sum_{j=i-h}^{i+h} y_j \tag{13.2}$$

有時也用 $m(i) = \dfrac{1}{2h} \sum_{j=i-h}^{i+h} y_j$ 來估計，當窗寬較大時，兩者無顯著差別。

13.2.2 局部加權多項式迴歸估計方法

假設 $t \in \{1, 2, \cdots, n\}$，$x = \{1/n, 2/n, \cdots, 1\}$，現在有觀測值 $\{y_1, y_2, \cdots, y_n\}$，且 $y_t = m(x_t) + \varepsilon_t$，$1 \leq t \leq n$。其中 $m(x)$ 為 $[0,1]$ 上的平滑函數，在 x 處有 $p+1$ 階導數且連續。現在的目標是基於觀測值估計未知的平滑函數 $m(x)$ 及其各階導數。我們使用非參數局部多項式加權估計法。設：

$$\psi = \sum_{t=1}^{n} \left[y_t - \sum_{j=0}^{p} \beta_j(x)(x_t - x)^j \right]^2 w_t \tag{13.3}$$

其中 $\beta_j(x) = \dfrac{m^{(j)}(x)}{j!}$，權 $w_t = \dfrac{1}{n} K_n(x_t - x)$，其中 $K_n(u) = \dfrac{1}{h_n} K\left(\dfrac{u}{h_n}\right)$。

求（13.3）式的最小值可以得到 $\beta_j(x)$ 的估計值 $\hat{\beta}_j(x)$，實質為加權最小二乘。寫成矩陣形式：

$$Y = \begin{pmatrix} y_1 \\ \vdots \\ y_n \end{pmatrix}, \quad \beta(x) = \begin{pmatrix} \beta_0(x) \\ \vdots \\ \beta_p(x) \end{pmatrix}, \quad X_p = \begin{pmatrix} 1 & x_1 - x & \vdots & (x_1 - x)^p \\ 1 & x_2 - x & \vdots & (x_2 - x)^p \\ \vdots & \vdots & \vdots & \vdots \\ 1 & x_n - x & \vdots & (x_n - x)^p \end{pmatrix},$$

$$W = \begin{pmatrix} w_1 & \cdots & 0 \\ \vdots & \ddots & \vdots \\ 0 & \cdots & w_n \end{pmatrix}, \quad \text{則有：}$$

$$\hat{\beta}(x) = (X'_p W X_p)^{-1} X'_p W Y \tag{13.4}$$

則 $m(x)$ 及其 j 階導數的估計值分別為：

$$\hat{m}(x) = \hat{\beta}_0(x), \quad \hat{m}^{(j)}(x) = (j!)\hat{\beta}_j(x) \qquad (13.5)$$

當 $p=0$ 時，就是 N-W 估計；當 $p=1$ 時，為局部線性加權估計；一般 p 最大取 2 就可以了。

13.2.3 局部多項式迴歸估計的性質

假設 13.1：

核函數滿足：$K(u)$ 是對稱的，支集有界且 Lipschitz 連續；

窗寬 h_n 滿足：$h_n > 0$，$\lim\limits_{n\to\infty} h_n = 0$，$\lim\limits_{n\to\infty} nh_n = \infty$。

$y_t = m(x_t) + \varepsilon_t$，$1 \leq t \leq n$，$m(x)$ 在 x 處有 $p+1$ 階導數且連續；ε_t 為平穩或單位根隨機過程，或者全為 0。

令 $M = (m(x_1), m(x_2), \cdots, m(x_n))^T$，在 x 鄰域內對其做 $p+1$ 階泰勒展開，得：

$$M = X_p \beta(x) + \frac{m^{(p+1)}(x)}{(p+1)!} \begin{pmatrix} (x_1-x)^{p+1} \\ \vdots \\ (x_n-x)^{p+1} \end{pmatrix} + o\begin{pmatrix} (x_1-x)^{p+1} \\ \vdots \\ (x_n-x)^{p+1} \end{pmatrix} \qquad (13.6)$$

設 $E = (\varepsilon_1, \varepsilon_2, \cdots, \varepsilon_n)^T$，$Y = M + E$，代入 (13.4) 式，得：

$$\hat{\beta}(x) - \beta(x) = S^{-1}\left[X'_p W E + \frac{m^{(p+1)}(x)}{(p+1)!}\begin{pmatrix} s_{p+1} \\ \vdots \\ s_{2p+1} \end{pmatrix} + o\begin{pmatrix} h_n^{p+1} \\ \vdots \\ h_n^{2p+1} \end{pmatrix}\right] \qquad (13.7)$$

其中 S 為 $(p+1)\times(p+1)$ 矩陣，其元素為 $s_{i,j} = s_{i+j-2}$，且：

$$s_j = \frac{1}{n}\sum_{t=1}^{n}(x_t-x)^j K_n(x_t-x) \qquad (13.8)$$

將求和轉換為積分，則 s_j 的極限分佈為 $s_j = h_n^j \int u^j K(u)\,du$。顯然，如果 $\lim\limits_{n\to\infty} h_n = 0$，且 $m^{p+1}(x) = 0$，則 $\hat{\beta}(x) - \beta(x) = S^{-1}X'_p W E$，如果無干擾項，此時有 $\hat{\beta}(x) = \beta(x)$，得到完全精確的擬合；如果干擾項為零均值，有 $E[\hat{\beta}(x)] = \beta(x)$，估計是漸近無偏的。其他情況下，估計可能是有偏的。

可以證明［參見費朗西斯科·費爾南德斯，維拉爾·費爾南德斯（Francisco-Fernandez, Vilar-Fernandez, 2001, 2004）］，如果 ε_t 為零均值平穩，其長時方差為 ω^2；或者 ε_t 全為 0 時，有：

$$Bias[\hat{m}^{(j)}(x)] = h_n^{p+1-j}\frac{m^{(p+1)}(x)}{(p+1)!}j!\int u^{p+1}K_{(j,p)}(u)\,du \qquad (13.9)$$

$$Var[\hat{m}^{(j)}(x)] = \frac{\omega^2}{nh_n^{2j+1}}(j!)^2\int K_{(j,p)}^2(u)\,du \qquad (13.10)$$

對帶趨勢的單位根檢驗而言，$j = 0$，$p = 0$、1 或 2 即可。比如 $j = 0$ 且 $p = 0$ 時，估計偏差為 $h_n m'(x) \int u K_{(0,0)}(u) du$，估計方差為 $\frac{\omega^2}{n h_n} \int K_{(0,0)}^2(u) du$。可以看出，迴歸函數 m（x）估計的漸近偏差隨著窗寬減小而減小，但漸近方差隨著窗寬減小而增大。所以我們需要選擇適當的窗寬，在估計的偏差和方差中尋求平衡。

13.2.4　基於局部多項式擬合去勢的單位根檢驗法

假設時間序列 Y_t 由趨勢項 S_t 與干擾項 μ_t 構成：

$$Y_t = S_t + \mu_t \qquad (13.11)$$

其中 S_t 為確定性時間趨勢項，可能為時間的線性或者各種非線性形式，μ_t 為隨機干擾項，假設為一階自迴歸模型：$\mu_t = \rho \mu_{t-1} + e_t$，其中 e_t 是均值為 0 的平穩過程。則如果 $|\rho| < 1$，Y_t 是趨勢平穩的；若 $\rho = 1$，則存在單位根。

我們對 Y_t 進行局部多項式擬合得到趨勢的估計值，去除趨勢後對殘差進行單位根檢驗。當然我們也可以先對時間序列進行差分，然後再做局部多項式擬合，求出所得殘差的求和序列後再進行單位根檢驗。對多項式趨勢而言，差分可以降低一次確定性趨勢的階次。

因為加權最小二乘是線性估計，殘差應該為趨勢項 S_t 與干擾項 μ_t 進行同樣擬合後所得殘差 R_s 與 R_u 之和。一定條件下，如果 R_s 為 0 或者影響可以忽略，我們就認為很好地去除了趨勢，只需要對 R_u 進行單位根檢驗就可以了。比如窗寬較小時；或者 $m^{(p+1)}(x)$ 為常數時，如 $p = 1$ 時 m（x）為 2 次多項式或者為 3 次多項式的差分等情況。

13.3　局部多項式去勢單位根檢驗法的極限分佈

設無趨勢隨機過程 $u_t = \beta u_{t-1} + e_t$。現在對 $p = 0$ 且核函數為均勻核的局部多項式去勢處理的情形，推導對殘差進行長短時方差比（VR）單位根檢驗時的極限分佈。窗寬為 $h_n = h/n$，要求 $\lim_{n \to \infty} h/n = 0$，$\lim_{n \to \infty} h = \infty$。此時去趨勢後的殘差為：

$$y_t = u_t - \frac{1}{2h}(u_{t-h} + u_{t-h+1} + \cdots + u_{t+h}) \qquad (13.12)$$

y_t 的差分序列為：

$$v_t = y_t - y_{t-1} = u_t - u_{t-1} - \frac{1}{2h}(u_{t+h} - u_{t-h-1})$$

則：

$$S_n = \sum_{t=1}^{n} v_t = u_n - \frac{1}{2h}[(u_n + u_{n-1} + \cdots + u_{n-h}) - (u_1 + u_2 + \cdots + u_h)]$$

其中假設了 $u_i = 0$, $i \leq 0$ 且 $u_{n+i} = 0$, $i > 0$, 且有 $u_n = \beta^{n-1}e_1 + \beta^{n-2}e_2 + \cdots + e_n$。

我們先推導 e_t 獨立同分佈的簡單情形, 此時令 $\mathrm{var}(e_t) = \sigma^2$, 當 $s \neq 0$ 時, 有 $E(e_t e_{t-s}) = 0$。

當 $\beta = 1$ 時, 對應單位根情形, 此時有:

$$u_n = e_1 + e_2 + \cdots + e_n$$
$$u_1 + u_2 + \cdots + u_h = he_1 + (h-1)e_2 + \cdots + e_h$$
$$u_n + u_{n-1} + \cdots + u_{n-h} = (h+1)(e_1 + e_2 + \cdots + e_{n-h}) + [he_{n-h+1} + (h-1)e_{n-h+2} + \cdots + e_n]$$

則:

$$S_n = \frac{h-1}{2h}(e_1 + e_2 + \cdots + e_{n-h}) + \frac{1}{2h}[he_{n-h+1} + (h+1)e_{n-h+2} + \cdots + (2h-1)e_n]$$
$$+ \frac{1}{2h}[he_1 + (h-1)e_2 + \cdots + e_h]$$
$$= \frac{1}{2h}[(2h-1)e_1 + (2h-2)e_2 + \cdots + he_h] + \frac{h-1}{2h}(e_{h+1} + e_{h+2} + \cdots + e_{n-h})$$
$$+ \frac{1}{2h}[he_{n-h+1} + (h+1)e_{n-h+2} + \cdots + (2h-1)e_n]$$

則:

$$\frac{E(S_n^2)}{\sigma^2} = \left(\frac{h-1}{2h}\right)^2 n + \frac{8h^2 + 3h - 5}{12h} \qquad (13.13)$$

當 $h \Rightarrow \infty$ 且 $h/n \Rightarrow 0$ 時, 得到單位根情形時 VR 統計量的極限分佈為:

$$\frac{E(S_n^2)}{n\sigma^2} \Rightarrow 0.25\left(1 - \frac{1}{h}\right)^2 + \frac{2h}{3n} \Rightarrow 0.25 \qquad (13.14)$$

當 $\beta < 1$ 時, 對應平穩情形, 此時有:

$$u_n = \beta^{n-1}e_1 + \beta^{n-2}e_2 + \cdots + e_n$$
$$u_1 + u_2 + \cdots + u_h = \frac{1-\beta^h}{1-\beta}e_1 + \frac{1-\beta^{h-1}}{1-\beta}e_2 + \cdots + e_h$$
$$u_n + u_{n-1} + \cdots + u_{n-h} = \left[\frac{\beta^{n-h-1} - \beta^n}{1-\beta}e_1 + \frac{\beta^{n-h-2} - \beta^{n-1}}{1-\beta}e_2 + \cdots + \frac{\beta^0 - \beta^{h+1}}{1-\beta}e_{n-h}\right]$$
$$+ \left[\frac{1-\beta^h}{1-\beta}e_{n-h+1} + \frac{1-\beta^{h-1}}{1-\beta}e_{n-h+2} + \cdots + \frac{1-\beta}{1-\beta}e_n\right]$$

則:

$$S_n = (\beta^{n-1}e_1 + \beta^{n-2}e_2 + \cdots + e_n) + \frac{1}{2h}\left(\frac{1-\beta^h}{1-\beta}e_1 + \frac{1-\beta^{h-1}}{1-\beta}e_2 + \cdots + e_h\right)$$

$$-\frac{1}{2h}\left[\frac{\beta^{n-h-1}-\beta^n}{1-\beta}e_1+\frac{\beta^{n-h-2}-\beta^{n-1}}{1-\beta}e_2+\cdots+\frac{\beta^0-\beta^{h+1}}{1-\beta}e_{n-h}\right]$$

$$-\frac{1}{2h}\left[\frac{1-\beta^h}{1-\beta}e_{n-h+1}+\frac{1-\beta^{h-1}}{1-\beta}e_{n-h+2}+\cdots+\frac{1-\beta}{1-\beta}e_n\right]$$

在 e_t 獨立同分佈的情況下，考慮到 $\beta^h\Rightarrow 0$，$\beta^n\Rightarrow 0$，可得到：

$$\frac{E(S_n^2)}{\sigma^2}=\frac{1}{2h(1-\beta)^2}+\frac{1}{1-\beta^2}+\frac{1-4h(1-\beta)}{4h^2(1-\beta)^2(1-\beta^2)}-\frac{\beta(\beta+2)}{2h^2(1-\beta)^2(1-\beta^2)}$$

進一步簡化，可得到 $\dfrac{E(S_n^2)}{\sigma^2}=\dfrac{1}{1-\beta^2}$，顯然有：

$$\frac{E(S_n^2)}{n\sigma^2}\Rightarrow\frac{1}{n(1-\beta^2)}\Rightarrow 0 \qquad (13.15)$$

現在推導 e_t 存在短時相關的情形。設 $\mathrm{var}(e_t)=\sigma^2$，當 s 較小時，$E(e_t e_{t-s})=\gamma_s$，相關係數為 $\rho_s=\dfrac{\gamma_s}{\gamma_0}$。如果 s 較大，$\rho_s=0$。

對單位根情形：$\dfrac{E(S_n^2)}{n\gamma_0}$ 中 ρ_1 項的系數為：

$$\frac{2}{n(2h)^2}\{[(2h-1)(2h-2)+(2h-2)(2h-3)+\cdots$$
$$+(h+1)h]+(h-1)^2(n-2h-1)+h(h+1)+(h+1)(h+2)+\cdots$$
$$+(2h-2)(2h-1)+h(h-1)+h(h-1)\}$$

在 $n\gg h\gg 1$ 的前提下，即 $\dfrac{h}{n}\Rightarrow 0$，$\dfrac{1}{h}\Rightarrow 0$，上式的極限為：

$$\frac{2}{n(2h)^2}\{nh^2[o(1)+1+o(1)]\}\Rightarrow\frac{1}{2}$$

同樣，ρ_2 項的系數為：

$$\frac{2}{n(2h)^2}\{[(2h-1)(2h-3)+(2h-2)(2h-4)+\cdots$$
$$+(h+2)h]+(h-1)^2(n-2h-2)+h(h+2)+(h+1)(h+3)+\cdots$$
$$+(2h-3)(2h-1)+h(h-1)+(h+1)(h-1)+(h-1)(h+1)+h(h-1)\}$$

不難看出，在 $n\gg h\gg 1$ 的前提下，$\{\cdots\}$ 中所有各項將由 $(h-1)^2(n-2h-2)$ 主導，故極限情況下將趨近於 $\dfrac{2}{n(2h)^2}\{(h-1)^2(n-2h-2)\}\Rightarrow\dfrac{1}{2}$。

同樣的方法，在 e_t 存在短時相關且 $n\gg h\gg 1$ 的前提下，ρ_s 項的系數均趨近於 0.5，於是得到單位根情形下的檢驗統計量：

$$\frac{E(S_n^2)}{n\sigma^2}\Rightarrow 0.25+0.5(\rho_1+\rho_2+\cdots)=0.25[1+2(\rho_1+\rho_2+\cdots)]$$

$$(13.16)$$

同樣的方法，不難證明，在平穩假設下統計量：
$$VR \Rightarrow 0 \qquad (13.17)$$
這樣就得到單位根情形與平穩情形下檢驗統計量的極限分佈。

13.4 局部多項式去勢單位根檢驗法的檢驗臨界值

13.4.1 不同趨勢時單位根檢驗統計量的概率分佈曲線

考慮時間趨勢序列 $Y_t = S_t + \mu_t$，其中 S_t 為線性或者各種非線性趨勢函數，μ_t 為隨機干擾項，假設為單位根過程：$\mu_t = \rho\mu_{t-1} + e_t$，其中 e_t 是獨立同分佈的標準正態分佈 $N(0,1)$。

仿真研究的各種趨勢包括：

無趨勢，$S_t = 0$；

線性趨勢，$S_t = 0.35(t + 100)$；

平方根趨勢，$S_t = 10(t + 100)^{0.5}$；

二次趨勢，$S_t = 0.000\,7(t + 100)^2$；

對數趨勢，$S_t = 150\log(t + 300)$；

結構突變分段線性趨勢，當 $t \in [1, n/2]$ 時，$S_t = 150 - 0.1n + 0.45t$，$t \in [n/2, n]$ 時，$S_t = 150 + 0.25t$，在中間突變並保持連續；

波動趨勢，$S_t = 0.35t + \sin(0.2t)$。

在樣本數為 200 的情況下，我們取窗寬為 20，局部線性擬合去趨勢後用 VR 方法進行單位根檢驗，重複 2,000 次得到不同趨勢檢驗統計量的概率分佈如圖 13.1 所示。

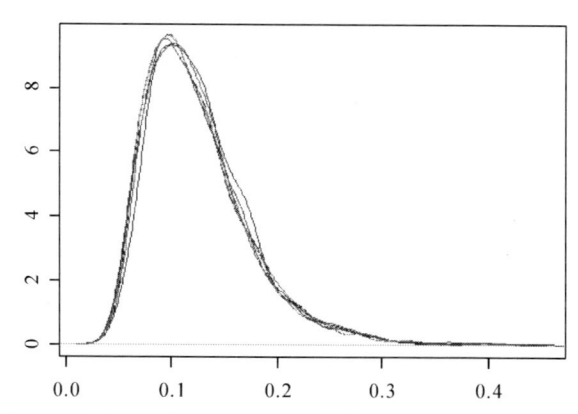

圖 13.1　各種趨勢下 VR 單位根檢驗統計量的概率分佈曲線

同樣，在樣本數為 200 的情況下，我們取窗寬為 20，局部線性擬合去趨勢後用 RMA 方法進行單位根檢驗，重複 2,000 次得到不同趨勢檢驗統計量的概率分佈如圖 13.2 所示。

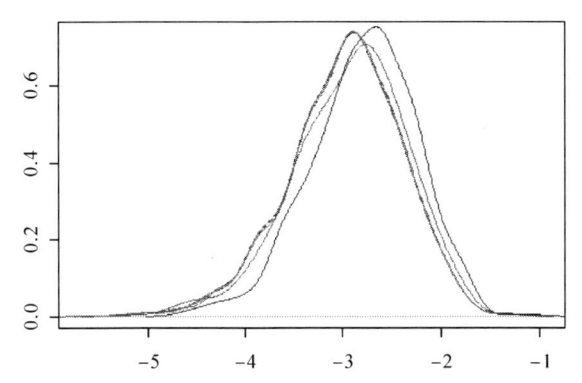

圖 13.2 不同趨勢下 RMA 單位根檢驗統計量的概率分佈曲線

可以看出，不同趨勢 VR 統計量的概率分佈曲線幾乎完全重疊；除了含結構變化與波動趨勢的略有不同外，其他趨勢與無趨勢的 RMA 統計量的概率分佈曲線也幾乎完全重疊。說明它們在不同的顯著水平下的臨界值都幾乎相同。保證了基於局部多項式迴歸去勢後進行單位根檢驗的可靠性。

13.4.2 檢驗臨界值、功效與窗寬的關係

對局部線性加權擬合而言，窗寬是一個重要的參數。不同的窗寬可能得到不同的臨界值和檢驗功效。對樣本數為 200 的無趨勢單位根過程，用不同窗寬進行局部線性擬合後，對殘差做 DF 單位根檢驗，分別重複 10,000 次得到 5% 顯著水平下檢驗臨界值與窗寬變化的曲線，如圖 13.3 所示。

從圖 13.3 可以看出，隨著窗寬從 0 開始逐步增加，5% 顯著水平下的檢驗臨界值迅速增加，到一定程度後基本收斂，不再隨窗寬的增加而有大的變化。

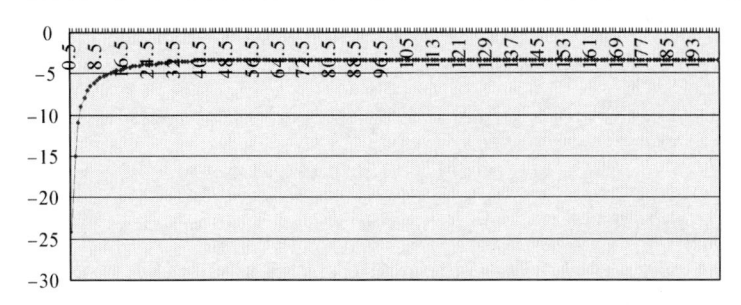

圖 13.3 DF 單位根檢驗臨界值與窗寬的變化曲線（樣本數為 200）

13 基於局部多項式擬合去勢的非特定趨勢序列單位根檢驗法 153

對平穩過程 $\mu_t = \beta\mu_{t-1} + e_t$，$\beta = 0.8$，樣本數為 200，重複 2,000 次得到不同趨勢下 DF 單位根檢驗法的檢驗功效隨窗寬變化的曲線如圖 13.4 所示。顯著水平為 5%，臨界值為同樣窗寬下圖 13.3 對應的值。

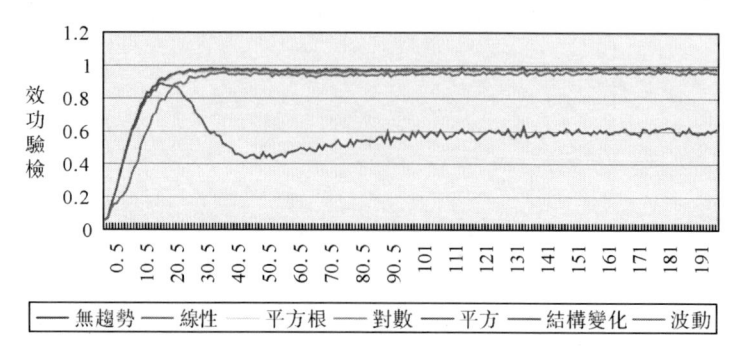

圖 13.4　DF 單位根檢驗功效與窗寬的變化曲線（樣本數為 200，$\beta = 0.8$）

對結構變化趨勢而言，在窗寬 h = 0.1N - 0.125N 的範圍，檢驗功效達到最大值；之後，檢驗功效會有顯著的下降，然後又隨著窗寬的增加而有所增加；對其他趨勢，檢驗功效在 h = 0.1N 時已經獲得比較好的結果，但窗寬增加，檢驗功效也不會顯著下降。綜合而言，窗寬可取為 N/8，可以對各種趨勢達到綜合較好的結果。

對樣本數為 400，$\beta = 0.95$，在 5% 顯著水平下，重複 2,000 次得到各種趨勢下不同窗寬的 VR 檢驗功效如圖 13.5 所示。

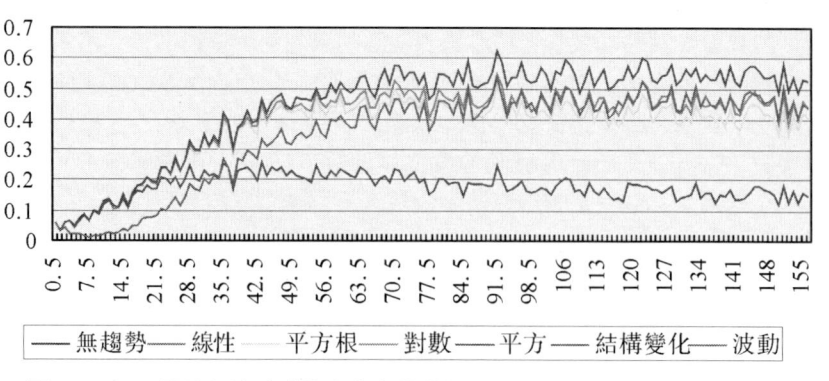

圖 13.5　VR 單位根檢驗功效與窗寬的變化曲線（樣本數為 400，$\beta = 0.95$）

對結構變化趨勢，在窗寬 h = 0.15N - 0.16N 的範圍，檢驗功效達到最大值；對其他趨勢，檢驗功效在這個範圍也可以達到比較好的結果，但窗寬增加，檢驗功效也不會顯著下降，甚至可能上升。

對樣本數為 200，$\beta = 0.8$，重複 2,000 次得到不同窗寬在 5% 顯著水平下的 VR 檢驗功效如圖 13.6 所示。

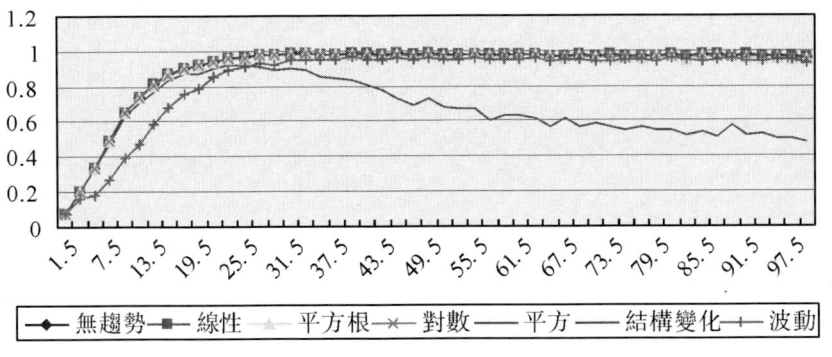

[图表：VR 单位根检验功效与窗宽的变化曲线，图例：无趋势、线性、平方根、对数、平方、结构变化、波动]

图 13.6　VR 单位根检验功效与窗寬的變化曲線（樣本數為 200，$\beta = 0.8$）

同樣，結構變化趨勢對窗寬最敏感，在 $h = 0.1N - 0.16N$ 的範圍，檢驗功效達到最大值；對其他趨勢，檢驗功效在 $h = 0.15N - 0.16N$ 的範圍也可以達到比較好的結果，但窗寬增加的話，檢驗功效也不會顯著下降。

綜合而言，對 VR 檢驗來說，窗寬可取為 $0.15 - 0.16N$，對各種趨勢達到綜合較好的結果。

13.4.3　檢驗臨界值

利用數據生成過程：$u_t = u_{t-1} + e_t$，$e_t \in IIN(0,1)$，$\mu_0 = 0$，在不同的時間長度下分別生成帶單位根隨機序列，然後做差分，再按照局部線性迴歸去趨勢後，對殘差按長短時方差比計算 VR 檢驗統計量。進行 10,000 次重複，得到了在不同樣本數和顯著水平下的檢驗臨界值，如表 13.2 所示。窗寬 $h = 0.16N$，局部多項式次數為 1，即局部線性迴歸擬合。

表 13.2　不同樣本和顯著水平下局部線性去趨勢後的 VR 單位根檢驗臨界值

顯著水平	25	50	75	100	150	200	250	500	750	1,000
0.01	0.077	0.071	0.068	0.067	0.065	0.063	0.063	0.063	0.063	0.063
0.02	0.083	0.077	0.074	0.073	0.071	0.071	0.071	0.070	0.070	0.070
0.03	0.089	0.082	0.079	0.078	0.076	0.076	0.076	0.075	0.075	0.075
0.04	0.092	0.086	0.082	0.082	0.081	0.080	0.080	0.079	0.079	0.079
0.05	0.096	0.090	0.086	0.085	0.084	0.083	0.081	0.081	0.081	0.081
0.06	0.099	0.092	0.088	0.088	0.087	0.086	0.086	0.085	0.085	0.085
0.07	0.101	0.095	0.091	0.091	0.090	0.089	0.089	0.088	0.088	0.088
0.08	0.104	0.098	0.093	0.093	0.093	0.092	0.092	0.091	0.091	0.091
0.09	0.106	0.100	0.096	0.096	0.095	0.094	0.094	0.094	0.094	0.094
0.1	0.108	0.102	0.098	0.098	0.098	0.096	0.096	0.096	0.096	0.096

可以看出，檢驗臨界值收斂非常快，對不同樣本長度是比較穩定的，在 5%顯著水平下，臨界值可以選擇固定為 0.081。

13.5 蒙特卡羅仿真

13.5.1 數據生成過程

考慮時間趨勢序列 $Y_t = S_t + \mu_t$，其中 S_t 為線性或者各種非線性趨勢函數，μ_t 為隨機干擾項，假設 $\mu_t = \beta\mu_{t-1} + e_t$，分別假設 e_t 是獨立同分佈的標準正態分佈或者 AR（1）或 MA（1）過程。本節仿真研究 $\beta = 1$ 的單位根情形與 $\beta = 0.9，0.8，0.7$ 等趨勢平穩的各種情況。

仿真研究的各種趨勢包括：

無趨勢，$S_t = 0$；

線性趨勢，$S_t = 0.35(t + 100)$；

平方根趨勢，$S_t = 10(t + 100)^{0.5}$；

二次趨勢，$S_t = 0.000,7(t + 100)^2$；

對數趨勢，$S_t = 150\log(t + 300)$；

結構突變分段線性趨勢，當 $t \in [1, n/2]$ 時，$S_t = 150 - 0.1n + 0.45t$，$t \in [n/2, n]$ 時，$S_t = 150 + 0.25t$，在中間突變並保持連續；

波動趨勢，$S_t = 0.35t + \sin(0.2t)$。

其中 $t = 1, 2, 3, \cdots, n$，n 為序列長度。

13.5.2 殘差項不相關時的局部多項式去勢 VR 單位根檢驗法的檢驗功效

取 e_t 為標準正態分佈，我們分別對樣本數 N 為 100，150，200，250，500，1,000 進行仿真研究。在 5%的顯著水平下，我們分別對無趨勢、線性趨勢、平方根趨勢、二次趨勢、對數趨勢、結構突變趨勢以及波動趨勢進行仿真，每個檢驗重複 2,000 次實驗，獲得各種情況下的檢驗功效（即不存在單位根的概率），如表 13.3 所示。

表 13.3　　各種趨勢下不同樣本大小的檢驗功效

N	β	無趨勢	線性	平方根	對數	平方	結構變化	波動
100	1	0.07	0.07	0.07	0.07	0.07	0.06	0.03
100	0.9	0.20	0.20	0.21	0.21	0.20	0.19	0.10
100	0.8	0.59	0.59	0.59	0.59	0.59	0.52	0.29

表13.3(續)

N	β	無趨勢	線性	平方根	對數	平方	結構變化	波動
100	0.7	0.90	0.90	0.90	0.90	0.90	0.83	0.53
150	1	0.07	0.07	0.07	0.07	0.07	0.06	0.03
150	0.9	0.42	0.42	0.41	0.42	0.42	0.33	0.22
150	0.8	0.91	0.91	0.91	0.92	0.91	0.83	0.66
150	0.7	0.99	0.99	0.99	0.99	0.99	0.98	0.93
200	1	0.08	0.08	0.07	0.07	0.08	0.06	0.05
200	0.9	0.62	0.62	0.61	0.61	0.62	0.45	0.49
200	0.8	1.00	1.00	0.99	0.99	1.00	0.96	0.98
200	0.7	1.00	1.00	1.00	1.00	1.00	1.00	1.00
250	1	0.08	0.08	0.08	0.08	0.08	0.06	0.07
250	0.9	0.82	0.82	0.81	0.82	0.82	0.57	0.80
250	0.8	1.00	1.00	1.00	1.00	1.00	0.98	1.00
250	0.7	1.00	1.00	1.00	1.00	1.00	1.00	1.00
500	1	0.09	0.09	0.08	0.08	0.09	0.06	0.08
500	0.9	1.00	1.00	1.00	1.00	1.00	0.92	1.00
500	0.8	1.00	1.00	1.00	1.00	1.00	1.00	1.00
500	0.7	1.00	1.00	1.00	1.00	1.00	1.00	1.00
1,000	1	0.09	0.09	0.06	0.05	0.09	0.06	0.08
1,000	0.9	1.00	1.00	1.00	1.00	1.00	1.00	1.00
1,000	0.8	1.00	1.00	1.00	1.00	1.00	1.00	1.00
1,000	0.7	1.00	1.00	1.00	1.00	1.00	1.00	1.00

從表13.3中可以看出，在存在單位根（$\beta=1$）的情況下，對不同的樣本大小，各種線性與非線性趨勢的檢驗功效都接近於設定的顯著水平5%，即將單位根過程判斷為不存在單位根的概率接近5%，說明不存在明顯的尺度扭曲，同時也間接說明局部多項式去勢方法的去勢效果良好。

對同一個趨勢，在同樣的樣本大小下，隨著β從1逐步下降，檢驗功效迅速增加，這是符合預期的。對同一個趨勢，在β保持不變時，隨著樣本數的增加，檢驗功效保持增加趨勢。在樣本數較大時，檢驗方法對各種線性與非線性趨勢的檢驗功效都很好。

13.5.3　干擾項存在序列相關的檢驗水平與功效

設 $\mu_t = \beta\mu_{t-1} + e_t$，$e_t = \rho e_{t-1} + \varepsilon_t$，其中 ε_t 為標準正態分佈，樣本數為1,000。在5%的顯著水平下，分別對無趨勢、線性趨勢、平方根趨勢、二次趨勢、對數趨勢、結構突變趨勢以及波動趨勢進行仿真，每個檢驗重複2,000次

實驗，獲得各種情況下的檢驗功效如表 13.4 所示。

表 13.4 各種趨勢下殘差項為 AR（1）的檢驗水平與功效

β	ρ	無趨勢	線性	平方根	對數	平方	結構變化	波動
1	0.6	0.00	0.00	0.00	0.00	0.00	0.00	0.00
0.9	0.6	0.67	0.67	0.23	0.19	0.67	0.33	0.67
0.8	0.6	1.00	1.00	0.99	0.97	1.00	0.99	1.00
1	0.4	0.00	0.00	0.00	0.00	0.00	0.00	0.00
0.9	0.4	1.00	1.00	0.92	0.87	1.00	0.95	1.00
0.8	0.4	1.00	1.00	1.00	1.00	1.00	1.00	1.00
1	0.2	0.01	0.01	0.01	0.00	0.01	0.01	0.01
0.9	0.2	1.00	1.00	1.00	0.99	1.00	1.00	1.00
0.8	0.2	1.00	1.00	1.00	1.00	1.00	1.00	1.00
1	0	0.07	0.07	0.05	0.04	0.07	0.05	0.08
0.9	0	1.00	1.00	1.00	1.00	1.00	1.00	1.00
0.8	0	1.00	1.00	1.00	1.00	1.00	1.00	1.00
1	−0.2	0.35	0.35	0.24	0.22	0.35	0.26	0.35
0.9	−0.2	1.00	1.00	1.00	1.00	1.00	1.00	1.00
0.8	−0.2	1.00	1.00	1.00	1.00	1.00	1.00	1.00
1	−0.4	0.75	0.75	0.52	0.50	0.75	0.55	0.75
0.9	−0.4	1.00	1.00	1.00	1.00	1.00	1.00	1.00
0.8	−0.4	1.00	1.00	1.00	1.00	1.00	1.00	1.00

仿真結果表明，在殘差項存在正的相關時，檢驗水平小於設定的值，但同時將導致檢驗功效的降低；無相關時檢驗水平與設定的水平值接近；當殘差項存在負的相關性時，檢驗水平將出現扭曲，並且扭曲程度隨負相關的加重迅速增加，但同時檢驗功效將大大增加。作為對比，同樣大小的樣本和檢驗水平，PP 檢驗對無趨勢序列的檢驗功效為：$\rho = -0.2$ 為 9.1%；$\rho = -0.4$ 為 16.4%。

設 $\mu_t = \beta\mu_{t-1} + e_t$，殘差項為 MA（1）過程：$e_t = \varepsilon_t + \rho\varepsilon_{t-1}$，其中 ε_t 為標準正態分佈，樣本數為 1,000。在 5% 的顯著水平下，我們分別對無趨勢、線性趨勢、平方根趨勢、二次趨勢、對數趨勢、結構突變趨勢以及波動趨勢進行仿真，每個檢驗重複 2,000 次實驗，獲得各種情況下的檢驗功效如表 13.5 所示。

仿真結果與 AR（1）情形類似，在殘差項存在正的相關時，檢驗水平小於設定的值；而無相關時檢驗水平與設定的水平值相同；但當殘差項存在負的相關性時，檢驗水平將出現扭曲，並且扭曲程度隨負相關的加重迅速增加，但同時檢驗功效將大大增加。作為對比，同樣的樣本和檢驗水平，PP 檢驗對無趨勢序列的檢驗功效為：$\rho = -0.2$ 為 10.4%；$\rho = -0.4$ 為 27%。

表 13.5　　各種趨勢下殘差項為 MA（1）的檢驗水平與功效

β	ρ	無趨勢	線性	平方根	對數	平方	結構變化	波動
1	0.6	0.00	0.00	0.00	0.00	0.00	0.00	0.00
0.9	0.6	1.00	1.00	0.99	0.98	1.00	1.00	1.00
0.8	0.6	1.00	1.00	1.00	1.00	1.00	1.00	1.00
1	0.4	0.00	0.00	0.00	0.00	0.00	0.00	0.00
0.9	0.4	1.00	1.00	0.99	0.99	1.00	1.00	1.00
0.8	0.4	1.00	1.00	1.00	1.00	1.00	1.00	1.00
1	0.2	0.01	0.01	0.02	0.02	0.01	0.01	0.01
0.9	0.2	1.00	1.00	1.00	0.99	1.00	1.00	1.00
0.8	0.2	1.00	1.00	1.00	1.00	1.00	1.00	1.00
1	0	0.07	0.07	0.05	0.04	0.07	0.05	0.08
0.9	0	1.00	1.00	1.00	1.00	1.00	1.00	1.00
0.8	0	1.00	1.00	1.00	1.00	1.00	1.00	1.00
1	−0.2	0.43	0.43	0.29	0.28	0.43	0.31	0.44
0.9	−0.2	1.00	1.00	1.00	1.00	1.00	1.00	1.00
0.8	−0.2	1.00	1.00	1.00	1.00	1.00	1.00	1.00
1	−0.4	0.90	0.90	0.68	0.65	0.90	0.73	0.90
0.9	−0.4	1.00	1.00	1.00	1.00	1.00	1.00	1.00
0.8	−0.4	1.00	1.00	1.00	1.00	1.00	1.00	1.00

仿真表明，如果殘差存在序列相關，將影響檢驗功效。正的相關將導致檢驗水平與功效的下降，負的相關將導致檢驗水平與功效的升高，也就出現了水平扭曲。但這種影響將隨著樣本數的增加而減少，同時，窗寬的增加將可以減少 VR 檢驗的水平扭曲。

13.6　三種非線性趨勢單位根檢驗法的比較

本章提出了三種非線性趨勢的單位根檢驗方法，都可以用統一的步驟和過程對無趨勢序列、線性趨勢序列或非線性趨勢序列進行單位根檢驗，檢驗中不需要對趨勢的類型進行設定、區分或檢驗。三種方法本質上是對任意確定性趨勢的估計方法，去除確定性趨勢後的殘差，三種方法都可以使用 RMA、VR 等無趨勢單位根檢驗方法進行檢驗。

第一種確定性趨勢估計方法是正交多項式逼近法，第二種估計方法是基於奇異值分解的方法，第三種方法是局部多項式加權迴歸估計法。

本章對每種方法都在干擾項無相關或 AR（1）與 MA（1）干擾情況下進行了仿真試驗，並且使用了同樣的非線性趨勢生成過程，以便於對仿真結果進行對比。仿真結果表明，三種檢驗方法都是有效的，在樣本數較大、干擾項無相關或弱相關情況下都可以得到很好的檢驗結果。但三種方法在具體應用過程中也有所差別，各有優劣。

　　正交多項式逼近法收斂到極限分佈的速度比較快，在中等樣本情況下就可以得到可以接受的檢驗結果。但其需要確定正交多項式的最高次數，不同次數的臨界值還不同。檢驗結果對次數也比較敏感，最高次數的正確確定顯得比較重要。

　　奇異值分解法的優勢在於檢驗方法和步驟簡潔，在檢驗過程中沒有需要人為確定的因素，對殘差項存在較強相關時都能得到很好的檢驗結果。但其檢驗統計量在有趨勢與無趨勢時並沒有完全重疊，臨界值雖然很接近，但還是略有不同。當然這也沒什麼太大問題，只是使檢驗結果略微保守。

　　局部多項式加權迴歸估計法的檢驗方法和步驟也比較簡潔，但檢驗過程中需要按照一定的規則確定窗寬，窗寬對檢驗結果也有比較大的影響。並且檢驗過程中需要樣本數規模較大，否則容易導致檢驗水平一定程度的扭曲。

13.7　小結

　　帶趨勢序列單位根檢驗的核心是趨勢的分離和去除，去除確定性趨勢後的殘差部分用傳統的無趨勢單位根檢驗方法檢驗就可以了，如 RMA、長短程方差比（VR）等檢驗方法。

　　本章研究用局部多項式迴歸的方法來去除確定性趨勢，不用考慮趨勢的具體形式及設定問題，然後對殘差進行單位根檢驗的方法。介紹了局部多項式迴歸的性質，研究了基於 VR 檢驗統計量的極限分佈，仿真研究了窗寬的選擇問題，以及殘差相關與不相關時的檢驗水平與檢驗功效。結果表明，檢驗方法是有效的。

　　如果殘差存在較強的序列相關，將影響檢驗功效和水平。正的相關可能導致檢驗水平與功效的下降，負的相關將導致檢驗水平與功效的升高。但這種影響將隨著樣本數的增加而減少，同時，窗寬的增加將可以減少 VR 檢驗的水平扭曲。

14 STAR 非線性平穩性檢驗中誤設定的偽檢驗研究

本章通過理論分析和蒙特卡羅仿真，研究平穩性檢驗中選用的統計量與數據生成過程不一致時，非線性 ESTAR、LSTAR 與線性 DF 檢驗法能否得出正確的結論。研究表明，二階 LSTAR 與 ESTAR 模型可用相同的檢驗方法，但前者的非線性特徵更強。當數據生成過程為線性 AR 或非線性 ESTAR、二階 LSTAR 模型時，使用 DF 或 ESTAR 檢驗法可得出大致正確的結論，但 LSTAR 檢驗法完全失敗。數據生成過程的非線性特徵越強，ESTAR 較 DF 檢驗方法的功效增益越高；線性特徵越強，DF 的功效增益越高。當轉移函數 $F(\theta, c, z_t)$ 中 θ 較大導致一階泰勒近似誤差較大或 c 非 0 時，標準 ESTAR 與 LSTAR 非線性檢驗法失去應用條件。θ 較大或 c 偏離 0 較遠時，數據生成過程中線性成分增強，用線性 DF 檢驗可獲得更好檢驗結果。

14.1 引言

近年來，眾多研究發現大量經濟變量表現出非線性特徵，很多時候用非線性模型來描述經濟理論更為合適。實踐中用得較多的非線性模型包括 Tong (1983) 提出的門限自迴歸模型 (TAR)，Chan 和 Tong (1986) 提出的平滑轉移自迴歸模型 (STAR)。

隨著非線性模型理論和應用的發展，非線性模型的平穩性檢驗也得到大量研究和應用。線性時間序列的平穩性概念非常明確，一般根據其一、二階矩是否保持不變來定義，也可以根據時間序列相關的持續性來理解，即如果時間序列只存在短時相關性，則認為是平穩的，如果相關性一直持續下去，則認為是非平穩序列。但非線性時間序列平穩性問題的理解和判斷則要複雜得多，特威迪 (Tweedie, 1975) 提出根據時間序列的幾何遍歷性來理解平穩性，但對一個非線性模型來說，什麼參數組合下是平穩的有時是沒有分析解的，仿真可以

在一定程度上解決這個問題。比如對選定的參數組合，通過蒙特卡羅方法生成時間序列 y_t，如果 t 很大（比如 $t > 1,000,000$）時，有 $|y_t| > \sigma t$，其中 σ 為擾動項的標準方差，則可以認為 y_t 是非平穩的。

Balke 和 Fomby（1997）首先在門限自迴歸模型對非平穩和非線性的聯合分析中，通過蒙特卡羅方法發現，如果不考慮非線性問題，直接使用線性 DF 檢驗方法會使得檢驗功效大幅下降。Kapetanios 等提出了一定條件下 ESTAR 模型非線性平穩性的 KSS 檢驗法（2003）。之後非線性平穩性檢驗法得到了廣泛研究和應用。因為 TAR 模型可看作 STAR 模型的特殊情形，STAR 模型在非線性時間序列分析中應用得更為廣泛。

假設 y_t（$t = 1, 2, \cdots, T$）為 0 均值非線性隨機過程，考慮一階平滑轉移自迴歸 STAR（1）模型：

$$y_t = \beta y_{t-1} + \gamma y_{t-1} F(\theta, c, z_t) + \varepsilon_t \qquad (14.1)$$

其中 $\varepsilon_t \sim iid(0, \sigma^2)$，$\beta$、$\gamma$ 為參數，$F(\theta, c, z_t)$ 為轉移函數，用來描述 y_t 中的非線性特徵。轉移函數為在兩個極端狀態間連續變化的平滑函數，其中 z_t 為狀態轉換變量，是導致 y_t 從一種狀態轉換為另一種狀態的變量，通常取為 $z_t = y_{t-d}$，即 y_t 延後 d（$d \geq 1$）期的值，有時也取 $z_t = \Delta y_{t-d}$（差分滯後值）或者 $z_t = t$（時間）為轉換變量；c 為轉換位置參數，表示轉換發生的位置；參數 θ 描述狀態轉換的速度。

轉換函數有各種形式，用得最多的是指數平滑轉移函數 $F(\theta, c, z_t) = 1 - e^{-\theta(z_t - c)^2}$，得到 ESTAR 模型。其中轉換參數 $\theta \geq 0$，決定了均值回復的速度；顯然轉移函數的取值範圍為 $[0, 1]$。當 $\theta = 0$ 時，$F(\theta, c, z_t) = 0$，y_t 為某個線性模型；當 θ 較大時，$F(\theta, c, z_t)$ 趨近於 1，y_t 變為另外一個線性模型。可見，門限自迴歸（TAR）為 STAR 的特殊情形。

轉移函數有時也取為 Logistic 平滑轉移函數，比如沿轉換點左右非對稱的一階 Logistic 函數 $F(\theta, c, z_t) = \dfrac{2}{1 + e^{-\theta(z_t - c)}} - 1$，其取值變化範圍為 $[-1, 1]$；或者對稱的二階 Logistic 函數 $F(\theta, c, z_t) = \dfrac{2}{1 + e^{-\theta(z_t - c)^2}} - 1$，其取值變化範圍為 $[0, 1]$。

對 ESTAR 模型，假設轉換變量 $z_t = y_{t-d}$，得到：

$$y_t = \beta y_{t-1} + \gamma y_{t-1}\left[1 - e^{-\theta(y_{t-d} - c)^2}\right] + \varepsilon_t \qquad (14.2)$$

差分後（$\varphi = \beta - 1$）可得到：

$$\Delta y_t = \varphi y_{t-1} + \gamma y_{t-1}\left[1 - e^{-\theta(y_{t-d} - c)^2}\right] + \varepsilon_t \qquad (14.3)$$

Kapetanios 等討論過其平穩性條件為 $|\beta + \gamma| < 1$ 或 $-2 < \varphi + \gamma < 0$，注意這是一個充分條件而非必要條件，也就是說還可能存在其他條件，使得 y_t 也是平穩的。

應用中有時假設 $\varphi=0$，此時在轉換點（$y_{t-d}=c$）附近，有 $\Delta y_t=\varepsilon_t$，暗示 y_t 在中間區域為一單位根過程。如果此條件下有 $\theta=0$，則 $\Delta y_t=\varepsilon_t$，表明 y_t 為一線性單位根過程；如果 $\theta>0$，並認為條件 $-2<\gamma<0$ 是滿足的，則 y_t 為全局平穩的非線性過程。這樣可得到檢驗原假設為 $\varphi=0$，$\theta=0$，序列為線性單位根過程；備擇假設為 $\varphi=0$，$\theta>0$，並認為條件 $-2<\gamma<0$ 滿足，序列為非線性全局平穩過程。

對延遲參數，實際應用中可以在 $d=\{1,2,\cdots,d_{max}\}$ 中選擇最佳擬合結果所對應的值，分析中通常取 1 進行討論。

對式（14.3）平穩性檢驗的理論研究中，Kapetanios 等人提出的 KSS 方法強加 $\varphi=0$，$d=1$，$c=0$ 的限制條件，得到 ESTAR 模型（3）平穩性檢驗的簡化形式：

$$\Delta y_t = \gamma y_{t-1}[1-e^{-\theta y_{t-1}^2}] + \varepsilon_t \tag{14.4}$$

檢驗零假設為 H_0：$\theta=0$，備擇假設為 H_1：$\theta>0$。零假設下 γ 參數是不可識別的，並且迴歸方程是參數非線性的，對轉移函數做一階泰勒展開，得到方程（4）的輔助迴歸方程：

$$\Delta y_t = \delta y_{t-1}^3 + error \tag{14.5}$$

其中 $\delta=\theta\gamma$，檢驗假設變為 H_0：$\delta=0$；H_1：$\delta<0$。可構建 t 統計量，用左邊檢驗來實現該檢驗：

$$t_1 = \frac{\hat{\delta}}{s.e.(\hat{\delta})} \tag{14.6}$$

零假設下，t 統計量的極限分佈為 $t_1 \Rightarrow \dfrac{\frac{1}{4}W(1)^4 - \frac{3}{2}\int_0^1 W(r)^2 dr}{\sqrt{\int_0^1 W(r)^6 dr}}$；備擇假設下，$t_1=O_p(\sqrt{T})$，t 統計量發散到無窮。

對一階 LSTAR 模型，同樣假設轉換變量 $z_t=y_{t-d}$，得到：

$$\Delta y_t = \varphi y_{t-1} + \gamma y_{t-1}\left[\frac{2}{1+e^{-\theta(y_{t-d}-c)}}-1\right] + \varepsilon_t \tag{14.7}$$

同樣強加 $\varphi=0$，$d=1$，$c=0$ 的限制條件，劉雪燕、張曉峒（2009）研究了一階 LSTAR 簡化模型的平穩性檢驗問題：

$$\Delta y_t = \gamma y_{t-1}\left[\frac{2}{1+e^{-\theta y_{t-1}}}-1\right] + \varepsilon_t \tag{14.8}$$

跟 KSS 方法思路類似，我們對（14.8）式做一階泰勒展開，得到平穩性檢驗的輔助迴歸式：

$$\Delta y_t = \lambda y_{t-1}^2 + error \tag{14.9}$$

檢驗假設變為 H_0：$\lambda=0$；H_1：$\lambda<0$。可構建 t 統計量，用左邊檢驗來實

現該檢驗：

$$t_2 = \frac{\hat{\lambda}}{s.e.(\hat{\lambda})} \quad (14.10)$$

統計量的漸近分佈為 $t_2 \Rightarrow \dfrac{\frac{1}{3}W(r)^3 - 1}{\sqrt{\int_0^1 W(r)^4 dr}}$，為非標準的 t 分佈。

對二階 LSTAR 模型，同樣假設轉換變量 $z_t = y_{t-d}$，得到：

$$\Delta y_t = \varphi y_{t-1} + \gamma y_{t-1}\left[\frac{2}{1+e^{-\theta(y_{t-d}-c)^2}} - 1\right] + \varepsilon_t \quad (14.11)$$

如果同樣強加 $\varphi = 0$, $d = 1$, $c = 0$ 的限制條件，我們可得到二階 LSTAR 平穩性檢驗的簡化模型：

$$\Delta y_t = \gamma y_{t-1}\left[\frac{2}{1+e^{-\theta y_{t-1}^2}} - 1\right] + \varepsilon_t \quad (14.12)$$

同樣用一階泰勒展開近似非線性轉換函數，得到檢驗的輔助迴歸式：

$$\Delta y_t = \eta y_{t-1}^3 + error \quad (14.13)$$

檢驗假設變為 $H_0: \eta = 0$；$H_1: \eta < 0$。我們發現，檢驗輔助迴歸式（14.13）與 ESTAR 模型得到的輔助迴歸式（14.5）相同，故可用（14.6）式的檢驗統計量來檢驗式（14.12）的平穩性問題。顯然，統計量的極限分佈與臨界值也應該相同。

作為對比，我們知道用於線性 AR 模型平穩性檢驗的 DF 檢驗法的檢驗迴歸式為：

$$\Delta y_t = \varphi y_{t-1} + \varepsilon_t \quad (14.14)$$

其檢驗假設為 $H_0: \varphi = 0$；$H_1: \varphi < 0$。同樣構建 t 統計量，用左邊檢驗來實現該檢驗：

$$t_3 = \frac{\hat{\varphi}}{s.e.(\hat{\varphi})} \quad (14.15)$$

這樣就得到式（14.6）、式（14.10）、式（14.15）三種平穩性檢驗的統計量，後文中分別簡稱 ESTAR、LSTAR、DF 檢驗方法。線性模型使用 DF 法進行檢驗，一階 LSTAR 模型使用 LSTAR 方法進行檢驗，而二階 LSTAR 與 ESTAR 模型都使用 ESTAR 方法進行檢驗。

當擾動項存在序列相關時，DF 檢驗的解決方法是在檢驗迴歸式中增加 $\sum_{j=1}^{p}\rho_j\Delta y_{t-j}$，即增加被解釋變量的差分滯後項作為解釋變量，對 ESTAR 與 LSTAR 兩種非線性檢驗方法，可以同樣通過增加差分滯後項的方法解決擾動項的相關性問題。並且可以證明，增加差分滯後項後，檢驗統計量的極限分佈

保持不變。

在實際應用過程中，由於並不清楚數據生成過程，如果選用的檢驗統計量與數據生成過程不一致，是否可以得到正確的結果呢？具體地說，如果數據生成過程為 ESTAR 或二階 LSTAR 模式，DF 與 LSTAR 檢驗方法能否得出正確的結果？如果數據生成過程為一階 LSTAR 模式，DF 與 ESTAR 檢驗方法能否得出正確的結果？對線性 AR 數據生成過程，ESTAR、LSTAR 兩種非線性檢驗方法是否具有檢驗能力？

由於 ESTAR、LSTAR 檢驗法的檢驗迴歸式（14.5）、式（14.9）、式（14.13）是 ESTAR 模型、一階與二階 LSTAR 模型在 $\varphi=0$，$d=1$，$c=0$ 的限制條件下通過一階泰勒展開得到的，並且一階展開只有在變量較小時才能較好地近似非線性函數。如果應用過程中這些假設條件被違背，基於這些假設前提得出的檢驗方法還能使用嗎？它們還能在多大程度上保證結果的可靠性呢？

本章通過蒙特卡羅仿真和理論分析來研究和回答這些問題。

14.2　數據生成過程為線性 AR 時不同檢驗法的仿真結果

如果數據生成過程為線性自迴歸（AR）模型，當然最好是用 DF 方法進行單位根檢驗，但如果使用 ESTAR 或 LSTAR 對應的（14.5）式或（14.9）式進行迴歸檢驗，是否可以得到正確的結果？

仿真研究數據按照式（14.14）生成，即：$\Delta y_t = \varphi y_{t-1} + \varepsilon_t$，其中 φ 為參數。數據生成過程中，ε_t 取獨立同分佈的標準正態分佈，$y_0=0$，$t=1,2,\cdots,200$，即樣本長度為 200，這是一個中等規模的樣本大小，也是實證分析中經常遇到的情況。樣本太小的話檢驗存在小樣本問題，正確設定的檢驗方法結果都不理想，不便於對不同檢驗結果的優劣進行對比分析。

我們知道式（14.14）中 φ 的取值範圍為 $[-2,0]$，其他取值將使 y_t 成為爆炸性增長過程，實踐中通常不會遇到這種情況。如果 φ 等於 0，則 y_t 為非平穩的單位根過程；如果小於 0，則為平穩過程。我們分別對 $\varphi=0$，-2×0.02^2，-2×0.04^2，$\cdots$，-2×0.98^2，-2×1 共 51 個不同的 φ 按式（14.14）生成樣本長度為 200 的仿真數據進行蒙特卡羅模擬。研究中發現檢驗結果在 φ 靠近 0 的區域變化更敏感，故沒有等間隔劃分 φ 的變化區間 $[-2,0]$，而是在 φ 絕對值較小時區間更緊密，較大時區間劃分則更為稀疏。

每個 φ 值重複 2,000 次進行仿真計算，可以得到 5% 顯著水平下 ESTAR、LSTAR、DF 三種檢驗方法的檢驗功效，其隨 φ 變化的曲線如圖 14.1 所示。

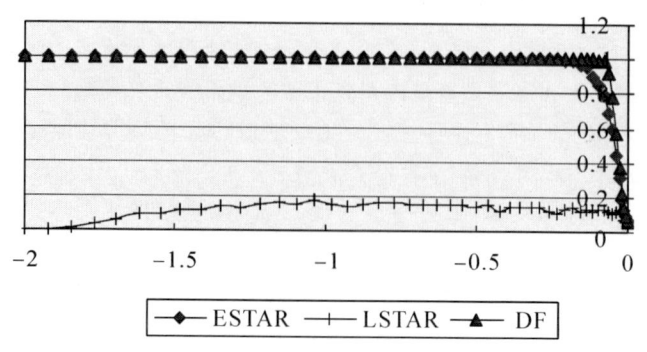

圖 14.1　AR 數據生成過程不同檢驗方法檢驗功效隨參數 φ 的變化曲線

仿真結果表明，當 φ 取 0 或非常接近 0 時，此時 y_t 為線性單位根或近單位根過程，三種檢驗方法的檢驗功效大致都為 0.05，與選定的檢驗水平接近，表明三種檢驗方法都無檢驗水平的扭曲。

隨著 φ 絕對值的增加，DF 檢驗方法的功效從選定的檢驗水平 0.05 迅速增加到 1。

ESTAR 檢驗法的功效也隨著 φ 絕對值的增加而快速增長到 1。同時我們也可以看到，當 φ 的絕對值較小時，ESTAR 的檢驗結果劣於 DF 檢驗方法，比如在 φ 為 -0.08 時，ESTAR 檢驗法的功效為 0.79，差於 DF 檢驗法的 0.99。總體而言，ESTAR 檢驗對線性 AR 數據生成過程，基本上能得出正確的檢驗判斷。

但不管 φ 如何取值，LSTAR 檢驗方法的功效都低於 0.18，表明在大多數時候，該檢驗方法會將平穩過程誤判為非平穩過程，得到錯誤的檢驗結果，即使繼續增大樣本容量，這種情況也不會改善，表明了 LSTAR 檢驗方法對線性數據生成過程平穩性檢驗的失敗。

為什麼 ESTAR 法基本上能對 AR 數據生成過程得出正確的檢驗結果，而 LSTAR 法不行呢？這是因為 ESTAR 法的檢驗迴歸式設定 $\Delta y_t = \delta y_{t-1}^3 + error$，雖然與線性 AR 的數據生成過程 $\Delta y_t = \varphi y_{t-1} + \varepsilon_t$ 不一致，但因為 y_{t-1}^3 與 y_{t-1} 變化的方向是一致的（同正同負），故估計出來的 δ 符號應該與 φ 一致，基於估計值構建的 t 統計量大致能夠得出正確的判斷結果。而 LSTAR 檢驗迴歸式為 $\Delta y_t = \lambda y_{t-1}^2 + error$，其迴歸解釋變量 y_{t-1}^2 與數據生成過程中 y_{t-1} 的變化模式大不相同（後者正負變化的過程中前者始終為正），估計出來的 λ 不能反應 φ 符號變化的特徵，導致 LSTAR 檢驗法不能用於線性數據生成過程的檢驗。

14.3　數據生成過程為 ESTAR 時不同檢驗法的仿真結果

仿真研究中數據按照如下 ESTAR 模型生成：$\Delta y_t = \varphi y_{t-1} + \gamma y_{t-1}[1-$

$e^{(-\theta(y_{t-1}-c)^2)}]+\varepsilon_t$，其中 φ、θ、γ、c 為參數，我們的目的就是研究不同參數在各種取值情況下，ESTAR、LSTAR、DF 三種檢驗方法能否得出正確的判斷。在數據生成過程中，ε_t 取獨立同分佈的標準正態分佈，$y_0=0$，$t=1,2,\cdots,200$，同樣取中等樣本大小 200，避免小樣本問題對檢驗結果對比分析的影響。

14.3.1 θ 變化時不同檢驗統計量的檢驗功效

固定 $\varphi=0$，$\gamma=-0.1$，$c=0$，即按照 $\Delta y_t=-0.1y_{t-1}[1-e^{-\theta y_{t-1}^2}]+\varepsilon_t$ 生成樣本長度為 200 的仿真數據，分別對 $\theta=0,0.02^2,0.04^2,\cdots,0.98^2,1$ 共 51 個不同的 θ 進行蒙特卡羅模擬。如果 θ 等於 0，則 y_t 為線性非平穩過程；如果大於 0，則為非線性平穩過程；小於 0 的話為爆炸增長過程，仿真中不考慮這種情況。研究中發現檢驗結果在 θ 較小的區域變化更敏感，故沒有等間隔劃分 θ 的變化區間，而是在 θ 較小時區間更緊密，較大時區間劃分則更為稀疏。

每個 θ 值重複 2,000 次進行仿真計算，可以得到 5% 顯著水平下 ESTAR、LSTAR、DF 三種檢驗方法的檢驗功效，其隨 θ 變化的曲線如圖 14.2 所示。

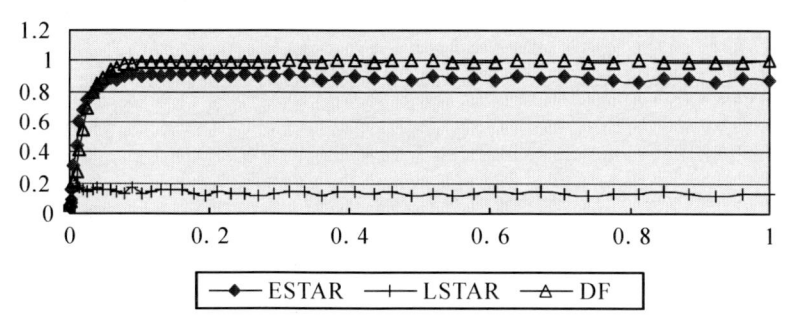

圖 14.2 ESTAR 數據生成過程不同檢驗法檢驗功效隨 θ 的變化曲線

仿真結果表明，當 θ 取 0 或非常接近 0（0.000,4）時，三種檢驗方法的檢驗功效大致都為 0.05，與選定的檢驗水平接近，此時 y_t 相當於線性單位根過程，表明三種單位根檢驗方法都無檢驗水平的扭曲。

隨著 θ 取值的增加，DF 檢驗方法的功效從選定的檢驗水平 0.05 增加到 1，保持持續的增長趨勢。

ESTAR 檢驗功效隨 θ 的增加快速增長，在 [0.1,0.2] 區域達到最大值，之後會隨著 θ 的增加而有所下降。當 θ 在 [0,0.03] 的區域取值時，ESTAR 的檢驗結果優於 DF 檢驗方法，但 θ 取值超過該範圍後，DF 的檢驗功效一致地優於 ESTAR 方法。這表明，θ 較大時，θy_{t-1}^2 較大，對 (14.4) 式做一階泰勒近似進行分析誤差較大；同時，θ 越大，$e^{-\theta y_{t-1}^2}$ 越趨近於 0，(14.4) 式越接近線性過程，此時用線性 DF 檢驗可比 ESTAR 檢驗獲得更好結果。

不管 θ 如何取值，LSTAR 檢驗方法的功效都低於 0.18，這表明在大多數

時候，該檢驗方法會將非線性平穩過程誤判為非平穩過程，得到錯誤的檢驗結果，即使繼續增大樣本容量，這種情況也不會改善，表明了該檢驗方法的失敗。

14.3.2 γ 變化時不同檢驗統計量的檢驗功效

固定 $\varphi = 0$，$\theta = 0.03$，$c = 0$，即按照 $\Delta y_t = \gamma y_{t-1}[1 - e^{-0.03 y_{t-1}^2}] + \varepsilon_t$ 生成樣本長度為 200 的仿真數據，分別對 $\gamma = 0$，-2×0.02^2，-2×0.04^2，…，-2×0.98^2，-2×1 共 51 個不同的 γ 進行蒙特卡羅模擬。如果 γ 等於 0，則 y_t 為線性非平穩過程；如果在 $[-2,0)$ 範圍內取值，y_t 為非線性平穩過程。研究中同樣發現檢驗結果在 γ 絕對值較小的區域變化更敏感，故同樣沒有等間隔劃分 γ 的變化區間。考慮到 θ 較小時非線性特徵更為明顯，故選擇了 $\theta = 0.03$。

每個 γ 值重複 2,000 次進行仿真計算，可以得到 5% 顯著水平下 ESTAR、LSTAR、DF 三種檢驗方法的檢驗功效，其隨 γ 變化的曲線如圖 14.3 所示。

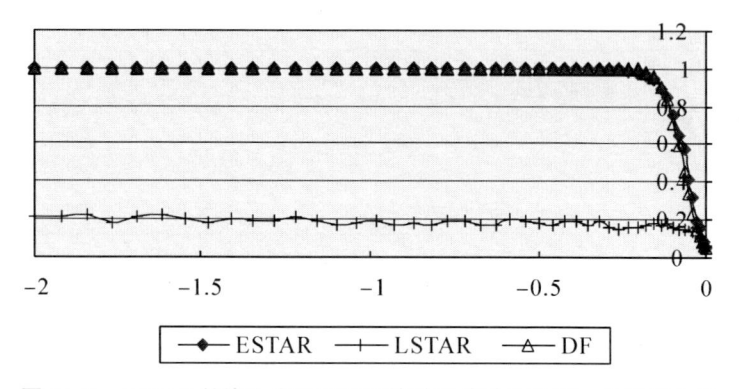

圖 14.3　ESTAR 數據生成過程不同檢驗法檢驗功效隨 γ 的變化曲線

仿真結果表明，當 γ 取 0 或非常接近 0（$[-0.004,0]$）時，此時 y_t 相當於線性單位根過程，三種檢驗方法的檢驗功效大致都為 0.05，與選定的檢驗水平接近，表明三種單位根檢驗方法都無檢驗水平的扭曲。

隨著 γ 絕對值的增加，DF 和 ESTAR 檢驗方法的功效都從選定的檢驗水平 0.05 快速增加到 1。

隨著 γ 絕對值的增加，在 $(-0.13,0)$ 的區域取值時，ESTAR 的檢驗結果優於 DF 檢驗方法，但超過該範圍後，DF 的檢驗功效一致地優於 ESTAR 方法。

不管 γ 如何取值，LSTAR 檢驗方法的功效都低於 0.23，表明在大多數時候，該檢驗方法會將非線性平穩過程誤判為非平穩過程，得到錯誤的檢驗結果，即使繼續增大樣本容易，這種情況也不會改善，表明了該檢驗方法的失敗。

14.3.3 φ 變化時不同檢驗統計量的檢驗功效

固定 $\theta = 0.03$，$\gamma = -0.1$，$c = 0$，即按照 $\Delta y_t = \varphi y_{t-1} - 0.1 y_{t-1}\left[1 - e^{-0.03 y_{t-1}^2}\right]$ $+ \varepsilon_t$ 生成樣本長度為 200 的數據進行蒙特卡羅仿真，當 $-2 < \varphi - 0.1 < 0$ 時 y_t 為非線性平穩序列，故分別對 $\varphi = 0.1 + 0, 0.1 - 2 \times 0.02^2, 0.1 - 2 \times 0.04^2, \cdots$，$0.1 - 2 \times 0.98^2, 0.1 - 2 \times 1$ 共 51 個不同的 φ 進行模擬。研究中同樣沒有等間隔劃分 φ 的變化區間。統計量（14.6）式是在 φ 為 0 的假設前提下得到的，現在通過實驗研究該假設不成立時對檢驗結果的影響。

每個 φ 值重複 2,000 次進行仿真計算，可以得到 5% 顯著水平下 ESTAR、LSTAR、DF 三種檢驗方法的檢驗功效，其隨 φ 變化的曲線如圖 14.4 所示。

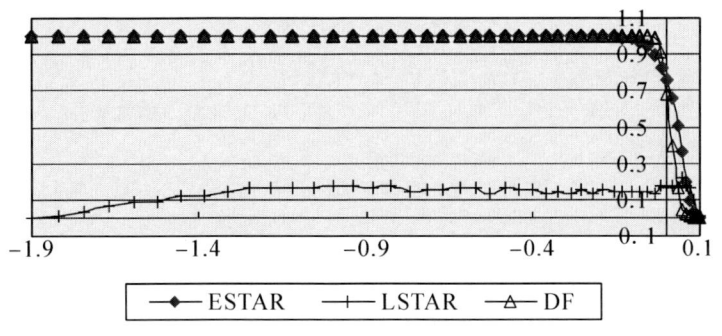

圖 14.4 ESTAR 數據生成過程不同檢驗法檢驗功效隨 φ 的變化曲線

仿真結果表明，當 φ 取值在 0.1 附近時，此時為或近似為單位根過程，三種檢驗方法的檢驗功效都接近 0，即基本上都能把單位根識別出來。

隨著 φ 從正到負取值的降低，DF 和 ESTAR 檢驗方法的功效都快速增加到 1。同時可以發現，當 φ 向負半軸遠離原點時，DF 的檢驗功效一致地優於 ESTAR 方法。這是因為此時檢驗迴歸式中線性部分起越來越大的作用，此時用線性 DF 檢驗可獲得更好結果。

不管 φ 如何取值，LSTAR 檢驗方法的功效都低於 0.22，表明了該檢驗方法的失敗。

14.3.4 c 變化時不同檢驗統計量的檢驗功效

固定 $\varphi = 0$，$\gamma = -0.1$，$\theta = 0.03$，即按照 $\Delta y_t = -0.1 y_{t-1}\left[1 - e^{-0.03(y_{t-1}-c)^2}\right] +$ ε_t 生成樣本長度為 200 的仿真數據，分別對 $c = -25, -24, \cdots, 0, 1, \cdots, 24, 25$ 共 51 個不同的 c 進行蒙特卡羅模擬。統計量（14.6）是在 c 為 0 的假設前提下進行分析得到的，現在通過實驗研究該假設不成立時對檢驗結果的影響。

每個 c 值重複 2,000 次進行仿真計算，可以得到 5% 顯著水平下 ESTAR、

LSTAR、DF 三種檢驗方法的檢驗功效，其隨 c 變化的曲線如圖 14.5 所示。

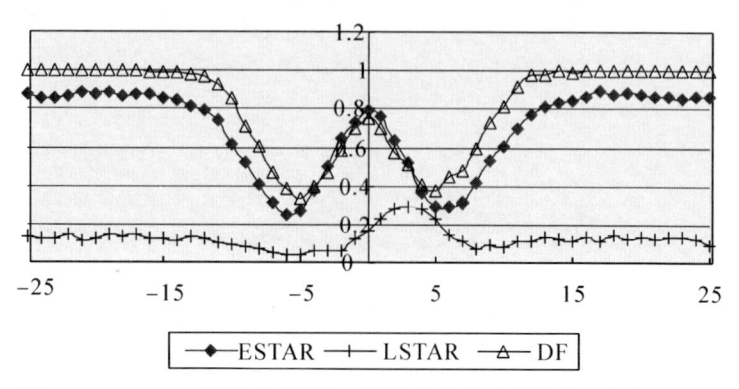

圖 14.5　ESTAR 數據生成過程不同檢驗法檢驗功效隨 c 的變化曲線

仿真結果表明，當 c 取值向左或向右偏離 0 中心點時，DF 與 ESTAR 檢驗方法的檢驗功效均有顯著的下降，之後會隨著向中心點的繼續偏移而逐步回升，回升過程中，DF 的檢驗功效一致地優於 ESTAR 方法。這是因為當偏離 0 中心較大時，$e^{-0.03(y_{t-1}-c)^2}$ 趨近於 0，數據生成過程接近線性過程，此時用線性 DF 檢驗可獲得更好結果。

在整個 c 的取值範圍內，LSTAR 檢驗方法的功效都低於 0.30，儘管在有較小的正向偏移時功效略有改善，但依然不是很高。這表明在大多數時候，該檢驗方法會將非線性平穩過程誤判為非平穩過程，得到錯誤的檢驗結果，表明了該檢驗方法的失敗。

14.4　數據生成過程為二階 LSTAR 的仿真檢驗結果

仿真數據按照如下二階 LSTAR 模型生成：$\Delta y_t = \varphi y_{t-1} + \gamma y_{t-1}[\frac{2}{1+e^{-\theta(y_{t-1}-c)^2}} - 1] + \varepsilon_t$，其中 φ、θ、γ、c 為參數。其一階泰勒展開式與 ESTAR 模型相同，故檢驗迴歸式與檢驗統計量也與 ESTAR 模型一樣。我們現在研究不同參數在各種取值情況下，ESTAR、LSTAR、DF 三種檢驗方法檢驗結果的好壞。數據生成過程中，ε_t 取獨立同分佈的標準正態分佈，$y_0 = 0$，$t = 1, 2, \cdots, 200$，取一個中等規模的樣本長度。

14.4.1　θ 變化時不同檢驗統計量的檢驗功效

固定 $\varphi = 0$，$\gamma = -0.1$，$c = 0$，即按照 $\Delta y_t = -0.1 y_{t-1}[\frac{2}{1+e^{-\theta(y_{t-1})^2}} - 1] + \varepsilon_t$

生成樣本長度為 200 的仿真數據，分別對 $\theta = 0, 0.02^2, 0.04^2, \cdots, 0.98^2, 1$ 共 51 個不同的 θ 進行蒙特卡羅模擬。如果 θ 等於 0，則 y_t 為線性非平穩過程；如果大於 0，則為非線性平穩過程。同樣沒有等間隔劃分 θ 的變化區間，而是在 θ 較小時區間更緊密，較大時區間劃分則更為稀疏。

每個 θ 值重複 2,000 次進行仿真計算，得到 5% 顯著水平下 ESTAR、LSTAR、DF 三種檢驗方法的檢驗功效，其隨 θ 變化的曲線如圖 14.6 所示。

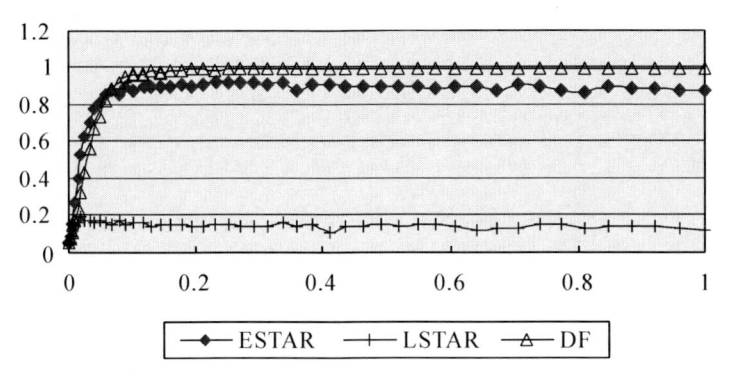

圖 14.6　二階 LSTAR 數據生成過程不同檢驗法檢驗功效隨 θ 的變化曲線

仿真結果表明，當 θ 取 0 或非常接近 0（0.001）時，三種檢驗方法的檢驗功效大致都為 0.05，與選定的檢驗水平接近，此時相當於線性單位根過程，這表明三種單位根檢驗方法都無檢驗水平的扭曲。

隨著 θ 取值的增加，DF 檢驗方法的功效從選定的檢驗水平 0.05 增加到 1，保持持續的增長趨勢。

ESTAR 檢驗功效隨 θ 的增加快速增長，在 $[0.2, 0.4]$ 區域達到最大值，之後會隨著 θ 的增加而有所下降。當 θ 在 $[0, 0.06]$ 的區域取值時，ESTAR 的檢驗結果優於 DF 檢驗方法，但 θ 取值超過該範圍後，DF 的檢驗功效一致地優於 ESTAR 方法。這是兩個原因造成的，一是 θ 較大時，對轉換函數做一階泰勒近似誤差較大；二是 θ 越大，轉換函數的非線性成分越少，此時用線性 DF 檢驗可獲得更好結果。

但不管 θ 如何取值，LSTAR 檢驗方法的功效都低於 0.19，表明了該檢驗方法的失敗。

14.4.2　γ 變化時不同檢驗統計量的檢驗功效

固定 $\varphi = 0$，$\theta = 0.03$，$c = 0$，即按照 $\Delta y_t = \gamma y_{t-1} \left[\dfrac{2}{1+e^{-0.03(y_{t-1})^2}} - 1 \right] + \varepsilon_t$ 生成樣本長度為 200 的仿真數據，分別對 $\gamma = 0, -2 \times 0.02^2, -2 \times 0.04^2, \cdots, -2 \times 0.98^2, -2 \times 1$ 共 51 個不同的 γ 進行蒙特卡羅模擬。如果 γ 等於 0，則 y_t 為線

性非平穩過程；其他取值對應非線性平穩過程。

每個 γ 值重複 2,000 次進行仿真計算，得到 5% 顯著水平下 ESTAR、LSTAR、DF 三種檢驗方法的檢驗功效，其隨 γ 變化的曲線如圖 14.7 所示。

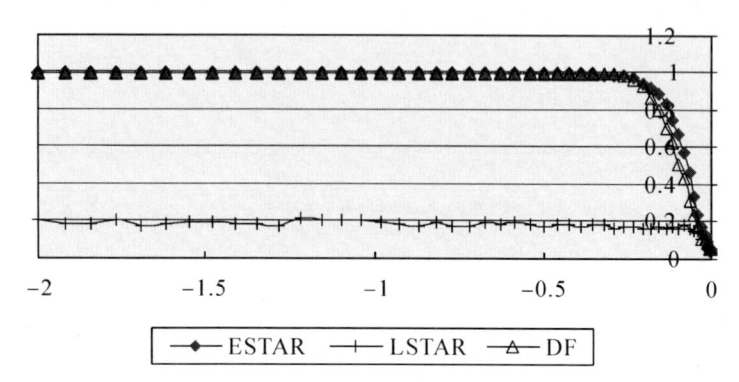

圖 14.7　二階 LSTAR 數據生成過程不同檢驗法檢驗功效隨 γ 的變化曲線

仿真結果表明，當 γ 取 0 或非常接近 0（[-0.007,0]）時，此時相當於線性單位根過程，三種檢驗方法的檢驗功效大致都為 0.05，與選定的檢驗水平接近。

隨著 γ 絕對值的增加，DF 和 ESTAR 檢驗方法的功效都從選定的檢驗水平 0.05 快速增加到 1。

隨著 γ 絕對值的增加，在（-0.26,0）的區域取值時，ESTAR 的檢驗結果優於 DF 檢驗方法，但超過該範圍後，DF 的檢驗功效一致地優於 ESTAR 方法。

不管 γ 如何取值，LSTAR 檢驗方法的功效都低於 0.21，即使繼續增大樣本容量也不會改善，表明了該檢驗方法的失敗。

14.4.3　φ 變化時不同檢驗統計量的檢驗功效

固定 $\theta = 0.03$，$\gamma = -0.1$，$c = 0$，即按照 $\Delta y_t = \varphi y_{t-1} - 0.1 y_{t-1} [\frac{2}{1 + e^{-0.03(y_{t-1})^2}} - 1] + \varepsilon_t$ 生成樣本長度為 200 的數據進行蒙特卡羅仿真，當 $-2 < \varphi - 0.1 < 0$ 時為非線性平穩序列，故分別對 $\varphi = 0.1 + 0, 0.1 - 2 \times 0.02^2, 0.1 - 2 \times 0.04^2$，…，$0.1 - 2 \times 0.98^2, 0.1 - 2 \times 1$ 共 51 個不同的 φ 進行模擬。

每個 φ 值重複 2,000 次進行仿真計算，得到 5% 顯著水平下 ESTAR、LSTAR、DF 三種檢驗方法的檢驗功效，其隨 φ 變化的曲線如圖 14.8 所示。

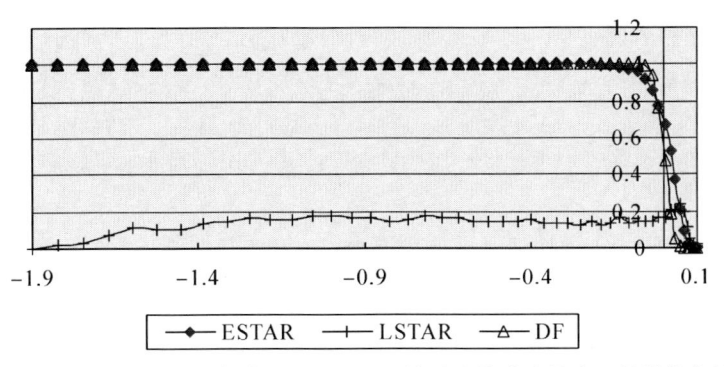

圖 14.8　二階 LSTAR 數據生成過程不同檢驗法檢驗功效隨 φ 的變化曲線

仿真結果表明，當 φ 取值在 0.1 附近時，此時為或近似為單位根過程，三種檢驗方法的檢驗功效都接近 0，即基本上都能把單位根識別出來。

隨著 φ 從正到負取值的降低，DF 和 ESTAR 檢驗方法的功效都快速增加到 1。我們同時可以發現，當 φ 向負半軸遠離原點時，DF 的檢驗功效一致地優於 ESTAR 方法。這是因為此時數據生成過程中線性部分起越來越大的作用，此時用線性 DF 檢驗可獲得更好結果。

不管 φ 如何取值，LSTAR 檢驗方法的功效都低於 0.24，表明了該檢驗方法的失敗。

14.4.4　c 的非線性曲線擬合

固定 $\varphi = 0$，$\gamma = -0.1$，$\theta = 0.03$，即按照 $\Delta y_t = -0.1 y_{t-1} \left[\dfrac{2}{1 + e^{-0.03(y_{t-1}-c)^2}} - 1 \right] + \varepsilon_t$ 生成樣本長度為 200 的仿真數據，分別對 $c = -25, -24, \cdots, 0, 1, \cdots, 24, 25$ 共 51 個不同的 c 進行蒙特卡羅模擬。

每個 c 值重複 2,000 次進行仿真計算，可以得到 5% 顯著水平下 ESTAR、LSTAR、DF 三種檢驗方法的檢驗功效，其隨 c 變化的曲線如圖 14.9 所示。

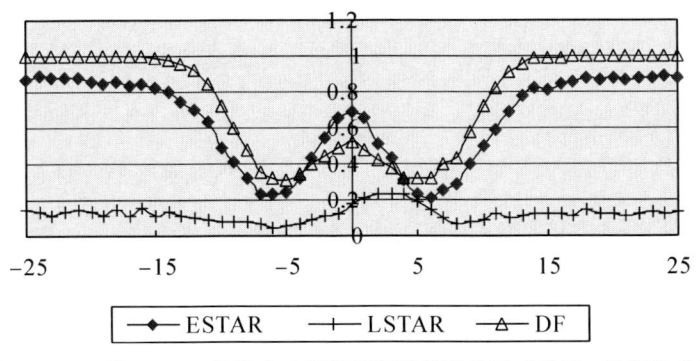

圖 14.9　二階 LSTAR 數據生成過程不同檢驗法檢驗功效隨 c 的變化曲線

仿真結果表明，當 c 取值向左或向右偏離 0 中心點時，DF 與 ESTAR 檢驗方法的檢驗功效均有顯著的下降，之後會隨著向中心點的繼續偏移而逐步回升，回升過程中，DF 的檢驗功效一致地優於 ESTAR 方法。這是因為當偏離 0 中心較大時，數據生成過程接近線性過程，此時用線性 DF 檢驗可獲得更好結果。

在整個 c 的取值範圍內，LSTAR 檢驗方法的功效都低於 0.24，儘管在有較小的正向偏移時功效略有改善，但依然不是很高，表明了該檢驗方法的失敗。

14.5　數據生成過程為一階 LSTAR 的仿真檢驗結果

仿真數據按照一階 LSTAR 模型生成：$\Delta y_t = \varphi y_{t-1} + \gamma y_{t-1}\left[\dfrac{2}{1+e^{-\theta(y_{t-1}-c)}} - 1\right] + \varepsilon_t$，其中 φ、θ、γ、c 為參數，我們的目的就是研究不同參數在各種取值情況下，ESTAR、LSTAR、DF 三種檢驗方法檢驗出 y_t 為平穩序列的概率隨參數變化的規律。數據生成過程中，ε_t 取獨立同分佈的標準正態分佈，$y_0 = 0$，$t = 1, 2, \cdots, 200$，即樣本長度為 200。

14.5.1　θ 變化時不同檢驗統計量的檢驗功效

固定 $\varphi = 0$，$\gamma = -0.1$，$c = 0$，即按照 $\Delta y_t = -0.1 y_{t-1}\left[\dfrac{2}{1+e^{-\theta y_{t-1}}} - 1\right] + \varepsilon_t$ 生成樣本長度為 200 的仿真數據，分別對 $\theta = 0, 0.02^2, 0.04^2, \cdots, 0.98^2, 1$ 共 51 個不同的 θ 進行蒙特卡羅模擬。每個 θ 值重複 2,000 次進行仿真計算，得到 5% 顯著水平下 ESTAR、LSTAR、DF 三種檢驗方法判斷 y_t 為平穩序列的概率隨 θ 變化的曲線如圖 14.10 所示。

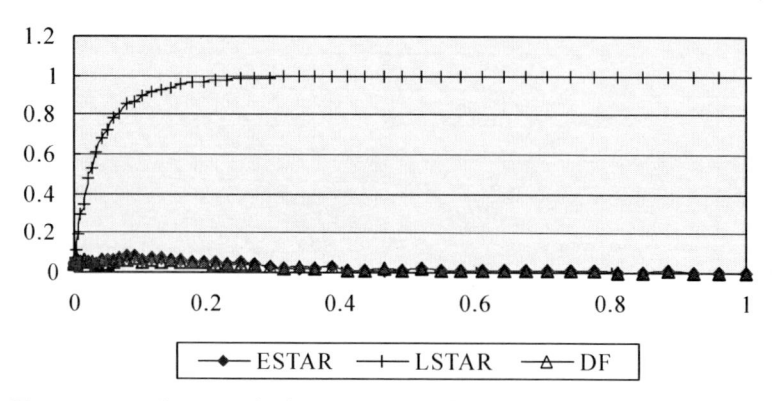

圖 14.10　一階 LSTAR 數據生成過程不同檢驗法檢驗功效隨 θ 的變化曲線

仿真結果表明，當 θ 取 0 或非常接近 0（0.001）時，三種檢驗方法的檢驗功效大致都為 0.05，與選定的檢驗水平接近。

隨著 θ 取值的增加，LSTAR 檢驗方法判斷 y_t 為平穩過程的概率從選定的檢驗水平 0.05 增加到 1，保持持續的增長趨勢。

不管 θ 如何取值，ESTAR 與 DF 檢驗方法的功效都很低，這表明在大多時候，兩種檢驗方法均會認為 y_t 為非平穩過程。事實上，在 $\Delta y_t = -0.1 y_{t-1} \left[\dfrac{2}{1+e^{-\theta y_{t-1}}} - 1 \right] + \varepsilon_t$ 的數據生成過程中，如果 $y_{t-1} < 0$，當 θ 為正且較大時，$\left[\dfrac{2}{1+e^{-\theta y_{t-1}}} - 1 \right]$ 小於 0，得到 $y_t = a y_{t-1} + \varepsilon_t$，其中 $a > 1$，這樣 y_t 很可能成為一個爆炸性增長過程，這時再說 y_t 是平穩過程可能已沒多少意義了。

14.5.2　γ 變化時不同檢驗統計量的檢驗功效

固定 $\varphi = 0$，$\theta = 0.03$，$c = 0$，即按照 $\Delta y_t = \gamma y_{t-1} \left[\dfrac{2}{1+e^{-0.03 y_{t-1}}} - 1 \right] + \varepsilon_t$ 生成樣本長度為 200 的仿真數據，分別對 $\gamma = 0, -2 \times 0.02^2, -2 \times 0.04^2, \cdots, -2 \times 0.98^2, -2 \times 1$ 共 51 個不同的 γ 進行蒙特卡羅模擬。

每個 γ 值重複 2,000 次進行仿真計算，可以得到 5% 顯著水平下 ESTAR、LSTAR、DF 三種檢驗方法的檢驗功效，其隨 γ 變化的曲線如圖 14.11 所示。

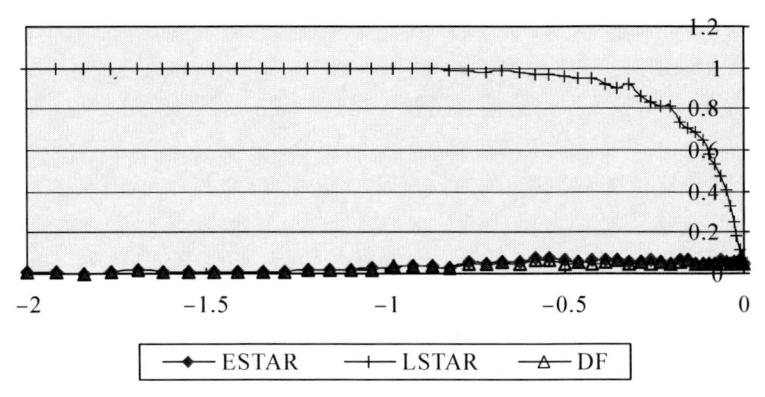

圖 14.11　一階 LSTAR 數據生成過程不同檢驗法檢驗功效隨 γ 的變化曲線

仿真結果表明，當 γ 取 0 或非常接近 0 時，此時相當於線性單位根過程，三種檢驗方法的檢驗功效大致都為 0.05，與選定的檢驗水平接近。

隨著 γ 絕對值的增加，LSTAR 檢驗方法的功效從選定的檢驗水平 0.05 增加到 1，保持持續的增長趨勢。

不管 γ 如何取值，ESTAR 與 DF 檢驗方法的功效都很低，這表明在大多時候，兩種檢驗方法均會認為 y_t 為非平穩過程。

14.5.3 φ 變化時不同檢驗統計量的檢驗功效

固定 $\theta = 0.03$，$\gamma = -0.1$，$c = 0$，即按照 $\Delta y_t = \varphi y_{t-1} - 0.1 y_{t-1} \left[\dfrac{2}{1 + e^{-0.03 y_{t-1}}} - 1 \right] + \varepsilon_t$ 生成仿真數據，分別對 $\varphi = 0.1 + 0, 0.1 - 2 \times 0.02^2, 0.1 - 2 \times 0.04^2, \cdots, 0.1 - 2 \times 0.98^2, 0.1 - 2 \times 1$ 共 51 個不同的 φ 進行模擬，樣本長度為 200。

每個 φ 值重複 2,000 次進行仿真計算，可以得到 5% 顯著水平下 ESTAR、LSTAR、DF 三種檢驗方法的檢驗功效，其隨 φ 變化的曲線如圖 14.12 所示。

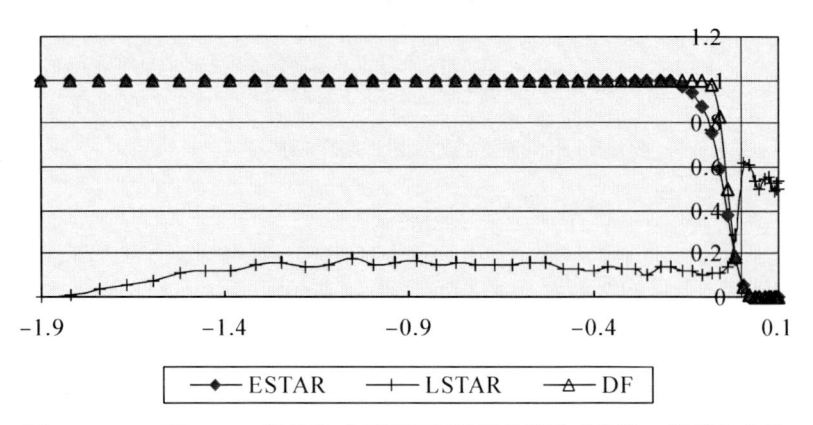

圖 14.12 一階 LSTAR 數據生成過程不同檢驗法檢驗功效隨 φ 的變化曲線

隨著 φ 從正到負取值的降低，DF 和 ESTAR 檢驗方法的功效都快速增加到 1。我們同時可以發現，當 φ 向負半軸遠離原點時，DF 的檢驗功效一致地優於 ESTAR 方法。這是因為此時檢驗迴歸式中線性部分起越來越大的作用，用線性 DF 檢驗可獲得更好結果。

隨著 φ 遠離原點向負軸移動，LSTAR 檢驗方法的功效越來越低，越來越傾向於將 y_t 誤判為非平穩過程，得到錯誤的檢驗結果。這是因為 φ 越遠離原點，y_t 越傾向於線性過程，而 LSTAR 檢驗方法不能對線性過程的平穩性檢驗得出正確的結論。

14.5.4 c 的非線性曲線擬合

固定 $\varphi = 0$，$\gamma = -0.1$，$\theta = 0.03$，即按照 $\Delta y_t = -0.1 y_{t-1} \left[\dfrac{2}{1 + e^{-0.03(y_{t-1} - c)}} - 1 \right] + \varepsilon_t$ 生成樣本長度為 200 的仿真數據，分別對 $c = -25, -24, \cdots, 0, 1, \cdots, 24, 25$ 共 51 個不同的 c 進行蒙特卡羅模擬。

每個 c 值重複 2,000 次進行仿真計算，可以得到 5% 顯著水平下 ESTAR、LSTAR、DF 三種檢驗方法的檢驗功效，其隨 c 變化的曲線如圖 14.13 所示。

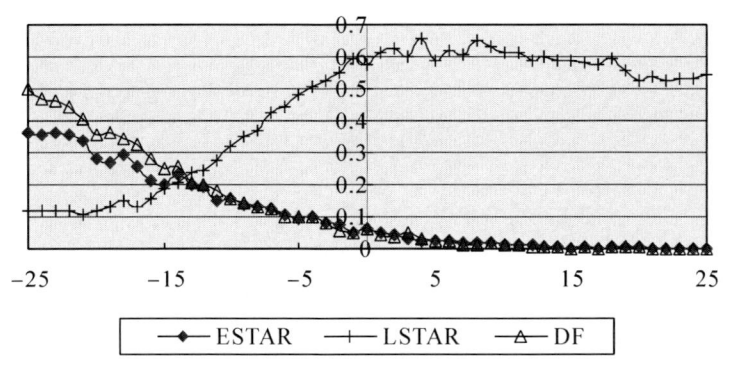

圖 14.13　一階 LSTAR 數據生成過程不同檢驗法檢驗功效隨 c 的變化曲線

仿真結果表明，當 c 為負且離原點較遠時，DF 與 ESTAR 檢驗方法有一定的概率認為 y_t 為平穩過程，但在 c 從負到正的變化過程中，DF 與 ESTAR 檢驗方法越來越傾向認為 y_t 為非平穩過程。

而 LSTAR 方法則相反，在 c 為負且離原點較遠時，傾向認為 y_t 為非平穩過程；在原點及右半軸區域，傾向認為 y_t 為平穩過程。

14.6　結論

本章通過蒙特卡羅仿真和理論分析，研究選用的檢驗統計量與統計量基於的數據生成過程不一致時，非線性 ESTAR、LSTAR 檢驗方法與線性 DF 檢驗法能否得出正確的檢驗結論。

研究表明，二階 LSTAR 與 ESTAR 模型由於一階泰勒展開形式相同，可以使用相同的檢驗迴歸式和檢驗統計量，檢驗可靠性隨參數變化的規律也大致相同。比較而言，在相同的參數設置下，二階 LSTAR 模型的非線性特徵比 ESTAR 模型更強。

當數據生成過程為線性 AR 模型或者為非線性的 ESTAR 與二階 LSTAR 模型時，我們可以使用 DF 或 ESTAR 檢驗方法，得出大致正確的檢驗結論，但 LSTAR 檢驗方法完全失敗。數據生成過程的非線性特徵越強，ESTAR 較 DF 檢驗方法的功效增益越高；線性特徵越強，DF 的功效增益越高。如果數據生成過程為標準一階 LSTAR 模型，則 DF 與 ESTAR 檢驗方法通常不能得到好的檢驗結果。

ESTAR 或一、二階 LSTAR 非線性模型的轉換函數 $F(\theta,c,z_t)$ 中的 θ 較大時，一階泰勒近似分析的誤差較大，轉換函數的系數 γ 的絕對值增加會放大近似誤差，此時再使用基於一階近似得到的 ESTAR、LSTAR 統計量會導致檢驗

功效的下降；θ 越大，轉移函數越接近線性過程，此時用線性 DF 檢驗可獲得更好檢驗結果。

當 φ 向負半軸遠離原點時，數據生成過程中的線性部分起越來越大的作用，此時已失去使用 ESTAR、LSTAR 非線性 t 統計量的條件，用線性 DF 檢驗可獲得更好結果。

當 c 取值向左或向右偏離 0 中心點時，基於 0 中心假設得到的 ESTAR 檢驗方法的檢驗功效有顯著的下降，這表明此時應研究使用其他檢驗方法；當偏離中心點較遠時，非線性成分減少，此時用線性 DF 檢驗可獲得更好結果。

15 基於序列與逆序列最小 Wald 統計量的通用 STAR 模型平穩性檢驗法

本章提出一種通用非線性單位根檢驗方法，使用待檢序列及其逆序列的 Wald 統計量的最小值作為檢驗統計量，將 Kapetanios 等人提出的受限條件下 ESTAR 模型非線性單位根檢驗法推廣到非 0 位置參數的情形，也可應用於一階、二階 LSTAR 或其他可能的平滑轉移自迴歸模型，還可應用於門限自迴歸 (TAR) 模型或傳統的線性 AR 模型的平穩性檢驗。推導了檢驗統計量的極限分佈，並通過蒙特卡羅仿真，比較了該方法與傳統 ESTAR、LSTAR、DF 等方法的檢驗功效。結果表明，其他方法通常都只對特定的數據生成過程有比較好的檢驗功效，而本章提出的檢驗方法對數據生成過程有廣泛的適應性，並且在大多數時候都能獲得較其他方法更佳的檢驗功效。

15.1 引言

在經濟、金融領域，很多理論和假設（如資本市場有效假設、匯率購買力平價理論、政府跨代預算約束等）可以直接得出研究對象為平穩或單位根過程的結論，因而可以直接用平穩性檢驗方法對眾多經濟理論和假設進行檢驗和驗證。自 Tong（1983）提出門限自迴歸模型（TAR）、Chan 和 Tong（1986）提出平滑轉移自迴歸模型（STAR）以來，非線性模型在實證分析中得到廣泛研究和應用［索莉斯（Sollis, 2005）；Taylor, 2006；庫什曼（Cushman, 2008）；劉田, 2011, 2012］。TAR 模型可看作 STAR 模型一定條件下的近似，STAR 模型在非線性分析中更為流行。Balke 和 Fomby（1997）通過仿真研究發現，傳統線性 DF 單位根檢驗方法會導致非線性情況下的檢驗功效大幅下降。Kapetanios 等（2003）提出特殊限定條件下 ESTAR 模型的非線性平穩性檢

驗方法，國內劉雪燕、張曉峒（2009）研究了同樣限定條件下 LSTAR 模型的非線性平穩性檢驗方法。

一階平滑轉移自迴歸 STAR（1）模型的一般形式為：
$$y_t = \beta y_{t-1} + \gamma y_{t-1} F(\theta, c, z_t) + \varepsilon_t \tag{15.1}$$
$F(\theta, c, z_t)$ 為轉移函數，在兩個極端狀態間連續變化，用來描述序列 y_t 中的非線性特徵。其中 z_t 為狀態轉換變量，通常取為 $z_t = y_{t-1}$；參數 c 表示轉換位置；參數 θ 描述從一個狀態轉換為另一個狀態的速度，如果轉換速度非常快，則 STAR 模型變為門限自迴歸（TAR）模型，轉換速度非常慢，則變為普通自迴歸（AR）線性模型。轉換函數有各種形式，用得最多的是指數平滑轉移函數 $F(\theta,c,z_t) = 1 - e^{-\theta(y_{t-1}-c)^2}$，得到 ESTAR 模型。有時也取為 Logistic 平滑轉移函數，得到 LSTAR 模型。一階 Logistic 函數 $F(\theta,c,z_t) = \dfrac{2}{1+e^{-\theta(y_{t-1}-c)}} - 1$，沿轉換點左右是非對稱的；而二階 Logistic 函數 $F(\theta,c,z_t) = \dfrac{2}{1+e^{-\theta(y_{t-1}-c)^2}} - 1$，沿轉換點左右是對稱的。

對 ESTAR 模型，差分後可得到（令 $\varphi = \beta - 1$）：
$$\Delta y_t = \varphi y_{t-1} + \gamma y_{t-1}[1 - e^{-\theta(y_{t-1}-c)^2}] + \varepsilon_t \tag{15.2}$$
Kapetanios 等（2003）討論過其平穩的充分條件為 $-2 < \varphi + \gamma < 0$。強加 $\varphi = 0$，$c = 0$ 的限制條件，此時 ESTAR 模型變為：
$$\Delta y_t = \gamma y_{t-1}[1 - e^{-\theta y_{t-1}^2}] + \varepsilon_t \tag{15.3}$$
Kapetanios 等人（2003）提出了該限制條件下 ESTAR 簡化模型平穩性檢驗的 KSS 方法。對轉移函數做一階泰勒展開，得到平穩性檢驗的輔助迴歸方程：
$$\Delta y_t = \delta y_{t-1}^3 + error \tag{15.4}$$
檢驗假設為 $H_0: \delta = 0$；$H_1: \delta < 0$。可構建 t 統計量，用左邊檢驗來實現該檢驗：
$$t_t = \frac{\hat{\delta}}{s.e.(\hat{\delta})} \tag{15.5}$$
後文簡稱該檢驗方法為 ESTAR 法。

同樣強加 $\varphi = 0$，$c = 0$ 的限制條件，可得到一階 LSTAR 模型的簡化形式：
$$\Delta y_t = \gamma y_{t-1}\left[\frac{2}{1+e^{-\theta y_{t-1}}} - 1\right] + \varepsilon_t \tag{15.6}$$
劉雪燕、張曉峒（2008）研究了其平穩性檢驗方法。跟 KSS 方法思路類似，對（15.6）式做一階泰勒展開，得到檢驗的輔助迴歸式：
$$\Delta y_t = \lambda y_{t-1}^2 + error \tag{15.7}$$

檢驗假設為 H_0: $\lambda = 0$; H_1: $\lambda < 0$①。同樣構建 t 統計量，用左邊檢驗來實現該檢驗：

$$t_2 = \frac{\hat{\lambda}}{s.e.(\hat{\lambda})} \quad (15.8)$$

後文簡稱該檢驗方法為 LSTAR 法。

對二階 LSTAR 模型，如果同樣強加 $\varphi = 0$，$c = 0$ 的限制條件，可得到簡化模型：

$$\Delta y_t = \gamma y_{t-1}\left[\frac{2}{1 + e^{-\theta y_{t-1}^2}} - 1\right] + \varepsilon_t \quad (15.9)$$

同樣用一階泰勒展開近似非線性轉換函數，得到平穩性檢驗的輔助迴歸式：

$$\Delta y_t = \eta y_{t-1}^3 + error \quad (15.10)$$

檢驗假設為 H_0: $\eta = 0$; H_1: $\eta < 0$。檢驗輔助迴歸式（15.10）與 ESTAR 模型得到的檢驗輔助迴歸式（15.4）相同，故可使用 ESTAR 檢驗法同樣的檢驗統計量與臨界值進行平穩性檢驗。

當式（15.3）、式（15.6）、式（15.9）中擾動項存在序列相關時，可在對應的檢驗迴歸式（15.4）、式（15.7）、式（15.10）中增加 $\sum_{j=1}^{p}\rho_j \Delta y_{t-j}$，即增加被解釋變量的差分滯後項作為解釋變量，以解決擾動項的相關性問題。並且我們可以證明，增加差分滯後項後，檢驗統計量的極限分佈保持不變［漢密爾頓（Hamilton，1994）; Kapetanios, et al, 2003; 劉雪燕, 張曉峒, 2008; 克魯斯（Kruse，2011）］。事實上這是一個一般性的結論，Hamilton（1994）的研究表明，各種單位根檢驗方法統計量的極限分佈都與檢驗式中是否包含差分滯後變量無關，也就是說隨機誤差項是否存在自相關不會影響統計量的極限分佈。

式（15.3）、式（15.6）、式（15.9）假設 $\{y_t\}$ 為 0 均值非線性隨機過程，如果序列 $\{y_t\}$ 非 0 均值或存在線性趨勢，可以考慮先去除均值或時間趨勢，即首先做迴歸 $y_t = w_1 + v_t$ 或 $y_t = w_1 + w_2 t + v_t$，再對殘差 $\hat{v}_t$ 進行上述檢驗。統計量的極限分佈形式不會改變，只是從布朗運動的泛函變為布朗運動去均值或去趨勢後的泛函。後文分別將直接對原始數據進行平穩性檢驗、去均值後進行檢驗與去趨勢後進行檢驗稱為情形 1、情形 2 與情形 3。

但上述 ESTAR 與 LSTAR 檢驗法均是在強加 $\varphi = 0$，$c = 0$ 的條件下得到的，

---

① 備擇假設條件下 $y_t = y_{t-1}(1 + \lambda y_{t-1}) + error = ay_{t-1} + error$，因為 $\lambda < 0$，如果 $y_{t-1} < 0$，則 $a = (1 + \lambda y_{t-1}) > 1$，導致 $\{y_t\}$ 可能為負的爆炸性長過程，好在實際經濟數據不可能為爆炸增長模式。

大量實證研究表明，很多時候 c 是顯著非 0 的 [Taylor, et al, 2001；拉帕奇，維哈（Rapach, Wohar, 2006）]，始終假設 $\varphi=0$ 也並非總是合理的。如果這些條件不滿足，ESTAR 與 LSTAR 檢驗法能否得到好的檢驗結果呢？我們下面做一個蒙特卡羅仿真試驗。

按照（15.3）式生成仿真數據，樣本長度取為 300，$\gamma=-1$，$\theta=0.01$，ε_t 取獨立同分佈的標準正態分佈，$y_0=0$，c 從 $[-12,-11,\cdots,11,12]$ 中取值進行逐點仿真試驗，每個點仿真 2,000 次。得到的檢驗功效隨 c 變化的曲線如圖 15.1 所示。

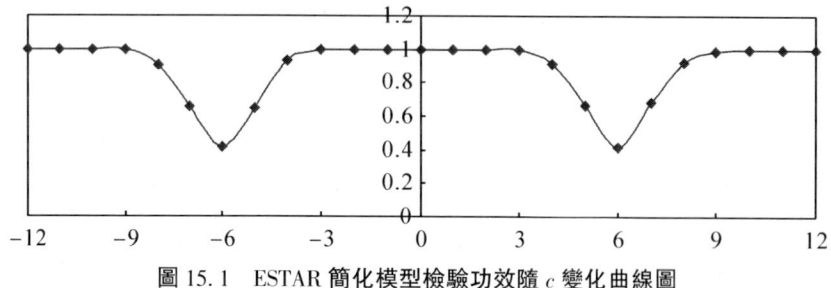

圖 15.1 ESTAR 簡化模型檢驗功效隨 c 變化曲線圖

可以看出，當 c 從正負方向偏離 0 中心時，檢驗功效會有一顯著下降的過程，最多可能從 1 下降到 0.4 左右。

Kruse（2011）對 $\varphi=0$ 條件下 ESTAR 模型位置參數 c 非 0 時的平穩性檢驗問題進行了研究，提出了 τ 統計量檢驗法。其仿真結果表明，該方法可以改善 c 非 0 時的檢驗功效。

除了位置參數 c 非 0 外，實際應用過程中 φ 也可能非 0，數據生成過程除了可能是 ESTAR 模型外，也可能為 LSTAR 模型，甚至其他 STAR 模型形式，當然 STAR 模型在轉換速度極快或極慢時變為 TAR 模型或普通的線性 DF 模型。本章研究在不知道真實數據生成情況下，就一般的線性與非線性模型，如何進行有效的平穩性檢驗。

15.2 序列與逆序列最小 Wald 統計量及其漸近分佈

對（15.2）式，如果不限定 $\varphi=0$、$c=0$，同樣用一階泰勒展開近似轉換函數，可得到 ESTAR 模型一般形式的檢驗輔助迴歸式：

$$\Delta y_t = \beta_1 y_{t-1} + \beta_2 y_{t-1}^2 + \beta_3 y_{t-1}^3 + u_t \tag{15.11}$$

對一階 LSTAR 模型 $\Delta y_t = \varphi y_{t-1} + \gamma y_{t-1}\left[\dfrac{2}{1+e^{-\theta y_{t-1}}}-1\right]+\varepsilon_t$，如果對轉換函數做二階泰勒近似，同樣得到檢驗輔助迴歸式（15.11）；而對二階 LSTAR 模

型的轉換函數做一階泰勒近似，也得到輔助迴歸式（15.11）。顯然式（15.11）也包容了線性DF情形。對其他可能的平滑轉移函數，如果其一階或二階泰勒展開不超過2次，都可以使用（15.11）式作檢驗輔助迴歸式。為了能夠對上述各種情形進行單位根檢驗，我們考慮使用（15.11）作為一般形式下的檢驗輔助迴歸式。

檢驗原假設為$H_0: \beta_1 = \beta_2 = \beta_3 = 0$。原假設下$\{y_t\}$為線性單位根過程，假設$\Delta y_t = \varepsilon_t$。如果$\varepsilon_t$存在相關性，則在（15.11）式迴歸元中增加$\sum_{j=1}^{p} \rho_j \Delta y_{t-j}$，大量研究表明這不會改變平穩性檢驗統計量的極限分佈（Hamilton, 1994; Kapetanios, et al, 2003; 劉雪燕，張曉峒，2008; Kruse, 2011），故後面的推導中均假設ε_t為獨立同分佈的。

定義矩陣$R = \begin{pmatrix} 1 & 0 & 0 \\ 0 & 1 & 0 \\ 0 & 0 & 1 \end{pmatrix}$，向量$\beta = \begin{pmatrix} \beta_1 \\ \beta_2 \\ \beta_3 \end{pmatrix}$，$q = \begin{pmatrix} 0 \\ 0 \\ 0 \end{pmatrix}$，對檢驗輔助迴歸式（15.11），單位根原假設下的參數約束條件為$R\beta = q$。構建Wald統計量：

$$\begin{aligned} W &= (R\hat{\beta} - q)'[\text{var}(R\hat{\beta} - q)]^{-1}(R\hat{\beta} - q) \\ &= (R\hat{\beta} - q)'[R(X'X)^{-1}R']^{-1}(R\hat{\beta} - q) \\ &= \frac{1}{s_T^2}(\hat{\beta})'(X'X)(\hat{\beta}) \\ &= \frac{1}{s_T^2}(X'Y)'(X'X)^{-1}(X'Y) \end{aligned} \quad (15.12)$$

其中s_T^2為ε_t方差σ^2的最小二乘估計，為一致估計量，X為迴歸中解釋變量構成的矩陣，Y為被解釋變量構成的向量。

平穩條件下Wald統計量為卡方分佈，但單位根原假設下為維納過程的複雜泛函，其推導過程如下：

首先，根據（15.11）式，有$X'X = \begin{pmatrix} \sum y_{t-1}^2 & \sum y_{t-1}^3 & \sum y_{t-1}^4 \\ \sum y_{t-1}^3 & \sum y_{t-1}^4 & \sum y_{t-1}^5 \\ \sum y_{t-1}^4 & \sum y_{t-1}^5 & \sum y_{t-1}^6 \end{pmatrix}$，$X'Y = \begin{pmatrix} \sum y_{t-1} \Delta y_t \\ \sum y_{t-1}^2 \Delta y_t \\ \sum y_{t-1}^3 \Delta y_t \end{pmatrix}$。

定義規模系數矩陣：$\gamma = \begin{pmatrix} T\sigma^2 & 0 & 0 \\ 0 & T^{3/2}\sigma^3 & 0 \\ 0 & 0 & T^2\sigma^4 \end{pmatrix}$，則Wald統計量：

$$W = \frac{1}{s_T^2}(X'Y)'(X'X)^{-1}(X'Y)$$

$$= \frac{1}{s_T^2}\begin{pmatrix} \sum y_{t-1}\varepsilon_t \\ \sum y_{t-1}^2\varepsilon_t \\ \sum y_{t-1}^3\varepsilon_t \end{pmatrix}' \begin{pmatrix} \sum y_{t-1}^2 & \sum y_{t-1}^3 & \sum y_{t-1}^4 \\ \sum y_{t-1}^3 & \sum y_{t-1}^4 & \sum y_{t-1}^5 \\ \sum y_{t-1}^4 & \sum y_{t-1}^5 & \sum y_{t-1}^6 \end{pmatrix}^{-1} \begin{pmatrix} \sum y_{t-1}\varepsilon_t \\ \sum y_{t-1}^2\varepsilon_t \\ \sum y_{t-1}^3\varepsilon_t \end{pmatrix}$$

$$= \frac{1}{s_T^2}\begin{pmatrix} \sum y_{t-1}\varepsilon_t \\ \sum y_{t-1}^2\varepsilon_t \\ \sum y_{t-1}^3\varepsilon_t \end{pmatrix}'\gamma^{-1}\gamma \begin{pmatrix} \sum y_{t-1}^2 & \sum y_{t-1}^3 & \sum y_{t-1}^4 \\ \sum y_{t-1}^3 & \sum y_{t-1}^4 & \sum y_{t-1}^5 \\ \sum y_{t-1}^4 & \sum y_{t-1}^5 & \sum y_{t-1}^6 \end{pmatrix}^{-1}\gamma^{-1}\gamma\begin{pmatrix} \sum y_{t-1}\varepsilon_t \\ \sum y_{t-1}^2\varepsilon_t \\ \sum y_{t-1}^3\varepsilon_t \end{pmatrix}$$

$$W = \frac{1}{s_T^2}\begin{pmatrix} T^{-1}\sigma^{-2}\sum y_{t-1}\varepsilon_t \\ T^{-3/2}\sigma^{-3}\sum y_{t-1}^2\varepsilon_t \\ T^{-2}\sigma^{-4}\sum y_{t-1}^3\varepsilon_t \end{pmatrix}'$$

$$\times \begin{pmatrix} T^{-2}\sigma^{-4}\sum y_{t-1}^2 & T^{-5/2}\sigma^{-5}\sum y_{t-1}^3 & T^{-3}\sigma^{-6}\sum y_{t-1}^4 \\ T^{-5/2}\sigma^{-5}\sum y_{t-1}^3 & T^{-3}\sigma^{-6}\sum y_{t-1}^4 & T^{-7/2}\sigma^{-7}\sum y_{t-1}^5 \\ T^{-3}\sigma^{-6}\sum y_{t-1}^4 & T^{-7/2}\sigma^{-7}\sum y_{t-1}^5 & T^{-4}\sigma^{-8}\sum y_{t-1}^6 \end{pmatrix}^{-1}$$

$$\times \begin{pmatrix} T^{-1}\sigma^{-2}\sum y_{t-1}\varepsilon_t \\ T^{-3/2}\sigma^{-3}\sum y_{t-1}^2\varepsilon_t \\ T^{-2}\sigma^{-4}\sum y_{t-1}^3\varepsilon_t \end{pmatrix}$$

利用如下結果〔漢森（Hansen，1992）；Hamilton，1994；Kapetanios, et al, 2003；Kruse，2011〕：

$$T^{-1}\sum y_{t-1}\varepsilon_t \Rightarrow \sigma^2 \frac{1}{2}[W(1)^2 - 1]$$

$$T^{-3/2}\sum y_{t-1}^2\varepsilon_t \Rightarrow \sigma^3\left[\frac{1}{3}W(1)^3 - \int_0^1 W(r)dr\right]$$

$$T^{-2}\sum y_{t-1}^3\varepsilon_t \Rightarrow \sigma^4\left[\frac{1}{4}W(1)^4 - \frac{3}{2}\int_0^1 W(r)^2 dr\right]$$

$$T^{-(i+2)/2}\sum y_{t-1}^i \Rightarrow \sigma^i \int_0^1 W(r)^i dr, \quad i=1,2,3,\cdots$$

$$s_T^2 \Rightarrow \sigma^2$$

可以得到 Wald 統計量的極限分佈：

$$W \Rightarrow \begin{pmatrix} \frac{1}{2}(W(1)^2 - 1) \\ \frac{1}{3}W(1)^3 - \int_0^1 W(r)dr \\ \frac{1}{4}W(1)^4 - \frac{3}{2}\int_0^1 W(r)^2 dr \end{pmatrix}' \times \begin{pmatrix} \int_0^1 W(r)^2 dr & \int_0^1 W(r)^3 dr & \int_0^1 W(r)^4 dr \\ \int_0^1 W(r)^3 dr & \int_0^1 W(r)^4 dr & \int_0^1 W(r)^5 dr \\ \int_0^1 W(r)^4 dr & \int_0^1 W(r)^5 dr & \int_0^1 W(r)^6 dr \end{pmatrix}^{-1}$$

$$\times \begin{pmatrix} \frac{1}{2}(W(1)^2 - 1) \\ \frac{1}{3}W(1)^3 - \int_0^1 W(r)dr \\ \frac{1}{4}W(1)^4 - \frac{3}{2}\int_0^1 W(r)^2 dr \end{pmatrix} \qquad (15.13)$$

W 統計量中沒有冗餘參數，為維納過程的複雜泛函。為了改進小樣本時的檢驗功效，受利伯恩（Leybourne，1995）思路的啓發，我們定義序列 $y_t(t=1,2,\cdots,T)$ 的鏡像逆序序列 $x_t(t=1,2,\cdots,T)$：$x_t = y_{T+1-t}$，即由 $\{y_T, y_{T-1}, \cdots, y_1\}$ 構成的序列。當 y_t 為單位根過程，滿足 $y_t = y_{t-1} + \varepsilon_t$ 時，不難驗證其逆序序列 x_t 也為單位根過程，滿足 $x_t = x_{t-1} + \eta_t$，其中 $\eta_t = -\varepsilon_{T+2-t}$。

對逆序序列 x_t 做（15.11）式的迴歸檢驗：$\Delta x_t = \alpha_1 x_{t-1} + \alpha_2 x_{t-1}^2 + \alpha_3 x_{t-1}^3 + v_t$，在 y_t 為單位根過程的原假設下，x_t 也為單位根過程，有 H_0：$\alpha_1 = \alpha_2 = \alpha_3 = 0$，同樣可構建 Wald 統計量：

$$W_r = \frac{1}{s_T^2} \begin{pmatrix} \sum x_{t-1} \eta_t \\ \sum x_{t-1}^2 \eta_t \\ \sum x_{t-1}^3 \eta_t \end{pmatrix}' \begin{pmatrix} \sum x_{t-1}^2 & \sum x_{t-1}^3 & \sum x_{t-1}^4 \\ \sum x_{t-1}^3 & \sum x_{t-1}^4 & \sum x_{t-1}^5 \\ \sum x_{t-1}^4 & \sum x_{t-1}^5 & \sum x_{t-1}^6 \end{pmatrix}^{-1} \begin{pmatrix} \sum x_{t-1} \eta_t \\ \sum x_{t-1}^2 \eta_t \\ \sum x_{t-1}^3 \eta_t \end{pmatrix}$$

$$W_r = \frac{1}{s_T^2} \begin{pmatrix} T^{-1}\sigma^{-2} \sum x_{t-1} \eta_t \\ T^{-3/2}\sigma^{-3} \sum x_{t-1}^2 \eta_t \\ T^{-2}\sigma^{-4} \sum x_{t-1}^3 \eta_t \end{pmatrix}'$$

$$\times \begin{pmatrix} T^{-2}\sigma^{-4} \sum x_{t-1}^2 & T^{-5/2}\sigma^{-5} \sum x_{t-1}^3 & T^{-3}\sigma^{-6} \sum x_{t-1}^4 \\ T^{-5/2}\sigma^{-5} \sum x_{t-1}^3 & T^{-3}\sigma^{-6} \sum x_{t-1}^4 & T^{-7/2}\sigma^{-7} \sum x_{t-1}^5 \\ T^{-3}\sigma^{-6} \sum x_{t-1}^4 & T^{-7/2}\sigma^{-7} \sum x_{t-1}^5 & T^{-4}\sigma^{-8} \sum x_{t-1}^6 \end{pmatrix}^{-1}$$

$$\times \begin{pmatrix} T^{-1}\sigma^{-2} \sum x_{t-1} \eta_t \\ T^{-3/2}\sigma^{-3} \sum x_{t-1}^2 \eta_t \\ T^{-2}\sigma^{-4} \sum x_{t-1}^3 \eta_t \end{pmatrix}$$

不難證明如下極限結果：

(a) $T^{-(i+2)/2} \sum x_{t-1}{}^i \Rightarrow \sigma^i \int_0^1 W(r)^i dr, \ i = 1, 2, 3, \cdots$

(b) $T^{-1} \sum x_{t-1} \eta_t \Rightarrow -\sigma^2 \frac{1}{2}[W(1)^2 + 1]$

(c) $T^{-3/2} \sum x_{t-1}{}^2 \eta_t \Rightarrow -\sigma^3 \left[\frac{1}{3}W(1)^3 + \int_0^1 W(r) dr\right]$

(d) $T^{-2} \sum x_{t-1}{}^3 \eta_t \Rightarrow -\sigma^4 \left[\frac{1}{4}W(1)^4 + \frac{3}{2}\int_0^1 W(r)^2 dr\right]$

對 (a)，因為：$\sum x_{t-1}{}^i = \sum_{t=1}^T x_{t-1}{}^i = \sum_{t=1}^T y_{T+1-(t-1)}{}^i = \sum_{t=1}^T y_{T+2-t}{}^i = \sum_{t'=T+1}^2 y_{t'-1}{}^i = \sum_{t=1}^T y_{t-1}{}^i + y_T + y_{T+1} - y_0 - y_1$，當 T 趨於無窮大時，有 (a) 式成立。

對 (b)，有：

$T^{-1} \sum x_{t-1} \eta_t = -T^{-1} \sum y_{T+2-t} \varepsilon_{T+2-t} = -T^{-1} \sum y_t \varepsilon_t = -T^{-1} \sum (y_{t-1} + \varepsilon_t) \varepsilon_t$

$= -T^{-1} \sum y_{t-1} \varepsilon_t - T^{-1} \sum \varepsilon_t^2$

$\Rightarrow -\sigma^2 \frac{1}{2}[W(1)^2 - 1] - \sigma^2$

$\Rightarrow -\sigma^2 \frac{1}{2}[W(1)^2 + 1]$

對 (c)，有：

$T^{-3/2} \sum x_{t-1}{}^2 \eta_t = -T^{-3/2} \sum y_t{}^2 \varepsilon_t = -T^{-3/2} \sum (y_{t-1} + \varepsilon_t)^2 \varepsilon_t$

$= -T^{-3/2} \sum y_{t-1}{}^2 \varepsilon_t - 2T^{-3/2} \sum y_{t-1} \varepsilon_t{}^2 - T^{-3/2} \sum \varepsilon_t{}^3$

由 $y_t = y_{t-1} + \varepsilon_t$，得 $y_t{}^3 = y_{t-1}{}^3 + 3y_{t-1}{}^2 \varepsilon_t + 3y_{t-1} \varepsilon_t{}^2 + \varepsilon_t{}^3$，從 1 到 T 累加，得：

$T^{-3/2} y_T{}^3 = 3T^{-3/2} \sum y_{t-1}{}^2 \varepsilon_t + 3T^{-3/2} \sum y_{t-1} \varepsilon_t{}^2 + T^{-3/2} \sum \varepsilon_t{}^3$，因 $T^{-3/2} \sum \varepsilon_t{}^3 \Rightarrow 0$，可得到 $T^{-3/2} \sum y_{t-1} \varepsilon_t{}^2 \Rightarrow \sigma^3 \int_0^1 W(r) dr$，於是有：

$T^{-3/2} \sum x_{t-1}{}^2 \eta_t \Rightarrow -\sigma^3 \left[\frac{1}{3}W(1)^3 - \int_0^1 W(r) dr\right] - 2\sigma^3 \int_0^1 W(r) dr$

$\Rightarrow -\sigma^3 \left[\frac{1}{3}W(1)^3 + \int_0^1 W(r) dr\right]$

對 (d)，有：

$T^{-2} \sum x_{t-1}{}^3 \eta_t = -T^{-2} \sum y_t{}^3 \varepsilon_t = -T^{-2} \sum (y_{t-1} + \varepsilon_t)^3 \varepsilon_t$

$= -T^{-2} \sum y_{t-1}{}^3 \varepsilon_t - 3T^{-2} \sum y_{t-1}{}^2 \varepsilon_t{}^2 - 3T^{-2} \sum y_{t-1} \varepsilon_t{}^3 - T^{-2} \sum \varepsilon_t{}^4$

由 $y_t = y_{t-1} + \varepsilon_t$，得 $y_t^4 = y_{t-1}^4 + 4y_{t-1}^3\varepsilon_t + 6y_{t-1}^2\varepsilon_t^2 + 4y_{t-1}\varepsilon_t^3 + \varepsilon_t^4$，從 1 到 T 累加，得：

$$T^{-2}y_T^4 = 4T^{-2}\sum y_{t-1}^3\varepsilon_t + 6T^{-2}\sum y_{t-1}^2\varepsilon_t^2 + 4T^{-2}\sum y_{t-1}\varepsilon_t^3 + T^{-2}\sum \varepsilon_t^4$$

因為 $T^{-2}\sum y_{t-1}\varepsilon_t^3 \Rightarrow 0$，$T^{-2}\sum \varepsilon_t^4 \Rightarrow 0$，可得到 $T^{-2}\sum y_{t-1}^2\varepsilon_t^2 \Rightarrow \sigma^4\int_0^1 W(r)^2 dr$，於是得到：

$$T^{-2}\sum x_{t-1}^3\eta_t = -T^{-2}\sum y_{t-1}^3\varepsilon_t = -T^{-2}\sum(y_{t-1} + \varepsilon_t)^3\varepsilon_t$$

$$\Rightarrow -\sigma^4\left[\frac{1}{4}W(1)^4 - \frac{3}{2}\int_0^1 W(r)^2 dr\right] - 3\sigma^4\int_0^1 W(r)^2 dr$$

$$\Rightarrow -\sigma^4\left[\frac{1}{4}W(1)^4 + \frac{3}{2}\int_0^1 W(r)^2 dr\right]$$

利用 (a)、(b)、(c)、(d) 的結果，可得到：

$$W_r \Rightarrow \begin{pmatrix} -\frac{1}{2}[W(1)^2 + 1] \\ -[\frac{1}{3}W(1)^3 + \int_0^1 W(r)dr] \\ -[\frac{1}{4}W(1)^4 + \frac{3}{2}\int_0^1 W(r)^2 dr] \end{pmatrix}'$$

$$\times \begin{pmatrix} \int_0^1 W(r)^2 dr & \int_0^1 W(r)^3 dr & \int_0^1 W(r)^4 dr \\ \int_0^1 W(r)^3 dr & \int_0^1 W(r)^4 dr & \int_0^1 W(r)^5 dr \\ \int_0^1 W(r)^4 dr & \int_0^1 W(r)^5 dr & \int_0^1 W(r)^6 dr \end{pmatrix}^{-1}$$

$$\times \begin{pmatrix} -\frac{1}{2}[W(1)^2 + 1] \\ -[\frac{1}{3}W(1)^3 + \int_0^1 W(r)dr] \\ -[\frac{1}{4}W(1)^4 + \frac{3}{2}\int_0^1 W(r)^2 dr] \end{pmatrix} \quad (15.14)$$

利用序列 y_t 的 Wald 統計量 W 及其逆序序列 x_t 的 Wald 統計量 W_r，可以構建新的統計量：

$$W_{\min} = \min(W, W_r) \quad (15.15)$$

利用連續映射定理，$W_{\min}$ 的極限分佈為 $\min(W, W_r)$。仿真研究表明，$W_{\min}$ 的檢驗功效明顯好於 W 或 W_r。

檢驗中統計量的計算不一定根據 (15.12) 式直接進行，事實上有：

$$W = \frac{1}{s_T^2}(X'Y)'(X'X)^{-1}(X'Y) = \frac{1}{s_T^2}Y'X(X'X)^{-1}X'Y$$

$$= \frac{1}{s_T^2}Y'(I-M)Y = \frac{1}{s_T^2}(Y'Y - Y'MY) = \frac{1}{s_T^2}(Y'Y - (X\hat{\beta}+e)'e)$$

$$= \frac{1}{s_T^2}(Y'Y - e'e) = \frac{TSS - RSS}{RSS/(T-3)}$$

可以看出，$W/3$ 即為輔助迴歸式（15.11）中通常統計軟件計算的無截距 F 統計量。故也可利用序列 y_t 及其逆序列 x_t 做（15.11）式迴歸，直接利用統計軟件計算的 F 統計量（分別記為 F 及 F_r），構建檢驗統計量 $F_{\min} = \min(F, F_r)$ 進行平穩性檢驗。其極限分佈為：

$$F_{\min} = \min(W/3, W_r/3) \qquad (15.16)$$

15.3 臨界值仿真

單位根原假設下，根據數據生成過程 $y_t = y_{t-1} + \varepsilon_t$，設 ε_t 為獨立同分佈的標準正態分佈，$y_0 = 0$，生成不同樣本長度 T 的仿真數據 y_t（$t = 1,2,\cdots,T$），利用 y_t 及其逆序序列做（15.11）式的迴歸，分別得到迴歸分析的統計量 F 及 F_r，然後求兩者的最小值，可得到平穩性檢驗統計量 $F_{\min} = \min(F,F_r)$。這樣的過程重複 20,000 次，可得到情形 1 不同顯著水平下的臨界值，結果見表 15.1。

表 15.1　不同顯著水平與不同樣本長度 T 下的 $F_{\min}$ 臨界值（情形 1）

	25	50	100	250	500	1,000
0.01	4.07	4.29	4.44	4.45	4.46	4.46
0.02	3.45	3.75	3.90	3.98	4.00	4.00
0.03	3.15	3.47	3.58	3.70	3.71	3.71
0.04	2.93	3.24	3.36	3.50	3.50	3.51
0.05	2.77	3.06	3.18	3.32	3.33	3.33
0.06	2.64	2.92	3.05	3.17	3.18	3.19
0.07	2.54	2.80	2.93	3.05	3.06	3.07
0.08	2.46	2.71	2.81	2.93	2.97	2.98
0.09	2.38	2.63	2.73	2.85	2.89	2.89
0.1	2.29	2.56	2.65	2.77	2.82	2.82

得到仿真數據 y_t 後，先去除其樣本均值，再求檢驗統計量，同樣重複 20,000 次，可得到情形 2 的臨界值，結果見表 15.2。

表 15.2　不同顯著水平與不同樣本長度 T 下的 $F_{\min}$ 臨界值（情形 2）

	25	50	100	250	500	1,000
0.01	4.22	4.16	4.24	4.40	4.52	4.53
0.02	3.55	3.65	3.71	3.94	4.00	4.03
0.03	3.25	3.38	3.46	3.66	3.68	3.72
0.04	2.99	3.19	3.28	3.43	3.46	3.50
0.05	2.85	3.04	3.12	3.24	3.28	3.30
0.06	2.69	2.89	3.00	3.12	3.14	3.16
0.07	2.59	2.77	2.90	3.00	3.02	3.04
0.08	2.49	2.67	2.78	2.88	2.93	2.94
0.09	2.40	2.58	2.69	2.79	2.84	2.85
0.1	2.33	2.50	2.62	2.72	2.76	2.78

得到仿真數據 y_t 後，先去除時間趨勢，再根據殘差求檢驗統計量，同樣重複 20,000 次，可得到情形 3 的臨界值，結果見表 15.3。

表 15.3　不同顯著水平與不同樣本長度 T 下的 $F_{\min}$ 臨界值（情形 3）

	25	50	100	250	500	1,000
0.01	6.44	5.61	5.50	5.58	5.64	5.69
0.02	5.38	4.93	4.93	5.01	5.10	5.11
0.03	4.84	4.54	4.60	4.62	4.68	4.72
0.04	4.47	4.28	4.34	4.40	4.46	4.47
0.05	4.16	4.05	4.11	4.22	4.25	4.25
0.06	3.97	3.87	3.95	4.03	4.06	4.07
0.07	3.77	3.72	3.82	3.90	3.95	3.96
0.08	3.62	3.60	3.71	3.79	3.82	3.83
0.09	3.49	3.51	3.61	3.68	3.74	3.74
0.1	3.37	3.40	3.52	3.59	3.64	3.64

15.4 檢驗功效仿真

15.4.1 STAR 數據生成過程的仿真

Kruse（2011）仿真研究了 ESTAR 與二階 LSTAR 模型的檢驗功效，為了跟其檢驗方法進行效果對比，本章在仿真過程中選取相同的樣本長度和數據生成過程進行了檢驗功效研究。我們選擇的樣本長度為 300，對很多宏觀經濟研究和金融時間序列分析來講，這是一個合適的長度。

仿真數據首先按照如下 ESTAR 模型生成：$\Delta y_t = \varphi y_{t-1}[1 - e^{(-\gamma(y_{t-1}-c)^2)}] + \varepsilon_t$，Kruse 選擇了固定 $\varphi = -1$。數據生成過程中，$y_0 = 0$，ε_t 取獨立同分佈的標準正態分佈，$t = 1, 2, \cdots, 300$。位置參數 c 設置為 0 或從均勻分佈中進行隨機抽取，抽取的區間分雙邊區間 [-5,5]、[-10,10]，單邊區間 [-5,0]、[-10,0]，考慮到左右的對稱性沒有提供右側單邊區間的仿真數據；平滑參數 γ 也從均勻分佈中隨機抽取，分慢變區域 [0.001, 0.01] 與快變區域 [0.01, 0.1]。

我們分別按照情形 1、2、3 進行仿真（即分別以原始數據、去均值數據、去趨勢後的殘差做迴歸），選定顯著水平 5%，每個點重複 2,000 次，分別得到的檢驗功效如表 15.4、表 15.5、表 15.6 所示。作為對比，除了 $F_{\min}$ 檢驗功效結果外，還做了使用 ESTAR、LSTAR 及傳統的 DF 方法的檢驗功效結果，表 15.4、表 15.5、表 15.6 中也列出了 Kruse（2011）文中提出的 τ 方法的檢驗功效結果與其進行對比。

表 15.4　　ESTAR 模型的檢驗功效（情形 1，顯著水平為 5%）

c	γ	Fmin	ESTAR	LSTAR	DF	τ
0	0	0.052	0.053	0.051	0.047	
0	U[0.001, 0.01]	0.931	0.997	0.159	0.991	0.953
U[-5, 5]	U[0.001, 0.01]	0.935	0.904	0.294	0.920	0.881
U[-10, 10]	U[0.001, 0.01]	0.992	0.884	0.044	0.966	0.726
U[-5, 0]	U[0.001, 0.01]	0.932	0.908	0.035	0.915	0.885
U[-10, 0]	U[0.001, 0.01]	0.944	0.752	0.029	0.871	0.745
U[-5, 0]	U[0.01, 0.1]	1.000	0.966	0.020	1.000	0.982
U[-10, 0]	U[0.01, 0.1]	1.000	0.970	0.071	0.999	0.979

表 15.4 中，$\gamma = 0$ 時對應線性單位根過程，此時的檢驗功效實質為檢驗水平，可以看出，各種檢驗方法得到的實際水平與選定的顯著水平 5% 大致一致，沒有明顯的扭曲或過估。位置參數 c 與轉換速度 γ 變化的各種情形，LSTAR 檢

驗法的功效都非常低，檢驗完全失敗，表明 LSTAR 檢驗法不能用於 ESTAR 數據生成過程。當位置參數為 0 且 γ 處於慢變區域時，使用 ESTAR 方法可獲得最好的檢驗功效，$F_{\min}$ 也可獲得很好的檢驗結果，但功效比 ESTAR 及 DF 方法略低。但當位置參數非 0 時，$F_{\min}$ 的檢驗功效一致地好於其他方法（包括考慮了位置參數非 0 影響的 Kruse 方法）。當位置參數為 [−10,0] 且轉換速度較慢時，$F_{\min}$ 的檢驗功效為 0.944，顯著高於不考慮位置參數非 0 效應的 ESTAR 方法的 0.752。當 γ 處於快變區域時，各種檢驗方法（不能使用的 LSTAR 法除外）的功效都比較高，但 $F_{\min}$ 依然屬於最好的。

表 15.5　ESTAR 模型的檢驗功效（情形 2，顯著水平為 5%）

c	γ	Fmin	ESTAR	LSTAR	DF	τ
0	0	0.053	0.050	0.039	0.045	
0	U[0.001,0.01]	0.950	0.900	0.002	0.852	0.929
U[−5,5]	U[0.001,0.01]	0.961	0.872	0.001	0.829	0.923
U[−10,10]	U[0.001,0.01]	0.952	0.797	0.017	0.793	0.933
U[−5,0]	U[0.001,0.01]	0.949	0.878	0.004	0.825	0.918
U[−10,0]	U[0.001,0.01]	0.946	0.772	0.036	0.807	0.939
U[−5,0]	U[0.01,0.1]	1.000	0.989	0.134	1.000	1.000
U[−10,0]	U[0.01,0.1]	1.000	0.972	0.201	1.000	1.000

表 15.5 是對應於 ESTAR 模型情形 2 的結果。$\gamma=0$ 對應的線性單位根檢驗結果依然表明各種檢驗方法沒有明顯的扭曲或過估。LSTAR 檢驗法依然完全失敗。與情形 1 不同之處在於 $F_{\min}$ 法與其他方法相比優勢更為明顯。同時我們可以看出，當位置參數 c 發生變化時，$F_{\min}$ 的檢驗功效比較穩定，表明這很好地解決了位置參數變化的影響。

表 15.6　ESTAR 模型的檢驗功效（情形 3，顯著水平為 5%）

c	γ	Fmin	ESTAR	LSTAR	DF	τ
0	0	0.063	0.050	0.047	0.052	
0	U[0.001,0.01]	0.882	0.799	0.035	0.758	0.816
U[−5,5]	U[0.001,0.01]	0.850	0.717	0.019	0.622	0.789
U[−10,10]	U[0.001,0.01]	0.832	0.656	0.078	0.651	0.784
U[−5,0]	U[0.001,0.01]	0.839	0.744	0.024	0.642	0.796
U[−10,0]	U[0.001,0.01]	0.862	0.666	0.128	0.688	0.787
U[−5,0]	U[0.01,0.1]	0.999	0.975	0.264	0.999	1.000
U[−10,0]	U[0.01,0.1]	1.000	0.973	0.348	0.998	1.000

表 15.6 是對應於 ESTAR 模型情形 3 的結果。$\gamma=0$ 對應的線性單位根檢驗結果依然顯示各種檢驗方法沒有明顯的扭曲或過估。LSTAR 檢驗法依然完全失敗。$F_{\min}$ 法依然明顯好於其他方法。

Kruse（2011）還仿真研究了二階 Logistic STAR 模型的情形，同樣選擇樣本長度為 300，數據生成過程為：$\Delta y_t = y_{t-1}[1 - \frac{2}{1+e^{-\gamma(y_{t-1}-c_1)(y_{t-1}-c_2)}}] + \varepsilon_t$，包含 2 個位置參數。不失一般性，讓 $c_1 = 0$，c_2 從均勻分佈中進行抽取。分別按照情形 1、2、3 進行仿真檢驗，在 5% 顯著水平下，每個點重複 2,000 次，分別得到的檢驗功效如表 15.7、表 15.8、表 15.9 所示。其中 τ 方法的檢驗結果直接引用 Kruse（2011）文中的數據。

表 15.7　二階 LSTAR 模型的檢驗功效（情形 1，顯著水平為 5%）

c	γ	Fmin	ESTAR	LSTAR	DF	τ
0	0	0.055	0.045	0.063	0.052	
0	U[0.001,0.01]	0.815	0.970	0.161	0.931	0.832
U[-5,5]	U[0.001,0.01]	0.805	0.933	0.206	0.867	0.825
U[-10,10]	U[0.001,0.01]	0.823	0.861	0.299	0.539	0.827
U[-5,0]	U[0.001,0.01]	0.816	0.958	0.100	0.895	0.803
U[-10,0]	U[0.001,0.01]	0.833	0.826	0.052	0.555	0.833
U[-5,0]	U[0.01,0.1]	1.000	0.999	0.032	0.994	0.999
U[-10,0]	U[0.01,0.1]	1.000	0.999	0.018	0.832	1.000

從表 15.7 可以看出，各種檢驗方法依然沒有明顯的扭曲；LSTAR 檢驗法依然失敗；在轉換速度較低且位置參數偏離 0 不大時，ESTAR 檢驗法可獲得最好的檢驗功效；位置參數偏離 0 較大時，$F_{\min}$ 檢驗法的功效具有比較優勢。

表 15.8　二階 LSTAR 模型的檢驗功效（情形 2，顯著水平為 5%）

c	γ	Fmin	ESTAR	LSTAR	DF	τ
0	0	0.051	0.042	0.057	0.039	
0	U[0.001,0.01]	0.841	0.739	0.002	0.645	0.790
U[-5,5]	U[0.001,0.01]	0.853	0.733	0.000	0.599	0.775
U[-10,10]	U[0.001,0.01]	0.837	0.549	0.003	0.486	0.783
U[-5,0]	U[0.001,0.01]	0.822	0.698	0.002	0.556	0.779
U[-10,0]	U[0.001,0.01]	0.850	0.566	0.002	0.496	0.800
U[-5,0]	U[0.01,0.1]	1.000	0.992	0.013	0.996	1.000
U[-10,0]	U[0.01,0.1]	1.000	0.794	0.010	0.993	1.000

表 15.8 對應於二階 LSTAR 模型在情形 2 下的結果。可以看出，各種檢驗方法依然沒有明顯的扭曲；LSTAR 檢驗法依然失敗；各種參數變化情形下 $F_{\min}$ 檢驗法的功效具有明顯的優勢，比如在位置參數在 $[-10,10]$ 中均勻抽取，轉換速度參數在 $[0.001,0.01]$ 中均勻抽取時，$F_{\min}$ 的檢驗功效為 0.837，而 ESTAR 方法只有 0.549，DF 方法只有 0.486。

表 15.9　二階 LSTAR 模型的檢驗功效（情形 3，顯著水平為 5%）

c	γ	Fmin	ESTAR	LSTAR	DF	τ
0	0	0.043	0.041	0.061	0.044	
0	U[0.001,0.01]	0.675	0.545	0.009	0.428	0.586
U[-5,5]	U[0.001,0.01]	0.623	0.504	0.028	0.384	0.549
U[-10,10]	U[0.001,0.01]	0.589	0.417	0.018	0.375	0.577
U[-5,0]	U[0.001,0.01]	0.627	0.509	0.019	0.390	0.554
U[-10,0]	U[0.001,0.01]	0.623	0.408	0.031	0.371	0.594
U[-5,0]	U[0.01,0.1]	0.999	0.983	0.066	0.980	0.995
U[-10,0]	U[0.01,0.1]	0.999	0.803	0.035	0.979	0.998

表 15.9 對應於二階 LSTAR 模型情形 3 的檢驗結果。可以看出，各種檢驗方法中 $F_{\min}$ 的檢驗功效依然是最佳的，具有明顯優勢。

如果數據生成過程使用一階 Logistic STAR 模型 $\Delta y_t = y_{t-1}\left[1 - \dfrac{2}{1+e^{-\gamma(y_{t-1}-c)}}\right] + \varepsilon_t$，在樣本長度同樣為 300 的情況下，每個點重複 2,000 次，按照情形 1、2、3，分別得到的檢驗功效如表 15.10、表 15.11、表 15.12 所示。

表 15.10　一階 LSTAR 模型的檢驗功效（情形 1，顯著水平為 5%）

c	γ	Fmin	ESTAR	LSTAR	DF
0	0	0.054	0.055	0.051	0.056
0	U[0.001,0.01]	0.776	0.068	0.857	0.061
U[-5,5]	U[0.001,0.01]	0.762	0.077	0.818	0.068
U[-10,10]	U[0.001,0.01]	0.727	0.104	0.763	0.108
U[-5,0]	U[0.001,0.01]	0.733	0.096	0.804	0.114
U[-10,0]	U[0.001,0.01]	0.683	0.156	0.702	0.182
U[-5,0]	U[0.01,0.1]	0.999	0.024	0.980	0.025
U[-10,0]	U[0.01,0.1]	0.995	0.315	0.674	0.346

對於情形 1 的一階 LSTAR 模型，表 15.10 的結果表明，ESTAR 與 DF 檢驗法失效，$F_{\min}$ 與 LSTAR 法可獲得較高的檢驗功效。當位置參數偏離 0 較小且變

換速度較慢時，LSTAR 的檢驗結果較 F_{min} 好，但當位置參數偏離 0 較大時，LSTAR 法的檢驗功效明顯下降，而 F_{min} 法的功效相對比較穩定。

表 15.11　一階 LSTAR 模型的檢驗功效（情形 2，顯著水平為 5%）

center	gamma	Fmin	ESTAR	LSTAR	DF
0	0	0.047	0.048	0.046	0.045
0	U[0.001,0.01]	0.801	0.031	0.774	0.037
U[-5,5]	U[0.001,0.01]	0.779	0.043	0.729	0.045
U[-10,10]	U[0.001,0.01]	0.735	0.062	0.674	0.070
U[-5,0]	U[0.001,0.01]	0.755	0.055	0.710	0.058
U[-10,0]	U[0.001,0.01]	0.721	0.072	0.633	0.088
U[-5,0]	U[0.01,0.1]	0.998	0.021	0.972	0.027
U[-10,0]	U[0.01,0.1]	0.993	0.298	0.673	0.338

對於情形 2 的一階 LSTAR 模型，表 15.11 的結果表明，ESTAR 與 DF 檢驗法同樣失效，F_{min} 與 LSTAR 法可獲得較高的檢驗功效，但 F_{min} 法的檢驗結果明顯好於 LSTAR 法的結果。

表 15.12　一階 LSTAR 模型的檢驗功效（情形 3，顯著水平為 5%）

center	gamma	Fmin	ESTAR	LSTAR	DF
0	0	0.052	0.051	0.057	0.054
0	U[0.001,0.01]	0.783	0.027	0.779	0.025
U[-5,5]	U[0.001,0.01]	0.736	0.033	0.727	0.037
U[-10,10]	U[0.001,0.01]	0.720	0.045	0.697	0.040
U[-5,0]	U[0.001,0.01]	0.727	0.029	0.712	0.026
U[-10,0]	U[0.001,0.01]	0.653	0.045	0.622	0.049
U[-5,0]	U[0.01,0.1]	0.996	0.020	0.978	0.020
U[-10,0]	U[0.01,0.1]	0.974	0.287	0.682	0.334

對於情形 3 的一階 LSTAR 模型，表 15.12 的結果表明，ESTAR 與 DF 檢驗法同樣失效，F_{min} 法的檢驗結果同樣好於 LSTAR 法的結果。

15.4.2　TAR 數據生成過程的仿真

假如數據生成過程為門限自迴歸（TAR）模型：

$$\Delta y_t = I_t \rho_1 y_{t-1} + (1 - I_t)\rho_2 y_{t-1} + \varepsilon_t$$

其中 $I_t = \begin{cases} 1, & \text{若 } y_{t-1} \geq 0 \\ 0, & \text{若 } y_{t-1} < 0 \end{cases}$。

当 $-2 < (\rho_1, \rho_2) < 0$ 時，y_t 是平穩的。仿真試驗中，樣本長度取為 250，讓 $y_0 = 0$，ε_t 取獨立同分佈的標準正態分佈。當 (ρ_1, ρ_2) 取不同值時，生成 y_t 數據，我們分別按照情形 1、2、3 進行迴歸分析計算檢驗統計量，重複 2,000 次，在 5% 的顯著水平下，得到結果如表 15.13 所示。

表 15.13　　　TAR 模型的檢驗功效（顯著水平為 5%）

	ρ_1	ρ_2	Fmin	ESTAR	LSTAR	DF
情形 1	-0.1	-0.1	0.943	0.936	0.126	1.000
	-0.1	-0.2	0.993	0.926	0.376	1.000
	-0.1	-0.5	0.998	0.894	0.839	1.000
	-0.1	-0.75	1.000	0.900	0.943	1.000
	-0.1	-1.5	1.000	0.874	0.990	1.000
情形 2	-0.1	-0.1	0.958	0.712	0.000	0.969
	-0.1	-0.2	1.000	0.864	0.000	0.999
	-0.1	-0.5	1.000	0.935	0.002	1.000
	-0.1	-0.75	1.000	0.912	0.000	1.000
	-0.1	-1.5	1.000	0.969	0.000	1.000
情形 3	-0.1	-0.1	0.864	0.523	0.011	0.835
	-0.1	-0.2	0.991	0.726	0.016	0.985
	-0.1	-0.5	1.000	0.881	0.003	0.999
	-0.1	-0.75	1.000	0.896	0.000	1.000
	-0.1	-1.5	1.000	0.962	0.000	1.000

可以看出，F_{min}、ESTAR 與 DF 檢驗法在 3 種情形下大致都能得出不錯的檢驗結果，但 LSTAR 法大都會失敗，特別是在情形 3 時更是如此。F_{min} 與 DF 方法一致地好於 ESTAR 法；對情形 1，DF 法略好於 F_{min} 法的結果，情形 2 兩者方法的結果大致相仿，但對情形 3，F_{min} 好於 DF 法的結果。

15.4.3　AR 線性數據生成過程的仿真

如果數據生成過程為線性 AR 模型：$\Delta y_t = \rho y_{t-1} + \varepsilon_t$，當 $-2 < \rho < 0$ 時 y_t 是平穩的。仿真試驗中，樣本長度取為 250，讓 $y_0 = 0$，ε_t 取獨立同分佈的標準正態分佈。當 ρ 取不同值時，仿真生成 y_t 數據，分別按照情形 1、2、3 進行迴歸分析計算檢驗統計量，重複 2,000 次，在 5% 的顯著水平下，得到檢驗功效如表 15.14 所示。

表 15.14　　AR 線性模型的檢驗功效（顯著水平為 5%）

	ρ	Fmin	ESTAR	LSTAR	DF
情形 1	−0.06	0.550	0.750	0.108	0.960
	−0.08	0.806	0.876	0.115	1.000
	−0.1	0.938	0.939	0.127	1.000
	−0.15	1.000	0.988	0.125	1.000
	−0.2	1.000	1.000	0.126	1.000
	−0.5	1.000	1.000	0.160	1.000
情形 2	−0.06	0.593	0.407	0.000	0.552
	−0.08	0.832	0.566	0.000	0.839
	−0.1	0.956	0.702	0.000	0.971
	−0.15	1.000	0.911	0.003	1.000
	−0.2	1.000	0.977	0.004	1.000
	−0.5	1.000	1.000	0.035	1.000
情形 3	−0.06	0.440	0.270	0.007	0.390
	−0.08	0.663	0.388	0.009	0.621
	−0.1	0.816	0.500	0.020	0.801
	−0.15	0.995	0.810	0.046	0.998
	−0.2	1.000	0.926	0.050	1.000
	−0.5	1.000	1.000	0.136	1.000

可以看出，F_{min}、ESTAR 與 DF 檢驗法在 3 種迴歸情形下大致都能得出不錯的檢驗結果，但 LSTAR 法總是失敗的。對情形 1 的近單位根過程，DF 法的辨別能力明顯好於 F_{min} 法，對情形 2，兩種方法檢驗功效大致相當，但對情形 3，F_{min} 略好於 DF 法的結果。對情形 2 與情形 3，ESTAR 法的檢驗功效明顯劣於 F_{min} 與 DF 法的結果。

15.5　結論

本章提出了一種新的通用非線性單位根檢驗方法，使用待檢序列及其逆序列的 Wald 統計量（或 F 統計量）的最小值作為檢驗統計量，不僅將 Kapetanios（2003）等人提出的 ESTAR 非線性單位根檢驗法推廣到非 0 位置參數的情形，也可應用於一階或二階 Logistic 平滑轉移自迴歸模型（LSTAR），或其他可能的平滑轉移模型，還可應用於門限自迴歸（TAR）模型或傳統的線性 AR 模型的平穩性檢驗。同時，本章推導了提出的檢驗統計量的極限分佈，為

維納過程的複雜泛函。本章還通過蒙特卡羅仿真，比較了該方法與傳統 ESTAR、LSTAR、DF 等方法的檢驗功效。仿真結果表明，其他方法通常都對特定的數據生成過程有比較好的檢驗功效，而本章提出的檢驗方法對數據生成過程有廣泛的適應性，並且在大多數時候都能獲得較其他方法更佳的檢驗功效，特別是對存在確定性趨勢的情形 2（非 0 均值）或情形 3（線性確定性趨勢），這種優勢更為明顯。

16 非線性單位根檢驗的實證應用

本章綜合利用本書提出的各種非線性趨勢單位根檢驗方法,對購買力平價理論、證券市場隨機漫步理論與跨代政府預算約束理論進行了實證檢驗。各種非線性趨勢單位根檢驗方法得到的檢驗結果是一致的。實證檢驗結果不支持購買力平價理論,但支持隨機漫步理論與跨代政府預算約束理論。

檢驗同時表明,本書用到的澳大利亞真實匯率數據可以看作無趨勢的,可以用傳統 ADF、PP 單位根檢驗法進行檢驗,此時使用本書提出的檢驗方法也可以得到同樣的檢驗結果。但很多時間序列確實存在非線性趨勢,如美國政府的財政赤字數據,此時是不能使用傳統單位根檢驗方法得到正確結論的,而本書提出的檢驗方法得到了符合理論預期的檢驗結果。

16.1 匯率購買力平價(PPP)理論的實證檢驗

16.1.1 PPP 理論及其檢驗方法

購買力平價(Purchasing Power Parity,簡稱 PPP)理論是瑞典經濟學家卡塞爾在 1916 年首先提出來的,核心觀點認為兩國間貨幣的匯率主要由兩國貨幣的購買力決定。購買力平價又分為絕對購買力平價和相對購買力平價。

絕對購買力平價認為兩國貨幣間的匯率可以表示為兩國貨幣的購買力之比,或者說價格之比:$R = P_A/P_B$,其中 R 為絕對購買力平價下的匯率,P_A、P_B 為 A、B 兩國的物價水平。如果將價格調整後的匯率稱為真實匯率 RER(Real Exchange Rate),則絕對購買力平價理論下有:$RER = RP_B/P_A = 1$。

相對購買力平價認為兩國貨幣的匯率水平將根據兩國通脹率的差異而進行相應的調整,兩國間的相對通貨膨脹率決定兩種貨幣間的均衡匯率,於是有:
$\dfrac{R_1}{R_0} = \dfrac{P_A}{P_B}$。$R_0$ 表示當期的匯率,R_1 表示下期的匯率。

購買力平價被認為是匯率的決定基礎,具有一定的合理性,這使它成為最

重要的匯率理論之一。自提出以來，購買力平價理論無論在理論上還是實踐上都具有廣泛的國際影響，至今仍受到經濟學者的重視，廣泛應用於預測匯率走勢的數學模型中，是國際金融中的最重要問題之一。

PPP 理論認為，購買力平價決定了匯率的長期演化趨勢，從長期來看，匯率的走勢與購買力平價的趨勢應該基本上是一致的，兩種應該趨同。但短期而言，匯率確實受到各種衝擊的影響而劇烈波動，但是，各種衝擊對匯率的影響只是暫時的，是不能持續的，一段時間後，衝擊對匯率的影響將會消失，不改變匯率演化的路徑。長期而言，匯率是不受衝擊影響的。這表明如果 PPP 理論成立，RER 將是平穩過程，檢驗 PPP 的有效性相當於檢驗 RER 是否存在單位根。

但也有人對購買力平價理論提出批評，認為假定所有國家的商品估價相同是錯誤的，由於文化、風俗、習慣等多方面的差異，不同國家的人對於同一種商品的估價是不同的。在一國是價格昂貴的奢侈品，到另一個國家可能只是非常普通的商品。並且價格黏性、交易成本、國際資本流動等眾多其他因素都會對匯率產生影響。

購買力平價在理論上受到支持與質疑，在實證研究的結果中也是如此。最近十多年來，購買力平價理論的實際驗證無疑是國際金融中爭論最大的話題之一。利用不同國家、不同時期的數據和不同的計量方法，人們得出了各種各樣相互矛盾的結論。一些實證研究不支持 PPP 理論，另外一些研究則認為可能存在長期的購買力平價關係。最新的研究結果如同樣利用澳大利亞儲備銀行提供的實際匯率數據，達爾內和瓦羅（Darne, Hoarau, 2008）認為 RER 存在單位根，不支持購買力平價理論；奎斯塔斯和雷吉斯（Cuestas, Regis, 2008）則認為不存在單位根。本節也利用澳大利亞儲備銀行提供的 RER 數據，用本書前面幾章介紹的非線性趨勢單位根檢驗方法，對購買力平價理論進行實證檢驗。

16.1.2　數據來源說明

數據來源於澳大利亞儲備銀行（Reserve Bank of Australia）按季度計算並公布的實際匯率數據（RER）。RER 數據為澳元對主要貿易國家按照物價指數調整後再按貿易量加權計算出來的實際真實匯率。時間跨度從 1970 年 6 月到 2008 年 9 月，樣本長度為 154。實際匯率的計算方法及說明見其網站，有詳細解釋說明。RER 數據可在網址：http://www.rba.gov.au/Statistics/real exchange rate indices.xls 下載。

16.1.3 趨勢線性與非線性的檢驗

我們對 RER 進行差分，然後進行正交多項式迴歸，$\Delta y_t = \sum_{i=0}^{p} c_i P_i(t) + e_t$，用 t 檢驗法檢驗迴歸系數 c_i 的顯著性，得到如表 16.1 所示的檢驗結果：

表 16.1　　　　　　　RER 的線性與非線性趨勢檢驗

	估計值	標準方差	T 值	Pr (>|t|)
常數項	−0.090,85	0.363,20	−0.250	0.802,8
1 次項	0.393,77	0.363,20	1.084	0.280,1
2 次項	0.617,04	0.363,20	1.699	0.091,4
3 次項	−0.225,21	0.363,20	−0.620	0.536,2
4 次項	0.125,71	0.363,20	0.346	0.729,7
5 次項	−0.065,20	0.363,20	−0.180	0.857,8

可以看出，在 5% 顯著水平下，所有系數皆不顯著，說明原序列可看作無時間趨勢項，可以用傳統的 ADF、PP 檢驗直接進行單位根檢驗。在 10% 顯著水平下，2 次項系數是顯著的，說明原序列可看作帶 3 次時間趨勢項的隨機序列。

16.1.4 各種單位根檢驗法的檢驗結果

用傳統的線性趨勢假設下的單位根檢驗法 PP 檢驗與 ADF 檢驗結果如下：
PP 檢驗結果：$T(\rho - 1)$ 統計量為 −4.990,1，截斷長度取為 4，有單位根的概率為 0.828,4。
ADF 檢驗結果：DF t 統計量為 −1.583,4，差分延遲項為 5，有單位根的概率為 0.75。
PP、ADF 檢驗結果均表明存在單位根。
用正交多項式去趨勢的方法：
如果 m=2，去除相關性的差分延遲項為 k=5，差分後 RMA 檢驗的統計量為 −2.75；k=0 時統計量為 −1.91；k=10 時統計量為 −2.90。而樣本長度為 154 時 1%、5%、10% 顯著水平下的臨界值分別為 −3.88、−3.28、−2.97。可見，就算在 10% 的顯著水平，都是存在單位根的。
如果 m=1，差分後用 RMA 進行檢驗。k=5 時統計量為 −1.19；k=0 時統計量為 −0.67；k=10 時統計量為 −1.12。而此時 1%、5%、10% 顯著水平下的臨界值為 −3.30、−2.75、−2.45，同樣存在單位根。
SVD-RMA 的檢驗結果如下：
用 SVD-RMA 單位根檢驗法進行檢驗，k=5 時的統計量為 −2.66；k=0 時

統計量為 -1.79；k = 10 時統計量為 -2.90。而樣本長度為 154 時 1%、5%、10%顯著水平下的臨界值分別為 -4.84，-4.15，-3.86。可見，就算在 10%的顯著水平，都是存在單位根的。

局部多項式迴歸去趨勢後 VR 單位根檢驗法的檢驗結果如下：

窗寬 h = 24.64，差分後局部線性迴歸去趨勢後的 VR 統計量為 0.215。該值遠大於 1%、5%、10%顯著水平下的臨界值分別為 0.065，0.084，0.098。這同樣說明 RER 為單位根過程。

圖 16.1 為 RER 實際匯率變化曲線及三種趨勢估計方法估計的確定性趨勢。其中黑色線為原始 RER 時間序列，紅色曲線為 SVD 法估計的確定性趨勢，藍色曲線為正交多項式逼近估計的確定性趨勢，綠色曲線為局部線性加權迴歸法估計的確定性趨勢。

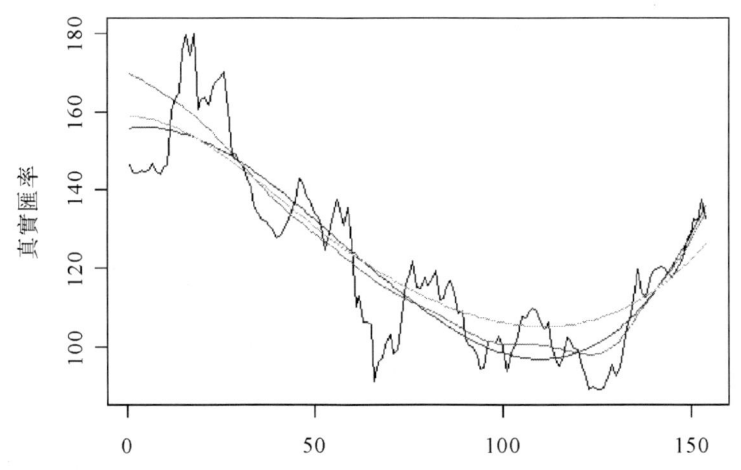

圖 16.1　RER 實際匯率變化曲線及三種方法估計的確定性趨勢

註：圖形最左端從上到下依次為紅色線、綠色線、藍色線、黑色線。

16.1.5　PPP 檢驗結論

趨勢檢驗表明，澳大利亞澳元的真實匯率歷史數據可看作無趨勢的，可以使用傳統的 DF、ADF、PP 等檢驗方法進行單位根檢驗，當然使用本書提出的各種任意趨勢下的單位根檢驗方法也可以得到同樣的檢驗結論。各種檢驗結果均表明，RER 為單位根過程，是非平穩的，不支持 PPP 理論結果。

16.2 中國證券市場隨機漫步假設的實證檢驗

16.2.1 隨機漫步理論及檢驗方法

費馬（Fama，1970）最早對資本市場的有效性進行深入研究，並將資本市場有效性劃分為三個層次：一為弱式有效市場，股票當前價格已經充分反應了所有過去的價格信息；二為半強式有效市場，股票價格反應了所有公開可用的信息；三為強式有效市場，股票價格反應了所有信息，包括公開信息與非公開私人信息。

根據 Fama（1970）的定義，弱式有效是指當前的股票價格充分反應了價格歷史序列數據中所包含的一切信息，即由過去股價構成的信息集，投資者不可能通過股價的歷史變動來預測未來股價的變動。即：

$$E[(p_t - p_{t-1})/I_{t-1}] = 0$$

市場弱有效時，最近價格包含了所有有用信息，未來價格的最佳預測就是當前價格。其包含三個子假設：①不可能使用過去價格預測未來價格，市場回報是序列不相關的，增量過程是不相關的，但非獨立過程；②過去價格的方差可預測未來市場波動性，回報為不相關隨機漫步過程，增量獨立但不同分佈；③過去價格不能預測未來價格與波動性，回報為不相關隨機漫步過程，增量為獨立同分佈過程。

隨機漫步假設為：$p_t = p_{t-1} + \beta + \varepsilon_t$，為標準的含漂移單位根過程。

弱式有效與鞅過程是等價的。鞅過程一定是單位根過程，但單位根過程不一定是鞅過程。隨機漫步過程與鞅過程並不等價，前者只是後者的一個特例。因此，用隨機漫步模型來檢驗市場的有效性還不是完備的，滿足隨機漫步模型只能看作是市場弱式有效的必要條件。

本節的目標是檢驗中國證券市場是否滿足隨機漫步過程，以有代表性的上證綜合指數與深圳綜合指數來進行檢驗。

16.2.2 數據來源說明

本節數據來源於雅虎財經網站（finance.yahoo.com.cn），包括 2000 年 1 月 4 日到 2009 年 2 月 2 日的上證綜指、深圳綜指數據，本書按周取收盤價進行單位根檢驗，共 473 個數據點。

16.2.3 趨勢線性與非線性的檢驗

我們對上證綜指、深圳綜指的收盤價數據序列進行差分，然後進行正交多

項式迴歸, $\Delta y_t = \sum_{i=0}^{p} c_i P_i(t) + e_t$, 用 t 檢驗法檢驗迴歸系數 c_i 的顯著性, 得到如表 16.2、表 16.3 所示的檢驗結果:

表 16.2　　　　　　　上證綜指非線性檢驗結果

	估計值	標準方差	T 值	Pr (>|t|)
常數項	1.252	4.262	0.294	0.769,012
1 次項	-1.697	4.262	-0.398	0.690,767
2 次項	-5.005	4.262	-1.174	0.240,934
3 次項	-14.301	4.262	-3.355	0.000,858
4 次項	-4.881	4.262	-1.145	0.252,715
5 次項	2.558	4.262	0.600	0.548,772
6 次項	14.883	4.262	3.492	0.000,526
7 次項	18.915	4.262	4.438	1.14e-05
8 次項	9.161	4.262	2.149	0.032,133
9 次項	1.198	4.262	0.281	0.778,733
10 次項	-5.450	4.262	-1.279	0.201,667

表 16.3　　　　　　　深圳綜指非線性檢驗結果

	估計值	標準方差	T 值	Pr (>|t|)
常數項	0.431,8	1.335,3	0.323	0.746,544
1 次項	-0.125,1	1.335,3	-0.094	0.925,405
2 次項	-0.909,8	1.335,3	-0.681	0.496,033
3 次項	-4.149,9	1.335,3	-3.108	0.002,002
4 次項	-1.207,0	1.335,3	-0.904	0.366,520
5 次項	0.542,6	1.335,3	0.406	0.684,679
6 次項	4.500,8	1.335,3	3.370	0.000,813
7 次項	5.547,8	1.335,3	4.155	3.89e-05
8 次項	3.248,4	1.335,3	2.433	0.015,370
9 次項	1.008,6	1.335,3	0.755	0.450,447
10 次項	-1.110,0	1.335,3	-0.831	0.406,287

可以看出, 在 5% 顯著水平下, 上證綜指與深圳綜指的 6、7、8 次項系數都是顯著的, 說明原序列不能看作線性趨勢序列, 因而不能使用傳統的 ADF、PP 檢驗直接進行單位根檢驗。

16.2.4　各種單位根檢驗法的檢驗結果

用正交多項式逼近去趨勢的方法:

如果 m=8，差分後 RMA 檢驗，去除相關性的差分延遲項分別為 k=0、5、10 時，上證綜指的統計量為-4.01、-4.29、-3.96；深圳綜指的統計量為-4.37、-4.58、-3.49。而樣本長度為 473，m=8 時 1%、5%、10%顯著水平下的臨界值分別為-5.76、-5.15、-4.86。可見，就算在 10%的顯著水平，上證綜指與深圳綜指都是存在單位根的。

SVD-RMA 的檢驗結果如下：

用 SVD-RMA 單位根檢驗法進行檢驗，k=0、5、10 時，上證綜指的統計量分別為-0.57、-1.28、-1.89；深圳綜指的統計量分別為-1.00、-1.48、-1.70。而樣本長度為 473 時 1%、5%、10%顯著水平下的臨界值分別為-4.69、-4.10、-3.80。可見，就算在 10%的顯著水平，都是存在單位根的。

差分後局部多項式迴歸去趨勢後 VR 單位根檢驗法的檢驗結果如下：

窗寬 h=75.68，差分後局部線性迴歸去趨勢後進行 VR 單位根檢驗，上證綜指統計量為 0.784，深圳綜指統計量為 0.640。這遠大於 1%、5%、10%顯著水平下的臨界值分別為 0.063，0.081，0.096。這同樣說明滬深綜合指數為單位根過程。

圖 16.2、圖 16.3 分別為滬深綜合指數變化曲線及三種趨勢估計方法估計的確定性趨勢。

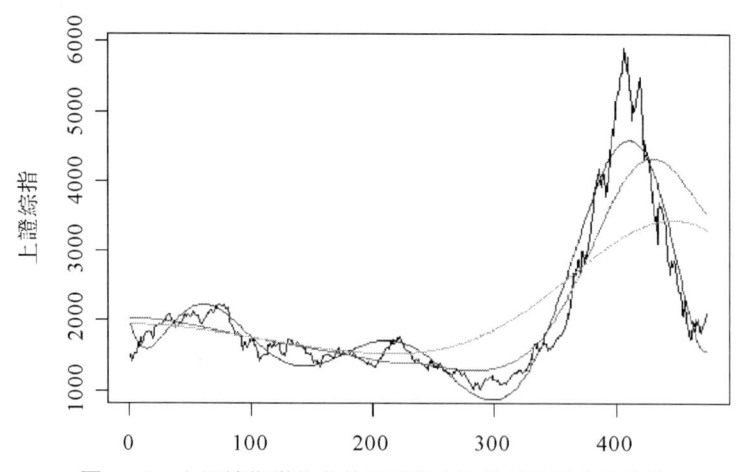

圖 16.2　上證綜指變化曲線及三種方法估計的確定性趨勢

註：圖形最左端從上到下依次為紅色線、綠色線、藍色線、黑色線。

图 16.3　深圳综指变化曲线及三种方法估计的确定性趋势

註：圖形最左端從上到下依次為紅色線、綠色線、藍色線、黑色線。

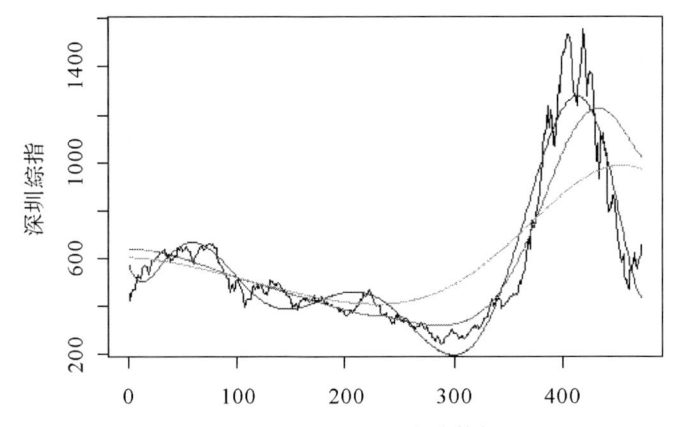

其中黑色線為原始滬深指數變化序列，紅色為 SVD 法估計的趨勢，藍色為正交多項式逼近估計的趨勢，綠色為局部多項式迴歸法估計的趨勢。

16.2.5　滬深綜合指數隨機漫步檢驗結論

趨勢檢驗表明，滬、深綜合指數序列都包含高階趨勢，不可看作無趨勢或線性趨勢過程，因而不能使用傳統的 DF、ADF、PP 等檢驗方法進行單位根檢驗。使用本書提出的各種任意趨勢下的單位根檢驗方法進行檢驗，各種檢驗方法的結果均表明，滬、深綜合指數序列都是單位根過程，滿足隨機漫步假設，不違背資本市場弱有效假設。

16.3　美國政府財政收支可持續性的實證檢驗

16.3.1　政府財政收支可持續性的檢驗方法

政府也與個人或企業一樣，存在收入與支出。如果一國政府的財政支出大於財政收入，將存在一個差額。這個差額在會計核算中用紅字表示，故稱為財政赤字。相反，如果財政收入大於財政支出，將出現財政盈餘。

如今很多國家都信奉凱恩斯國家干預主義，常常選擇相機抉擇方法，企圖利用財政稅收政策及貨幣政策來燙平經濟波動，在經濟蕭條時期，通過一定的財政赤字來平衡社會總需求和總供給，刺激經濟發展，實現經濟增長，保持社會穩定。特別是在當前金融風暴影響下，各個國家的經濟增長都受到很大影響，這種傾向和選擇在中國及世界主要發達國家都表現得十分突出。

但財政赤字的存在表明政府財政收支不能平衡，必須通過借貸或發行債券來實現平衡。如果長期靠借貸來維持收支平衡，一個國家累積的財政赤字將會過高，可能引起嚴重的通貨膨脹和貨幣貶值，對國家的長期經濟發展而言並非好事。並且日後如果要解決財政赤字的話，只有依靠減少政府支出或增加稅收收入來實現，這對於經濟的持續發展和社會的穩定也有不良的影響。

一般認為，政府不能像龐氏騙局一樣靠不斷的借貸來解決財政赤字，長期而言財政收支需要實現平衡。如果一屆政府累積了較多的財政赤字，下面幾屆政府就需要對其債務進行買單，維持財政收入與支出長期的平衡。這就要求財政收支需要滿足跨代政府預算約束，也就是說政府債券的現值需要等於政府未來財政盈餘的折現值。這就要求政府收入與支出數據整體而言是同步變化的，滿足協整關係，財政盈餘（赤字）是平穩過程，而不是單位根過程。

美國政府長期以來以財政赤字聞名，但在克林頓時代財政赤字轉為財政盈餘，不過小布什政府上臺後，連連對外用兵，又適逢經濟衰退，導致財政赤字再次高企。那麼美國政府的財政收支是否可持續呢？本書利用美國財政收支數據，來檢驗美國政府的財政赤字是否滿足跨代政府預算約束的要求。

16.3.2 數據來源說明

數據來源於美聯儲經濟數據庫 http://www.stls.frb.org/fred，包括 1947 年 1 月 1 日到 2008 年 7 月 1 日政府經常性收入與支出共 247 對季度數據。而財政盈餘為收入與支出之差，如果小於 0，則為財政赤字。

政府經常性收入包括稅收、政府社會保險收入、資產收益、企業及個人的轉移收入與政府企業的盈餘。政府經常性支出包括政府消費支出、轉移支付、債券利息支付與補貼。

16.3.3 趨勢線性與非線性的檢驗

我們對美國政府財政盈餘序列進行差分，然後進行正交多項式迴歸，$\Delta y_t = \sum_{i=0}^{p} c_i P_i(t) + e_t$，用 t 檢驗法檢驗迴歸系數 c_i 的顯著性，得到如表 16.4 所示的檢驗結果：

表 16.4　　美國政府財政盈餘序列非線性檢驗結果

	估計值	標準方差	T 值	Pr（>|t|）
常數項	−2.663	2.492	−1.069	0.286, 2
1 次項	−3.540	2.492	−1.421	0.156, 7
2 次項	−3.696	2.492	−1.483	0.139, 4
3 次項	−4.499	2.492	−1.806	0.072, 3

表16.4(續)

	估計值	標準方差	T 值	Pr (>|t|)
4 次項	-4.929	2.492	-1.978	0.049,1
5 次項	-3.491	2.492	-1.401	0.162,6
6 次項	-1.830	2.492	-0.734	0.463,4
7 次項	-1.500	2.492	-0.602	0.547,8
8 次項	-3.371	2.492	-1.353	0.177,5

可以看出，在5%顯著水平下，4次項系數是顯著的；在10%顯著水平下，3、4次項系數都是顯著的。這說明原序列不能看作線性趨勢序列，因而不能直接使用傳統的 ADF、PP 檢驗方法進行單位根檢驗來得到正確的結果。

16.3.4 各種單位根檢驗法的檢驗結果

如果用傳統的線性趨勢假設下的單位根檢驗法 PP 檢驗與 ADF 檢驗來做單位根檢驗，結果如下：

PP 檢驗結果：$T(\rho - 1)$ 統計量為-16.14，截斷長度取為5，有單位根的概率為0.203,9；ADF 檢驗結果：DF t 統計量為-2.88，差分延遲項6，有單位根的概率為0.203,6。

可見，就算在10%的顯著水平下，PP、ADF 檢驗結果均表明存在單位根。

用正交多項式逼近去趨勢的方法：

取 m=4，差分後逼近，求殘差的和序列，然後用 RMA 檢驗，去除相關性的差分延遲項分別為 k=4、5、6 時，美國財政盈餘序列單位根檢驗的統計量為-5.03、-5.77、-5.09。而樣本長度為247，m=4 時1%、5%、10%顯著水平下的臨界值分別為-4.63、-4.03、-3.76。可見，就算在1%的顯著水平下，都是不存在單位根的。

SVD-RMA 的檢驗結果如下：

用 SVD-RMA 單位根檢驗法進行檢驗，去除相關性的差分延遲項分別為 k=4、5、6 時，美國財政盈餘序列單位根檢驗的統計量為-5.15、-5.99、-5.37。而樣本長度為247 時1%、5%、10%顯著水平下的臨界值分別為-4.73、-4.15、-3.85。可見，就算在1%的顯著水平下，都是不存在單位根的。

差分後局部多項式迴歸去趨勢後，求殘差序列的和序列，然後用 RMA 進行單位根檢驗。檢驗結果如下：

窗寬 h=39.52，差分後局部線性迴歸去趨勢後進行 RMA 單位根檢驗，去除相關性的差分延遲項分別為 k=4、5、6 時，美國財政盈餘序列單位根檢驗的統計量為-3.80、-4.30、-3.66。而樣本長度為247 時1%、5%、10%顯著

水平下的臨界值分別為-3.84，-3.25，-2.97。如果顯著水平取為5%或10%，均不存在單位根過程。

圖16.4為1947—2008年美國政府財政盈餘的季度值變化曲線及三種趨勢估計方法估計的確定性趨勢。

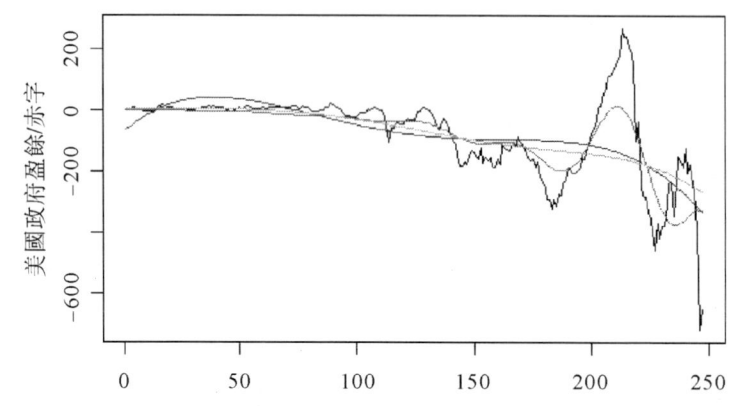

圖16.4　美國政府財政盈餘與赤字變化曲線及三種方法估計的確定性趨勢

註：圖形最右端從上到下依次為綠色線、藍色線、紅色線、黑色線。

其中黑色線為原始的1947年到2008年的美國政府財政盈餘季度數據，紅色為SVD法估計的趨勢，藍色為正交多項式逼近估計的趨勢，綠色為局部多項式迴歸法估計的趨勢。

16.3.5　美國政府財政收支可持續性的檢驗結論

美國政府財政盈餘歷史序列的趨勢檢驗結果表明，美國政府財政盈餘數據存在非線性趨勢，不能看作無趨勢或線性趨勢序列而使用傳統的ADF、PP等方法進行單位根檢驗。事實上，用ADF與PP單位根檢驗法來檢驗美國政府財政盈餘，發現其存在單位根，表明不滿足跨代預算約束的限制。但如果使用本書提出的正交多項式逼近、SVD或局部線性擬合等方法來去除非線性趨勢然後進行單位根檢驗，可以得到美國政府的財政收支序列是沒有單位根的，滿足平穩性要求，也就意味著其財政收支是滿足跨代預算約束的。

16.4　實證檢驗結果

本章利用澳大利亞澳元的實際匯率數據、中國滬深綜合指數數據及美國財政收支盈餘數據，對本書提出的各種非線性趨勢單位根檢驗方法進行了實證檢驗和驗證。

按照 PPP 理論，購買力平價決定了匯率的長期演化趨勢，從長期來看，匯率的走勢與購買力平價的趨勢應該是一致的，如果 PPP 理論成立的話，RER 將是平穩過程，實際匯率數據將不存在單位根。但實證檢驗表明 RER 歷史數據是明顯的單位根過程，實證結果不支持購買力平價理論。

按照資本市場弱式有效假設，資產價格變化需要滿足隨機遊走過程，因而必是一單位根過程。實證檢驗結果表明資產價格確實是非常明顯的單位根過程，實證數據不違背隨機漫步理論的要求。

跨代政府預算約束認為政府不能像龐氏騙局一樣靠不斷的借貸來解決財政赤字，長期而言財政收支必須實現平衡。這就要求政府收支整體而言需要滿足協整關係，財政盈餘是平穩過程，而不能是單位根過程。實證檢驗結果與跨代政府預算約束理論的要求是一致的。

實證檢驗同時表明，澳元的實際匯率歷史數據可以看作無趨勢的，此時可用常規 ADF、PP 等單位根檢驗法進行檢驗，而用本書提出的包含任意趨勢的單位根檢驗方法也可以得到同樣的檢驗結果。但很多實際經濟序列確實存在非線性趨勢，如美國政府的財政赤字數據，此時是不能使用傳統單位根檢驗方法得到正確的檢驗結論的，而本書提出的檢驗方法得到了符合理論預期的檢驗結果。

檢驗結果表明，在傳統單位根檢驗方法可用的時候，本書提出的各種檢驗方法得到了與傳統方法相同的檢驗結論；但很多時候實際經濟數據並不能滿足傳統單位根檢驗方法需要滿足的限制條件，因而不能使用傳統方法得到正確的檢驗結果，此時可利用本書提出的檢驗方法來進行存在非線性趨勢情況下的單位根檢驗。

参考文献

[1] ALTMAN N S. Estimating error correlation in nonparametric regression [J]. Statistics & Probability Letters, 1993 (18).

[2] ASSAF A. Nonlinear trend stationarity in real exchange rates: Evidence from nonlinear adf tests [J]. Annals of Economics and Finance, 2006 (2).

[3] BALKE N S, FOMBY T B. Threshold Cointegration [J]. International Economic Review, 1997 (38).

[4] BARLETT M S. On the theoretical specification and sampling properties of auto-correlated time series [J]. Journal of the Royal Statistical Society, 1946 (8).

[5] BARRY C, RODRIGUEZ M. Risk, return and performance of Latin America's equity markets, 1975–1995 [J]. Latin American Business Review, 1997 (1).

[6] BIERENS H J. Testing the unit root with drift hypothesis against nonlinear trend stationarity, with an application to the U. S. price level and interest rate [J]. Journal of Econometrics, 1997 (81).

[7] BRAVO A B S, SILVESTRE A L. Intertemporal sustainability of fiscal policies: some tests for European countries [J]. European Journal of Political Economy, 2002 (18).

[8] CAMPBELL J Y, LO A W, MACKINLAY A C. The Econometrics of Financial Markets [M]. Princeton: Princeton University Press, 1997.

[9] CANER M, HANSEN B E. Threshold Autoregression with a Unit Root [J]. Econometrica, 2001 (69).

[10] CHAN K S, TONG H. On Estimating Thresholds in Autoregressive Models [J]. Journal of Time Series Analysis, 1986 (7).

[11] CHAUDHURI K, WU Y. Random Walk Versus Breaking Trend in Stock Prices: Evidence from Emerging Markets [J]. Journal of Banking and Finance, 2003 (27).

[12] CHOW K V, DENNING K. A simple multiple variance ratio test [J].

Journal of Econometrics, 1993 (58).

[13] CHRISTOPOULOS D K, LEON-LEDESMA M. Current-account sustainability in the US: what do we really know about it? [J]. Journal of International Money and Finance, 2010.

[14] CUESTAS J C, REGIS P J. Testing for PPP in Australia: Evidence from unit root test against nonlinear trend stationarity alternatives [J]. Economics Bulletin, 2008.

[15] CURCI R, GRIEB T, REYES M G. Mean and volatility transmission for Latin American equity markets [J]. Studies in Economics and Finance, 2002 (20).

[16] CUSHMAN D. Real exchange rates may have nonlinear trends [J]. International Journal of Finance and Economics, 2008 (13).

[17] DARNE O, HOARAU J F. The purchasing power parity in Australia: Evidence from unit root test with structural break [J]. Applied Economics Letters, 2008 (15).

[18] DICKEY D A, FULLER W A. Likelihood ratio statistics for auto regression time series with a unit root [J]. Econometrica, 1981 (49).

[19] DICKEY D, FULLER W. Distribution of the estimators for autoregressive time series with a unit root [J]. Journal of the American Statistical Association, 1979 (74).

[20] ELLIOTT G. Efficient tests for a unit root when the initial observation is drawn from its unconditional distribution [J]. International Economic Review, 1999 (140).

[21] ELLIOTT G, ROTHENBERG T J, STOCK J H. Efficient tests for an autoregressive unit root [J]. Econometrica, 1996 (64).

[22] FAMA E F. Efficient Capital Markets: A Review of Theory and Empirical Work [J]. Journal of Finance, 1970 (25).

[23] FAMA E F, FRENCH K R. Permanent and Temporary Components of Stock Prices [J]. Journal of Political Economy, 1988 (96).

[24] FAN J, GIJBELS I. Data-driven bandwidth selection in local polynomial fitting: Variable bandwidth and spatial adaptation [J]. Journal of the Royal Statistical Society, Series B, 1995, 57 (2).

[25] FAN J, GIJBELS I, HU T, et al. A study of variable bandwidth selection for local polynomial regression [J]. Statistical Sinica, 1996 (6).

[26] FRANCISCO-FERN ANDEZ M, VILAR-FERN ANDEZ J M. Local polynomial regression estimation with correlated errors [J]. Communications in Statistics: Theory and Methods, 2001, 30 (7).

[27] FRANCISCO-FERNANDEZ M, OPSOMER J, VILAR-FERNANDEZ J M. Plug-In Bandwidth Selection for Local Polynomial Regression Estimator with Correlated Errors [J]. Nonparametric Statistics, 2004 (16).

[28] FRANCISCO-FERNANDEZ M, VILAR-FERNANDEZ J M. Local Polynomial Regression Estimator with Correlated Errors [J]. Commun Statist Theory Meth, 2001 (30).

[29] FRENKEL J A. The collapse of purchasing power parity during the 1970s [J]. European Economic Review, 1981 (16).

[30] FULLER W A. Introduction to Statistical Time Series [M]. New York : Wiley, 1976.

[31] GASSER T, MULLER H G, MAMMITZSCH V. Kernels for nonparametric curve estimation [J]. Journal of the Royal Statistical Society, Series B, 1985 (47).

[32] GREGORY C CHOW, KUI-WAI LI. China's Economic Growth : 1952-2010 [J]. Economics Development and Cultural Change, 2002 (51).

[33] GRIEB T, REYES M G. Random walk tests for Latin American equity indexes and individual firms [J]. Journal of Financial Research, 1999 (22).

[34] HALDRUP N, SANSó A. A Note on the Vogelsang Test for Additive Outliers [J]. Working paper, 2006.

[35] HALDRUP N, MONTANES A, SANSO A. Measurement errors and outliers in seasonal unit root testing [J]. Journal of Econometrics, 2005 (127).

[36] HALL P, VAN KEILEGOM I. Using difference-based methods for inference in nonparametric regression with time-series errors [J]. Journal of the Royal Statistical Society, Series B, 2003 (65).

[37] HALL P, LAHIRI S N, POLZEHL J. On bandwidth choice in nonparametric regression with both short and long-range dependent errors [J]. The Annals of Statistics, 1995, 23 (6).

[38] HAMILTON J D. Time Series Analysis [M]. London: Princeton University Press, 1994.

[39] HAMILTON J, FLAVIN A. On the limitations of government borrowing: a framework for empirical testing [J]. American Economic Review, 1986 (76).

[40] HANSEN B E. Convergence to Stochastic Integrals for Dependent Heterogeneous Processes [J]. Econometric Theory, 1992 (8).

[41] HAQUE M, HASSAN M K, VARELA O. Stability, volatility, risk premiums and predictability in Latin American emerging stock markets [J]. Quarterly Journal of Business and Economics, 2001 (40).

[42] HART J. Automated kernel smoothing of dependent data by using time series cross-validation [J]. Journal of the Royal Statistical Society, Series B, 1994, 56 (3).

[43] HART J. Some automated methods of smoothing time-dependent data [J]. Journal of Nonparametric Statistics, 1996 (6).

[44] HAUG A. Cointegration and Government Borrowing Constraints: Evidence for the U.S. [J]. Journal of Business & Economic Statistics, 1991, 9 (1).

[45] HEGWOOD N D, PAPELL D. Quasi purchasing power parity [J]. International Journal of Finance and Economics, 1998 (3).

[46] HERCE M A. Asymptotic theory of LAD estimation in a unit root process with finite variance errors [J]. Econometric Theory, 1996 (112).

[47] HORN R A, JOHNSON C R. Matrix Analysis [M]. London: Cambridge University Press, 1985.

[48] HUIZINGA J. An empirical investigation of the long-run behavior of real exchange rates [J]. Carnegie-Rochester Conference Series on Public Policy, 1987 (27).

[49] KAPETANIOS G, SHIN Y, SNELL A. Testing for a Unit Root in the Nonlinear STAR Framework [J]. Journal of Econometrics, 2003 (112).

[50] KAREMERA D, OJAH K, COLE J A. Random walks and market efficiency tests: Evidence from emerging equity markets [J]. Review of Quantitative Finance and Accounting, 1999 (13).

[51] KRUSE R. A new unit root test against ESTAR based on a class of modified statistics [J]. Statistical Papers, 2011 (52).

[52] KWIATOWSKI, DENIS, et al. Testing the Null Hypothesis of Stationarity Against the Alternative of a Unit Root [J]. Journal of Econometrics, 1992 (54).

[53] LEYBOURNE S, KIM T H, NEWBOLD P. Examination of Some More Powerful Modifications of the Dickey-Fuller Test [J]. Journal Applied Econometrics, 2005 (26).

[54] LOTHIAN J R, TAYLOR M P. Purchasing power parity over two centuries: Strengthening the case for real exchange rate stability [J]. Journal of International Money and Finance, 2000 (19).

[55] Lucas A. Unit root tests based on M estimators [J]. Econometric Theory, 1995 (111).

[56] MARK N. Real and nominal exchange rates in the long run: An empirical investigation [J]. Journal of International Economics, 1990 (28).

[57] MOSKVINA V, ZHIGLJAVSKY A. An Algorithm Based on Singular

Spectrum Analysis for Change – Point Detection [J]. Simulation and Computation, 2003 (32).

[58] NELSON C R, PLOSSER C. Trends and random walks in macroeconomic time series: some evidence and implications [J]. Journal of Monetary Economics, 1982 (10).

[59] NG S, PERRON P. Lag Length Selection and the Construction of Unit Root Tests with Good Size and Power [J]. Econometrics, 2001 (69).

[60] OPSOMER J D, WANG Y, YANG Y. Nonparametric regression with correlated errors [J]. Statistical Science, 2001 (16).

[61] OULIARIS S, PARK J Y, PHILLIPS P C B. Testing for a unit root in the presence of a maintained trend [M]. Advances in Econometrics and Modelling, 1989.

[62] OSCAR B R, CARMEN D R, VICENTE E. On the sustainability of government deficits: some long-term evidence for Spain, 1850-2000 [J]. Journal of Applied Economics, 2010, 8 (2).

[63] PAGáN J A, SOYDEMIR G A. Response asymmetries in the Latin American equity markets [J]. International Review of Financial Analysis, 2001 (10).

[64] PAGáN J A, SOYDEMIR G A. On the linkages between equity markets in Latin America [J]. Applied Economics Letters, 2000 (7).

[65] PANTULA S G, FARIAS G G, FULLER W A. A comparison of unit root test criteria [J]. Journal of Business economics Statistics, 1994 (112).

[66] PERRON P, NG S. Useful Modifications to Some Unit Root Tests with Dependent Errors and Their Local Asymptotic Properties [J]. Review of Economic Studies, 1996 (63).

[67] Perron P. Trends and Random Walks in Macroeconomic Time Series [J]. Journal of Economic Dynamics and Control, 1988 (12).

[68] Perron P. The great crash, the oil price shock, and the unit root hypothesis [J]. Econometrica, 1989 (57).

[69] Perron P. Further evidence on breaking trend functions in macroeconomic variables [J]. Journal of Econometrics, 1997 (80).

[70] PHILLIPS P C B. Towards a unified asymptotic theory for autoregression [J]. Biometrika, 1987 (74).

[71] PHILLIPS P C B, PERRON P. Testing for a unit root in time series regression [J]. Biometrika, 1988 (175).

[72] PHILLIPS P C B, ZHIJIE X. An ADF Coefficient Test for A Unit Root in ARMA Models of Unknown Order with Empirical Applications of the US Economy

[J]. Cowles Foundation Discussion Paper, 1997.

[73] PHILLIPS P C B, ZHIJIE X. A Primer on Unit Root Testing [J]. Journal of Economic Surverys, 1998 (12).

[74] PHILLIPS P B C. Testing for a unit root in time series regression [J]. Biometrika, 1988 (75).

[75] PHILLIPS P C B, OULIANS S. Asymptotic Properties of Residual Based Tests for Cointegration, working paper, 1987.

[76] PHILLIPS P C B. Time Series Regression with a Unit Root [J]. Econometirca, 1987 (55).

[77] PHILLIPS P C B. New unit root asymptotics in the presence of deterministic trends [J]. Journal of Econometrics, 2002 (111).

[78] PHILLIPS P C B, OULIANS S. Testing for Cointegration using Principal Components Methods [J]. Journal of Economic Dynamics and Control, 1988 (12).

[79] RAPACH D E, WOHAR M E. The out - of - sample forecasting performance of nonlinear models of real exchange rate behavior [J]. International Journal of Forecasting, 2006 (2).

[80] Ruppert D. Empirical-bias bandwidths for local polynomial nonparametric regression and density estimation [J]. Journal of the American Statistical Association, 1997 (92).

[81] RUPPERT D, SHEATHER S J, WAND M P. An effective bandwidth selector for local least squares regression [J]. Journal of the American Statistical Association, 1995 (90).

[82] SAID S E, DICKEY D A. Testing for Unit Roots in Autoregressive -Moving Average Models of Unknown Order [J]. Biometrika, 1984 (71).

[83] SARGAN J D, BHARGAVA A. Testing residuals from least squares regression for being generated by the Gaussian random walk [J]. Econometrica, 1983 (151).

[84] Sarno L. The behavior of US public debt: a nonlinear perspective [J]. Economics Letters, 2001 (74).

[85] SCHMIDT P, PHILLIPS P C B. Testing for a unit root in the presence of deterministic trends [J]. Oxford Bulletin of Econometrics and Statistics, 1992 (154).

[86] Schwert G W. Tests for Unit Roots: A Monte Carlo Investigation [J]. Journal of Business and Economic Statistics, 1989 (7).

[87] Shaman P, Stine R A. The bias of autoregressive coefficient estimators [J]. Journal of the American Statistical Association, 1988 (83).

[88] Shin D W, So B S. Recursive Mean Adjustment for Unit Root Tests [J]. Journal of Time Series Analysis, 2001 (22).

[89] SHIN D W, FULLER W A. Unit root tests based on unconditional maximum likelihood estimation for the autoregressive moving average [J]. Journal of Time Series Analysis, 1998 (119).

[90] SOLLIS R. Evidence on purchasing power parity from univariate models: the case of smooth transition trend-stationarity [J]. Journal of Applied Econometrics, 2005 (20).

[91] TANAKA K. An asymptotic expansion associated with the maximum likelihood estimators in ARMA models [J]. Journal of the Royal Statistical Society Series B, 1984 (146).

[92] TAYLOR A M R. Regression Based Unit Root Tests with Recursive Mean Adjustment for Seasonal and Non-seasonal Time Series [J]. Journal of Business and Economic Statistics, 2002 (120).

[93] TAYLOR M P, PEEL D A, SARNO L. Nonlinear Mean-Reversion in Real Exchange Rates: Toward a Solution to the Purchasing Power Parity Puzzles [J]. International Economic Review, 2001 (42).

[94] TAYLOR M P. Real exchange rates and Purchasing Power Parity: Mean-reversion in economic thought [J]. Applied Financial Economics, 2006 (16).

[95] Tong H. Threshold models in non-linear time series analysis [M]. Lecture notes in statistics, No. 21. Springer-Verlag, New York, USA, 1983.

[96] TREHAN B, WALSH C. Common trends, the government budget constraint, and revenue smoothing [J]. Journal of Economic Dynamics and Control, 1988 (12).

[97] TREHAN B, WALSH C. Testing intertemporal budget constraints: theory and application to US Federal Budget deficits and current account deficits [J]. Journal of Money, Credit and Banking, 1991 (23).

[98] TWEEDIE R L. Sufficient conditions for ergodicity and recurrence of Markov on a general state space [J]. Stochastic Processes and their Applications, 1975 (3).

[99] VOGELSANG T J. Two simple procedures for testing for a unit root when there are additive outliers [J]. Journal of Time Series Analysis, 1999 (20).

[100] WHITE H. Asymptotic Theory for Econometricans [M]. New York Academic Press, 1984.

[101] WILCOX DAVID W. The Sustainability of Government Deficits: Implications of the Present-Value Borrowing Constraint [J]. Journal of Money, Credit,

and Banking, 1989 (21).

[102] ZIVOT E, ANDREWS D. Further evidence on the great crash, the oil-price shock, and the unit root hypothesis [J]. Journal of Business and Economic Statistics, 1992 (10).

[103] 巴曙松. 股權分置改革後 A+H 股價差的實證研究 [J]. 頂點財經, 2007.

[104] 白仲林. 退勢單位根檢驗的小樣本性質 [J]. 統計研究, 2007 (4).

[105] 陳龍. 結構性突變的單位根過程——基於中國廣義貨幣的實證 [J]. 統計與決策, 2004 (11).

[106] 陳小悅, 陳曉, 顧斌. 中國股市弱型效率的實證研究 [J]. 會計研究, 1997 (9).

[107] 戴國強, 陸蓉. 中國股票市場的週末效應檢驗 [J]. 金融研究, 1999 (4).

[108] 漢密爾頓. 時間序列分析 [M]. 北京: 中國社會科學出版社, 2000.

[109] 洪永淼, 陳燈塔. 中國股市有效嗎? [J]. 經濟學季刊, 2003 (3).

[110] 靳庭良. DF 單位根檢驗的勢及檢驗式的選擇 [J]. 統計與決策, 2005 (5).

[111] 李志輝. 結構突變理論對外商直接投資的實證分析 [J]. 經濟管理, 2005 (12).

[112] 李子奈, 葉阿忠. 高等計量經濟學 [M]. 北京: 清華大學出版社, 2000.

[113] 梁琪, 滕建州. 中國宏觀經濟和金融總量結構變化及因果關係研究 [J]. 經濟研究, 2006 (1).

[114] 劉田. ADF 與 PP 單位根檢驗法對非線性趨勢平穩序列的偽檢驗 [J]. 數量經濟技術經濟研究, 2008 (6).

[115] 劉田, 談進. 正交多項式逼近下非線性趨勢序列單位根檢驗 [J]. 統計研究, 2011 (4).

[116] 劉田, 談進. 基於局部多項式迴歸去勢的非線性趨勢序列的單位根檢驗 [J]. 數量經濟技術經濟研究, 2012 (8).

[117] 劉雪燕, 張曉峒. 非線性 LSTAR 模型中的單位根檢驗 [J]. 南開經濟研究, 2009 (1).

[118] 陸懋祖. 高等時間序列經濟計量學 [M]. 上海: 上海人民出版社, 1999.

[119] 欒惠德. 帶有結構突變的單位根檢驗 [J]. 數量經濟技術經濟研

究，2007（3）．

[120] 沈藝峰，吳世農．中國證券市場過度反應了嗎？[J]．經濟研究，1999（2）．

[121] 宋頌興，金偉根．上海股市市場有效實證研究 [J]．經濟學家，1995（4）．

[122] 吳世農．上海股票市場效率的分析與評價 [J]．投資研究，1994（8）．

[123] 吳世農．中國證券市場效率的分析 [J]．經濟研究，1996（4）．

[124] 吳雄偉，程偉平．基於奇異值分解算法的大壩檢測數據迴歸模型 [J]．水電自動化與大壩檢測，2007（3）．

[125] 伍德里奇．計量經濟學導論：現代觀點 [M]．北京：中國人民大學出版社，2003．

[126] 謝識予．高級計量經濟學 [M]．上海：復旦大學出版社，2005．

[127] 姚耀軍，和丕禪．農村資金外流的實證分析：基於結構突變理論 [J]．數量經濟技術經濟研究，2004（8）．

[128] 俞喬．市場有效、週期異常與股價波動 [J]．經濟研究，1994（9）．

[129] 張兵，李曉明．中國股票市場的漸進有效性研究 [J]．經濟研究，2003（1）．

[130] 張建華，涂濤濤．結構突變時間序列單位根的「僞檢驗」[J]．數量經濟技術經濟研究，2007（3）．

[131] 張賢達．現代信號處理 [M]．北京：清華大學出版社，1995．

[132] 張曉峒，白仲林．退勢單位根檢驗小樣本性質的比較 [J]．數量經濟技術經濟研究，2005（5）．

[133] 張曉峒，攸頻．DF 檢驗式中漂移項和趨勢項的 t 統計量研究 [J]．數量經濟技術經濟研究，2006（2）．

[134] 張亦春，周穎剛．中國股市弱式有效嗎？[J]．金融研究，2001（3）．

國家圖書館出版品預行編目(CIP)資料

非線性單位根檢驗研究 / 劉田，談進 著. -- 第一版.
-- 臺北市：財經錢線文化出版：崧博發行，2018.12

面 ; 公分

ISBN 978-957-680-278-2(平裝)

1.數理統計 2.經濟分析

319.53　　　　107019084

書　名：非線性單位根檢驗研究
作　者：劉田、談進 著
發行人：黃振庭
出版者：財經錢線文化事業有限公司
發行者：崧博出版事業有限公司
E-mail：sonbookservice@gmail.com
粉絲頁　　　　　　網　址：
地　址：台北市中正區延平南路六十一號五樓一室
8F.-815, No.61, Sec. 1, Chongqing S. Rd., Zhongzheng Dist., Taipei City 100, Taiwan (R.O.C.)
電　話：(02)2370-3310　傳　真：(02) 2370-3210
總經銷：紅螞蟻圖書有限公司
地　址：台北市內湖區舊宗路二段 121 巷 19 號
電　話：02-2795-3656　　傳真:02-2795-4100　網址：
印　刷 ：京峯彩色印刷有限公司（京峰數位）

　　本書版權為西南財經大學出版社所有授權崧博出版事業有限公司獨家發行電子書及繁體書繁體版。若有其他相關權利及授權需求請與本公司聯繫。

定價：500元

發行日期：2018 年 12 月第一版

◎ 本書以POD印製發行